PAUL LANZERSTORFER

ÜBER DEM RAUSCHEN

WIE CONTENT MENSCHEN UND MARKEN VERBINDET

© 2021 Paul Lanzerstorfer

Verlag und Druck: CRM Verlag, Mühlenkamp 18, 22303, Hamburg

ISBN Paperback: 978-3-9823255-0-7

ISBN eBook: 978-3-9823255-1-4

Umschlaggestaltung, Layout, Illustration: Werbeduo

Lektorat: Susen Truffel-Reiff

Weitere Mitwirkende:
Autorenfoto: Martina Siebenhandl Fotografie

WIDMUNG

Ich widme dieses Buch meinem Mitgründer, Co-CEO und Freund Robert Bogner für das Abenteuer meines Lebens. Danke für deinen Mut, deine Begeisterung, deine Beharrlichkeit, deine Kreativität, deine offenen Ohren und deine inspirierenden Ansichten. Dafür, dass du meine Stärken kennst und meine Schwächen akzeptierst. Vieles von dem, was in diesem Buch steht, habe ich gemeinsam mit dir gelernt. Ohne dich würde es nicht existieren.

LIEBE LESERIN, LIEBER LESER,

können wir bitte per Du sein? Wir werden ein bisschen Zeit miteinander verbringen, da finde ich das Du praktischer. Da du nicht antworten kannst, habe ich die Entscheidung selbst getroffen. Bitte verzeih mir die rhetorische Frage. Also, ich bin der Paul, sehr angenehm!

Vielen Dank, dass du dir dieses Buch gekauft hast. Auch wenn du es geschenkt bekommen, dir ausgeborgt oder jemandem gestohlen hast, danke für deine Zeit, es zu lesen. Wenn du gezwungen wirst, dieses Buch zu lesen, hoffe ich, dass du der Person am Ende dankbar bist, die dich damit zwangsbeglückt hat.

Dieses Buch richtet sich an Marketing-Interessierte, sei es beruflich oder privat, für deine Marke oder die deines Arbeitgebers. Es bietet dir einen Einblick in Strategien für digitale Marktkommunikation sowie eine gute Grundlage, neue Möglichkeiten zu verstehen und zu evaluieren.

Dies ist kein Buch für Tricks und Hacks, um möglichst viel Reichweite zu generieren oder um schnell reich zu werden. Es geht darum, als Marke mit dem Markt zu kommunizieren. Thorsten Dirks, CEO von Telefónica Deutschland hat einmal gesagt: „Wenn Sie einen Scheißprozess digitalisieren, dann haben Sie einen scheiß digitalen Prozess." Gleiches gilt für eine Kommunikationsstrategie. Eine gute Strategie wird dein Angebot nicht besser machen.

Ich habe an dem Manuskript von Ende 2019 bis Anfang 2021 geschrieben. Wenn du das hier liest, hat sich die Welt wahrscheinlich schon wieder verändert, und es gibt ein neues Network, an dem man teilhaben muss, eine neue App, die auf keinem Smartphone fehlen darf. Warum also ein Buch über etwas schreiben, das sich schneller verändert, als der Veröffentlichungsprozess dauert? Weil es völlig unabhängig ist, welche Möglichkeiten der Kommunikation es gibt – die Basics sind immer gleich. Das gilt natürlich auch für die Marktkommunikation. Wir fokussieren uns auf den digitalen Bereich der Marktkommunikation, auch wenn der „Offline–Bereich" nicht minder spannend ist.

In diesem Buch kommen viele Anglizismen und Abkürzungen vor. Das liegt in der Natur der Sache, Englisch ist die Sprache des Internets, viele Entwicklungen haben daher englische Bezeichnungen, auch wenn sie nicht zwingend in einem englischsprachigen Land erfunden wurden. Wir sagen ja zum Beispiel

„Website" und nicht „Netzstelle". Die Abkürzungen können einem ziemlich auf den Keks gehen, aber man gewöhnt sich daran, von einem *KPI* statt einem *Key Performance Indicator* zu sprechen.

Keine Angst, du musst nicht alle Abkürzungen auswendig kennen, es kristallisieren sich für jeden die wichtigsten heraus. Es hat jedoch einen Riesenvorteil, wenn du die Begriffe und Abkürzungen mal gehört hast. Damit kannst du „Dampfplauderern", die ihr Halbwissen hinter all diesen Begriffen verstecken (und solche gibt es leider viele in unserer Branche), die Stirn bieten.

Es gibt auch einige Synonyme, die immer wieder in diesem Buch und allgemein in der Marketing-Welt vorkommen. Diese werde ich recht leger verwenden und möchte sie deshalb an dieser Stelle kurz definieren:

- Der **User** ist ein relativ geschlechtsneutraler Begriff für einen Menschen, der das Internet nutzt.
- Um nicht immer von Produkt/Dienstleistung zu sprechen, werde ich das Wort **Angebot** verwenden.
- Wenn ich vom Absender der Kommunikation rede, werde ich das Wort **Marke** nutzen, da ein Unternehmen bzw. eine Firma mehrere Marken haben kann, die teilweise sehr unterschiedlich kommunizieren.
- Ein sehr wesentliches Wort ist **Content**. Damit ist der in Form gebrachte Inhalt gemeint.
- Das Wort **Plattform** verwende ich für ein Angebot im Internet, auf dem User interagieren können, sowohl untereinander als auch durch Content (haha, hab's schon verwendet).
- Wenn du den Begriff **Maßnahme** liest, ist damit eine Aktion einer Marke zur Marktkommunikation gemeint.

Eine letzte Anmerkung noch zum Gendern. Es liegt mir fern, irgendeine Geschlechtsidentifizierung hervorzuheben oder zu benachteiligen. Ich finde aber auch, dass das Binnen-I oder Gender-Sternchen den Lesefluss stört. Deshalb werde ich an diesen Stellen darauf achten, mal die männliche und mal die weibliche Form zu verwenden.

Also dann, viel Spaß mit dem Buch!

Liebe Grüße, Paul *Im März 2021*

Am Ende jedes Kapitels gibt es eine oder mehrere Übungen. Diese sind dafür gedacht, dass du selber mit diesem Buch in einer Art Workshop eine digitale Marktkommunikationsstrategie entwickeln kannst. Ich habe viele Workshops dazu geleitet und so eine Methode entwickelt, die ich gerne mit dir teile.

Du kannst diese Übungen alleine machen, aber wenn du die Möglichkeit hast, ist eine heterogene Gruppe besser geeignet. Hier ein paar Anhaltspunkte, wer am Workshop teilnehmen kann und welche Insights sie jeweils beisteuern können:

- Gründer/Geschäftsführung: Was ist der Zweck des Unternehmens?
- Produktentwicklung: Für wen ist das Angebot gedacht?
- Marketing: Wie wird (bisher) mit dem Markt kommuniziert?
- Presse-Sprecherin: Wie wird mit Medien kommuniziert?
- Vertrieb: Wer kauft das Angebot?
- Service: Welche Fragen stellen sich nach dem Verkauf?
- Human Resources: Wer arbeitet im Unternehmen?

Es ist hilfreich, wenn du ein paar Materialien für den Workshop besorgst. Es reicht die Standard-Ausstattung eines Seminarraums bzw. eines Moderations-koffers. Falls du keinen hast, hier eine kleine Einkaufsliste:

- Flipcharts (idealerweise zwei Stück)
- verschiedenfarbige Stifte (für Flipcharts)
- Moderationskärtchen (in verschiedenen Farben und Formen)
- Post-it Haftnotizen (in verschiedenen Farben)
- Pin-Nadeln oder Klebeband (je nach Wand)
- Markierungspunkte
- Schreibblock und Stifte für jeden Teilnehmer
- Praktisch, aber kein Muss, ist ein Time Timer®,
  um die Übungen zeitlich begrenzen zu können.

Nehmt euch für den Workshop mindestens zwei bis drei Tage Zeit. Idealerweise nicht mehr als sechs Stunden pro Tag, damit Energie und Kreativität gut ein-geteilt werden.

INHALTSVERZEICHNIS

PROLOG

Kommos Beach, Kreta 2004

„Was jetzt?", fragte er mich und blickte aufs Meer hinaus. Die Sonne ging gerade unter. Die Szenerie war wirklich bezaubernd. Man könnte es zynisch auch als „kitschig" bezeichnen. Wir hatten in einer Gruppe einen Tagesausflug gemacht und als letzte Station zu diesem schönen Ort gefunden.

„Wie, was jetzt?", fragte ich zurück und nahm einen Schluck von meinem Bier.
„Das Studium ist vorbei. Was machen wir jetzt?"
„Was sollen wir schon machen? Eine Arbeit suchen und hoffen, dass es passt."
„Ist das nicht zu fad? Ich will lieber mein eigener Chef sein."
„Ha, ja klar! Wer will das nicht?"

„Ich habe nebenbei schon immer ein bisschen was im Marketing gemacht. Das werde ich weitermachen. Ich habe genug Arbeit, wenn du magst, können wir gemeinsam was aufziehen."

„Ja klar! Machen wir!"

So, oder so ähnlich, lief mein Gespräch mit Robert auf unserer Abschlussreise nach dem gemeinsamen Studium ab.

Wie es bei den meisten lebensverändernden Entscheidungen ist, die man im Urlaub trifft, sieht man diese im „echten" Leben nicht mehr ganz so locker. Aus der spontanen Zusage meinerseits wurde erst mal nichts. Ich suchte mir ehrliche Arbeit. Ausgerechnet im Finanzinvestment-Sektor. Als Developer.

Das war nicht meine Welt, das war mir schnell klar. Aber es war ja ein sicherer Job. Gutes Einkommen, spannende Herausforderungen, ganz nette Kollegen. Irgendwo in den Synapsen meines Gehirns geisterte jedoch immer das romantische Bild eines Selbstständigen herum.

Drei zufällige Treffen mit Robert, jedes Mal bei Konzerten, dann war ich so weit. Es war an der Zeit, dass wir uns ohne Einfluss von Alkohol zusammensetzten. Zum Reden. Was so möglich ist. Was wir uns vorstellen. Wohin wir wollen.

Kurze Zeit später ging unsere Website online. Programmiert auf Dreamweaver (es war 2005), optimiert für eine Auflösung von 800x600 Pixel (noch mal, es war 2005). Obwohl, für diese Zeit waren wir weit voraus. Die Website war komplett *responsive*, und hätte es schon Smartphones gegeben, wäre sie auch mobiloptimiert gewesen. In unformatierten Buchstaben, ohne Grafik und Design stand dort: „Zwei sexy Design- und Technik-Jongleure. office@pulpmedia.at". Der verrückte Grundstein einer noch verrückteren Reise.

Vier Jahre später

„Nicht genügend Geld auf dem Konto!", sagte mir die bedrückende Anzeige des Geldautomaten. Es war der Junggesellenabschied eines Freundes und ich brauchte Bargeld. Ich wusste, es war knapp, also mussten 50 Euro reichen. Die Maschine ließ diesen Betrag aber nicht zu. Ok, 40 Euro. Gleiche Antwort. 30 Euro, BITTE! Nein. Meine Freunde warteten hinter mir im Auto und bekamen die in mir aufsteigende Panik nicht mit. 20 Euro wurden schließlich ausgespuckt. Mehr war auch nicht in meiner Geldbörse. Der Kühlschrank war leer und in einer Woche war die Miete fällig. Es fiel mir schwer, zu atmen. Mir war bewusst, dass es jetzt nicht mehr weitergeht. Ein Lächeln für den Abend musste ich mir trotzdem aufsetzen.

Niemand sollte wissen, dass ich mich wie ein elendiger Versager fühlte. Viele haben gesagt, dass das mit der Selbstständigkeit nichts wird. „Ihr nehmt das zu locker!"... „Ihr habt ja keine Erfahrung!" ... und „Ihr seid ja noch zu jung!"... Hatten diese Kritiker etwa recht?

Wie war es dazu gekommen? Es fing ja alles so gut an. Nach ein paar kleineren Website- und Design-Aufträgen hatten wir einen großen Fisch an Land gezogen: die Erstellung sämtlicher Werbemittel für einen großen deutschen Mobilfunk-Anbieter, als Zulieferer für eine andere Agentur. Wir haben uns Nächte um die Ohren gehauen, um den massiven Bedarf an Bannern zu decken. Wir haben nachgefragt, welches Design besser funktioniert hat und haben optimiert, was das Zeug hält. Das hat sich auch ausgezahlt. Die Umsätze stiegen und wir stellten Mitarbeiter ein, damit wir die Arbeitslast stemmen konnten. Wir waren Könige, wir hatten es geschafft!

Doch so schnell es auch gekommen war, so schnell war es wieder vorbei. Die zwischengeschaltete Agentur hatte den Auftrag für das Folgejahr verloren und wohl vergessen, uns einzuweihen. Wortwörtlich von heute auf morgen war ein

Kunde, der uns monatlich fünfstellige Umsätze beschert hatte, weggebrochen. Gleichzeitig hatte eine Wirtschaftskrise die Welt in die Zange genommen, und uns wurden auch viele andere, lukrative Aufträge abgesagt.

Die Kündigungen waren emotional schwer belastend. Fast so schwer wie die Mitteilung der Bank, dass uns der Überziehungsrahmen für das Konto genommen wird. Damit waren wir bei jeder Überweisung auf die Akzeptanz der Bank angewiesen. Wir bekamen kein Geschäftsführergehalt mehr. Auch bei unseren privaten Konten (bei derselben Bank, dummer Anfängerfehler!) wurden die Überziehungsrahmen gesperrt. Warum wir kein Geld auf die Seite gelegt hatten? Wir haben alles in die Firma gesteckt! Schon vergessen? Wir waren Könige!

Es ging nach unten. Bis zu jenem dunklen Moment am Geldautomaten. Rock Bottom. Ich schwor mir, dass ich es nie wieder so weit kommen lassen werde. Schon interessant: In dem Moment war es mir nicht bewusst, aber ich war mir sicher, dass wir wieder aus dem Schlamassel rauskommen werden. Nicht alleine, das ist klar. Niemand kann alleine etwas erreichen. Jeder braucht Menschen, die einem vertrauen.

Wir hatten noch drei Mitarbeiter. Ein Lehrling (Azubi), die gesetzlich unter Kündigungsschutz stand und zwei weitere ehemalige Studienkollegen, die auch gute Freunde von uns waren. Mit letzteren tauschten wir uns über unsere Probleme aus. Sie hätten gehen können. Niemand hätte es ihnen verübelt. Aber sie halfen uns, einen gemeinsamen Plan zur Rettung von Pulpmedia zu entwickeln. Sie übernahmen jeweils ein Viertel der Haftung für das Unternehmen, das praktisch in Scherben lag. Gemeinsam buckelten wir, was das Zeug hielt, damit es wieder nach oben ging.

Und es ging nach oben. Wir hatten beschlossen, uns auf Online Marketing, damals in Österreich eine ziemliche Nischendisziplin des Marketings, zu spezialisieren. Wir waren überzeugt, dass der hiesige Markt etwa ein Jahr in der Entwicklung hinter Deutschland und etwa drei Jahre hinter den USA stand. Wir brauchten also nur zu schauen, was in den letzten Jahren Trend in den USA war, und konnten das dann in Österreich anwenden.

Es war die Zeit, in der MySpace von Facebook abgelöst wurde. Facebook war absolut angesagt. Und das Beste: Es kostete nichts! Wir konnten experimentieren und alles ausprobieren, was uns einfiel. An Ideen mangelte es nicht. Wir machten eine Facebook-Seite über „berühmte letzte Worte". Eine Seite mit Optischen Täuschungen (*Traue deinen Augen nicht*), und eine mit täglich neuen Rätseln (*Rätsel des Tages*). Eine Idee jedoch brach all unsere Erwartungen.

Auf einer Seite veröffentlichten wir täglich sinnlose Fakten. Wissen, das vollkommen nutzlos ist, wie „Rapid Wien wurde 1941 deutscher Fußballmeister", oder „Wenn man ‚Der weiße Hai' rückwärts anschaut, handelt er von einem Hai, der so lange Menschen ausspuckt, bis sie eine Strandbar aufmachen". Diese Seite, mit dem Titel *Unnützes Wissen*, legte rasant an Followern (damals noch „Fans") zu. Wir waren die drittgrößte Facebook-Seite Österreichs, hinter den Weltmarken Red Bull und Swarovski.

Der Erfolg von *Unnützes Wissen* öffnete uns die Türen zu großen Marken in Österreich. Social Media war ein Hype und jeder wollte mitmachen. Wie Anfang der 2000er jeder eine Website brauchte, ohne zu wissen, was man damit überhaupt machte, brauchte am Ende der 2000er jeder eine Facebook-Page.

Ein Verlag kam auf uns zu und wir veröffentlichten „Nutella hat Lichtschutzfaktor 9,7 – die volle Dosis unnützes Wissens". Das Buch wurde tatsächlich SPIEGEL-Bestseller. Es folgten noch drei weitere Bücher und zwei Brettspiele. Eines Abends gewann ein Kandidat bei *Wer mit Millionär?* die Million mit der Frage: „Wer sollte sich mit der ‚Zwanzig nach Vier'-Stellung auskennen?" Er wusste die Antwort (ein Kellner), weil er unser Buch gelesen hatte. Und das erzählte er Günther Jauch auch.

Wir waren wieder oben. Aber wir waren vorsichtiger. Wir wussten, dass wir uns besser aufstellen müssen, um nicht wieder in das gleiche Problem wie einige Monate zuvor zu geraten. Social Media war ein gutes Standbein, aber wir nutzten auch unsere Kenntnisse in der Bannerwerbung und konnten dort ebenfalls einen lukrativen Kunden gewinnen.

Jeder von uns vier nutzte seine Stärken, wir stellten wieder Mitarbeiter ein, Texterinnen für unsere Social-Media-Seiten, Grafiker für die Werbemittel, zahlenaffine Menschen für das Performance Marketing, das wir uns autodidaktisch angeeignet hatten.

Ich beschäftigte mich viel damit, warum Social Media Marketing auf theoretischer Ebene funktionierte. Mich interessierte auch, wie es mit diesem Trend weitergehen würde.

Ich legte ein Sabbatical ein und arbeitete ein paar Monate in Neuseeland im Online Marketing einer Agentur. Dort beschäftigte ich mich intensiv mit neuen Marketing-Ansätzen. Inbound Marketing und das Konzept der Personas begeisterten mich. Für mich war klar, wenn ich wieder zurück in Europa war, müsste ich das bei Pulpmedia einführen.

Und so war es auch. Voller Tatendrang und motiviert bis über beide Ohren organisierte ich nach meiner Rückkehr einen internen Workshop zum Thema Personas. Ich hatte ein Slidedeck mit vielen Erklärungen und Ansätzen für die Umsetzung. Womit ich nicht gerechnet hatte ist, wie sehr dieser Workshop in die Hose gingen könnte. Über Stunden hinweg diskutierten wir über Sinn und Unsinn von Personas. Ich glaube, dass wir nicht einmal dazu kamen, eine einzige auszuarbeiten. Besonders ein Mitarbeiter war übermäßig kritisch eingestellt. Wir lieferten uns Wortgefechte, während die anderen irgendwo Ablenkung suchten. Ich war enttäuscht und traurig. Ich hatte mir doch alles so gut überlegt! Lag ich etwa falsch? War der Erfolg mit Social Media einfach nur Glück?

Im Nachhinein muss ich diesem Kollegen dankbar sein. Denn durch seine Abwehrhaltung bin ich viel besser vorbereitet in den ersten Kundenworkshop gegangen. Im Laufe der Zeit traf ich immer wieder auf ähnliche Charaktere. Rebellen, die nichts von Personas und dem ganzen Firlefanz halten. Die das alles als theoretischen Humbug abtun, der nichts mit der Praxis zu tun hat. Durch jenen Mitarbeiter, der mich fast zur Weißglut getrieben hatte, wurden die Workshops handfester.

Seit diesem Erlebnis gehe ich aus jedem Workshop mit dem Teilnehmer-Feedback und der Überlegung heraus, was nicht so gut gelaufen ist. Wo sind die Teilnehmer geistig abgedriftet? Was könnte man unterhaltsamer, leichter verständlich, interaktiver gestalten? Ich habe mittlerweile unzählige Workshops gehalten. Mit kleinen Startups und mit internationalen Konzernen. Tourismusunternehmen und Herstellern von Abwasserrohren. Es ist völlig egal, immer sind es Menschen. Immer wieder gibt es Teilnehmer, die offen sind und Teilnehmer, die mich herausfordern und dafür sorgen, dass die Workshops allgemein besser werden.

Gegen Ende 2019 nahm ich mir vor, den Workshop auf neue Beine zu stellen. Das Slidedeck war mittlerweile unglaublich angewachsen und deckte inhaltlich das ganze Spektrum der digitalen Marktkommunikation ab. Ich hatte Inhalte von Workshops meiner Kollegen eingebaut, und auch selbst immer wieder

Ergänzungen vorgenommen. Also setzte ich mich an meinen Rechner und legte ein Dokument für eine bessere Workshop-Struktur an.

Die Struktur reicherte ich mit Stichworten und teilweise ausformulierten Sätzen an. Irgendwann suchte ich nach einer Statistik und wollte mir die Quelle notieren. Dabei stellte ich fest, dass ich nicht mehr an einer Workshop-Struktur arbeitete, sondern an einem Buch.

1. EINFÜHRUNG

„The best marketing
doesn't feel like marketing." - Tom Fishburne

Es war einmal an einem Abend vor einem Workshop, da stockte mir kurz der Atem. Ein Kollege hatte die Agenda vorab an die Kunden geschickt. Grundsätzlich kein Problem, aber wir hatten uns nicht abgestimmt, und so war der erste Punkt: „Einstieg: Was bedeutet digitale Kommunikation im Jahr 2019?" Auch das wäre kein Problem gewesen, wenn es denn die entsprechenden Folien im Präsentations-Deck des Workshops gegeben hätte.

Panisch machte ich mich an die Arbeit. Ich überlegte mir, wie ich einen Einstieg in den Tag finde, der gleich einen guten Überblick über den gesamten Workshop gibt, ohne dass ich einfach die Agendapunkte aufzählte. Auf einem Zettel notierte ich mir vier Kernpunkte, die ich für „moderne" Kommunikation wichtig hielt:

- Personas
- Customer Journey
- Storytelling
- Data-Driven

Dann schusterte ich einige Folien zusammen und suchte unterhaltsame Beispiele. Es war weniger Recherche als ein Zusammentragen von Best Practices, die wir über die Jahre gesammelt hatten. Was entstand, waren ein paar Folien, die überraschend gut funktionierten und seither maximal aktualisiert werden.

In diesem einführenden Kapitel greife ich jene Inhalte auch auf, um dich für das Folgende „aufzuwärmen".

Was uns Menschen zu derart besonderen Tieren macht, ist unser vielseitiges Talent zu kommunizieren. Wir sind nicht die einzige Spezies, die die Fähigkeit zur Kommunikation besitzt: Bienen tanzen, Wale singen und Affen geben Laute von sich. Aber wir Menschen, wir können komplexe Sachverhalte verbalisieren und verstehen. Wir können reden und Informationen in Kontext setzen.

Nicht nur das, wir entwickeln Methoden, die es uns ermöglichen, noch besser zu kommunizieren. Die Schrift oder Poesie. Wir bauen uns Werkzeuge, wie Druckmaschinen, Telefone und nicht zuletzt das Internet. So entstehen immer neue und vielseitigere Möglichkeiten, Informationen zu transportieren.

Dabei schreitet diese Entwicklung schneller und schneller voran. Mit dem Vormarsch von Social Media wurden Verbindungen zwischen Menschen immer direkter. Mobiles Internet auf Smartphones ermöglicht praktisch ständige Erreichbarkeit. Neue Apps bringen neue Möglichkeiten zu kommunizieren mit sich. Hier schnell eine Nachricht auf WhatsApp schreiben, dort ein kurzes Video auf TikTok abspielen.

Fast dreieinhalb Stunden verbringt der Durchschnittsdeutsche pro Tag im Internet. Bei unter 30-Jährigen liegt die Zahl sogar bei fast sechseinhalb Stunden [1]. Es gibt Studien, die besagen, dass der durchschnittliche US-Amerikaner bis zu 100 Mal am Tag auf sein Handy schaut. Wenn wir einen Blick darauf werfen, welche Apps 2020 die beliebtesten waren (Tabelle 1), wird auch schnell klar, wie diese Zeit online verbracht wird [2]. Die eine Hälfte der Apps sind Social Media Apps, die andere Hälfte Messenger Apps.

Platz	App	Unternehmen	Kategorie
1	TikTok	ByteDance Ltd.	Social Media
2	Facebook	Facebook, Inc.	Social Media
3	WhatsApp Messenger	Facebook, Inc.	Messenger
4	Instagram	Facebook, Inc.	Social Media
5	Zoom Cloud Meetings	Zoom Video Com., Inc.	Messenger
6	Messenger (Facebook)	Facebook, Inc.	Messenger
7	Telegram Messenger	Telegram FZ LLC	Messenger
8	SnapChat	Snap Inc.	Social Media
9	Google Meet	Google LLC	Messenger
10	Likee	Bigo Technology	Social Media

Tabelle 1: Die weltweit am häufigsten Installierten Apps 2020 (iOS und Android)

Pro Sekunde werden circa elf Millionen Sinneseindrücke in unserem Gehirn verarbeitet, jedoch nur 40 davon bewusst wahrgenommen. Jede der oben genannten Apps (und noch viele mehr) liefert einen konstanten Strom an Content. Jeder Content ist ein neuer Reiz für das Gehirn des Smartphone-Besitzers. Wir haben gelernt, diesen Überfluss an Reizen auszublenden, er verkommt zu einem Rauschen. Wir filtern Inhalte heraus, die wir relevant finden. In Bruchteilen von Sekunden entscheiden wir, welche Inhalte wir „über dem Rauschen" wahrnehmen.

Wie gelingt es jetzt einer Marke, die mit ihrem Markt kommunizieren möchte, zu diesem durchzudringen? Wie wird ihr Content von ihrer Zielgruppe auserkoren, sich über das Rauschen zu erheben und den Weg in die bewusste Wahrnehmung des Gehirns zu finden?

Vier Ansätze liefern die Zutaten für eine erfolgreiche digitale Marktkommunikation:

- der Persona-Centric-Ansatz
- der Customer-Journey-Ansatz
- der Storytelling-Ansatz
- der Data-Driven-Ansatz

1.1 PERSONA CENTRIC

Jede Botschaft braucht ein Publikum. Für dieses Publikum muss sie in eine konsumierbare Form gebracht werden. Das beginnt bei so banalen Dingen, wie die Sprache oder Schrift, und geht hin bis zu Details, wie Farben, Schriftarten, Verwendung von Symbolen, Metaphern und (Fach-)begriffen. Auch die Emotion und das Medium spielen eine Rolle. Wie schon Marshall McLuhan sagte: „The medium is the message" [3].

In der Marktkommunikation wird das Publikum durch Zielgruppen definiert. Damit wird die Einteilung eines Marktes durch Demografien verstanden. Die häufigsten Demografien sind:

- Geschlecht
- Alter
- Ort (Stadt, Land, Region usw.)

Ein Problem dieser groben Einteilung ist, dass sie sehr vielseitig interpretierbar ist. Definiert beispielsweise eine Brauerei die Zielgruppe als *männliche Erwachsene in Österreich*, entstehen viele unterschiedliche Bilder im Kopf. Vielleicht stellst du dir einen Sportfan im Stadion vor, oder einen Craft-Beer-Genießer, oder in deinem Kopf entsteht das Bild einer Grillfeier.

Wir können diese sehr grobe Einteilung durch weitere demografische Spezifizierungen, wie Einkommen oder Familienstand, anreichern. Diese Definition hilft auf jeden Fall schon einmal, ein besseres Bild des Publikums zu bekommen.

Allerdings hat auch dieser Detailgrad Nachteile, wie ein Beispiel gut zeigt. Die folgende Beschreibung passt auf zwei berühmte Personen, die unterschiedlicher nicht sein können. Versuche, die beiden Personen zu identifizieren, bevor du weiterliest:

- geboren 1948
- aufgewachsen in England
- zum zweiten Mal verheiratet
- Vater
- erfolgreich
- reich
- verbringt den Urlaub gerne in den Alpen
- mag Hunde

Die Beschreibung trifft sowohl auf Prinz Charles, Prince of Wales, als auch auf den Metal-Sänger Ozzy Osbourne, Prince of Darkness, zu. Eine Kommunikation mit den beiden würde wohl sehr unterschiedlich aussehen.

Das Persona-Konzept, bei dem eine repräsentative, fiktive Person aus der Zielgruppe kreiert wird, kommt ursprünglich aus der Softwareentwicklung. Durch die Definition verschiedener Anwendertypen konnten verschiedene Entscheidungen auf Auswirkungen hin überprüft werden (Welche Funktion erwartet sich eine Persona *Anwender*? Welche eine Persona *Administrator*?).

In der Marktkommunikation hilft dieses Konzept, eine zielgerichtete Kommunikation zu ermöglichen.

Definieren wir beispielsweise eine Persona *Jochen* wie folgt, hat jeder eine genauere Vorstellung, wie man mit ihm kommuniziert:

- 34 Jahre
- arbeitet als Designer in Berlin
- ist Single, hat ein gutes Einkommen
- ein Kind der 90er, ein bisschen „Fuck the Establishment"
- vom Typ her ein klassischer Hipster, exzentrisch und sarkastisch
- mag Rockmusik (bevorzugt auf Vinyl), Bier und Bruce Lee

Möchte eine Brauerei nun mit einem *Jochen* kommunizieren, hat sie einige Anhaltspunkte, wie diese Kommunikation aussehen könnte. Dabei ist unerheblich, ob sich letztlich auch eine 22-jährige Frau oder ein 79-jähriger Alt-Hippie von der Kommunikation angesprochen fühlt. Durch die Konzentration auf eine Persona wird die Aufbereitung der Informationen gelenkt.

Im Persona-Centric-Ansatz, wird die Persona immer als Ausgangspunkt genommen: „Ist dieses Angebot für Jochen interessant?"…
„Findet Jochen dieses Video unterhaltsam?" ….

In Kapitel 3 werden wir uns ausführlicher mit Personas beschäftigen.

1.2 CUSTOMER JOURNEY

Jeder Kaufprozess folgt dem gleichen Schema:

- **Phase 1:** Das Bewusstwerden eines Problems oder Missstands
  („Ich habe Hunger!")
- **Phase 2:** Die Suche nach Möglichkeiten, die Situation zu verändern
  („Was könnte ich essen?")
- **Phase 3:** Die Entscheidung aufgrund der vorhandenen Ressourcen und
  Möglichkeiten („Ich bestelle mir eine Pizza!")
- **Phase 4:** Die Evaluierung der Entscheidung. Besondere Ergebnisse werden gespeichert („Die Pizza war außergewöhnlich gut.")
  und manchmal sogar mit anderen geteilt
  („Ich kann diesen Pizzalieferanten empfehlen!").

Dieser Entscheidungsprozess kann innerhalb weniger Sekunden erfolgen (Kauf eines Snacks) oder sich über einen längeren Zeitraum ziehen (Kauf eines Autos). Wer sich des Ablaufs für das eigene Angebot bewusst ist, kann dieses Wissen geschickt für sich nutzen. Um beim Beispiel Pizza zu bleiben: Wenn der Heißhunger ausbricht und du nach Möglichkeiten suchst, dieses Bedürfnisses zu stillen (Phase 2), hängt die Menükarte des Pizzalieferanten bereits um die Ecke am Kühlschrank. Du hast sie vorsorglich dorthin gehängt, nicht um ein Hungergefühl auszulösen, sondern um dann im Blickfeld zu sein, wenn der Heißhunger relevant wird.

Die Phasen dieser Customer Journey werden im Marketing unterschiedlich benannt. Manchmal wird sie auch in mehr als vier Phasen eingeteilt. Alle Modelle folgen jedoch grundsätzlich dem gleichen Schema (Abbildung 1): Ein Unbekannter wird auf eine Marke aufmerksam (Awareness- oder Aufmerksamkeits-Phase), beschäftigt sich mit dem Angebot (Consideration- oder Evaluierungs-Phase), und wird zum Kunden (Decision- oder Entscheidungs-Phase). Clevere Systeme sehen auch eine Phase nach dem Verkauf (Post-Sales) vor. In dieser Phase (Delight- oder Begeisterungs-Phase) geht es darum, einen Kunden zu einem treuen Kunden zu machen, und ihn dazu zu bewegen, andere potenzielle Kunden auf die Marke aufmerksam zu machen. Dadurch wird ein Kreislauf in Bewegung gesetzt: Jeder begeisterte Kunde bringt neue Kunden mit sich. Somit wächst der Kundenstamm automatisch.

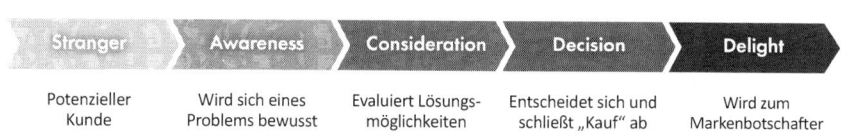

Abbildung 1: Modell einer Customer Journey

Darüber hinaus wird auch der bestehende Kunde selbst immer wieder auf neue Modelle/Erweiterungen/Angebote aufmerksam (z. B. Neue Pizza!) und durchläuft die Customer Journey von vorne. In manchen Modellen wird die Journey deshalb als Kreis angelegt, das bekannteste Modell ist wohl das Flywheel-Modell [4] von HubSpot Co-Founder Brian Halligan, vorgestellt auf der Konferenz INBOUND 18 [5]. In diesem Modell steht der Kunde im Mittelpunkt, herum sind kreisförmig die Phasen „Attract", „Engage" und „Delight" angeordnet. Der Kunde beginnt als *Stranger* in der Attract-Phase, bewegt sich ständig durch die Phasen, und wird immer stärker an die Marke gebunden. Dabei durchläuft er die Rollen *Prospect*, *Customer* und *Promoter*.

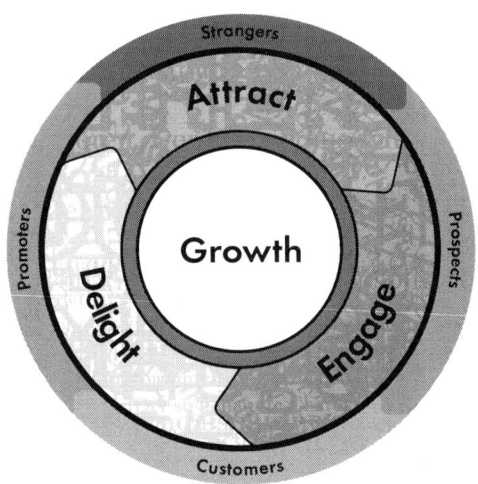

Abbildung 2: Flywheel-Modell von HubSpot

Als Marke bist du gut beraten, den Käufer auf der gesamten Reise zu begleiten und ihn beim Kauf zu unterstützen. Dieser Ansatz ist moderner als das traditionelle „Kauf, du Sau!", wenngleich auch beide effektiv sein können.

Wenn wir uns die Kommunikationsstrategien von Marken genauer ansehen, stellen wir fest, dass jede Maßnahme in einer der Phasen Einfluss hat:

- Die Aufmerksamkeit wird häufig über Werbung erzeugt.
- Auf der Website oder in YouTube-Videos werden die Produktvorteile erläutert, um bei der Evaluierungsphase zu unterstützen.
- Der Kaufprozess wird so gestaltet, dass er möglichst reibungslos vonstattengeht.
- Nach dem Verkauf werden die Kunden über Social Media unterhalten und zum Teilen von Inhalten eingeladen.

Auch Saisons können bei der Strategie eine Rolle spielen. Im Herbst beginnen die ersten Menschen mit den Überlegungen möglicher Weihnachtsgeschenke (Abbildung 3). Gelingt es, im richtigen Moment die Idee des idealen Weihnachtsgeschenks in den Kopf des potenziellen Kunden zu pflanzen, hat die Marke einen entscheidenden Vorteil in der Evaluierungsphase. Diese kann beim panischen Einkauf in den letzten Vorweihnachtstagen sehr kurz sein.

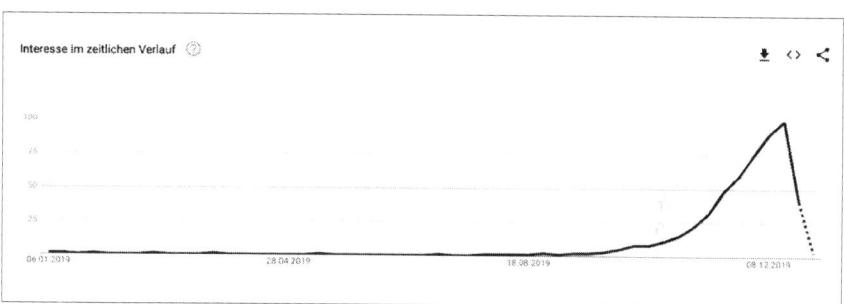

Abbildung 3: Interesse im zeitlichen Verlauf für Suchbegriff
„Weihnachtsgeschenk" auf Google
Quelle: Screenshot Google Trends 2020

Mit der Ausarbeitung einer Customer Journey und der passenden Strategie werden wir uns in Kapitel 5 befassen.

1.3 STORYTELLING

Eine der mächtigsten Methoden, eine Botschaft zu transportieren ist, sie in eine Geschichte zu verpacken. So funktionieren auch fast alle Märchen, zum Beispiel:

- Gehe nicht zu Fremden ins Haus → **Hänsel und Gretel**
- Halte deine Versprechen → **Froschkönig**
- Sei fleißig und hilfsbereit → **Frau Holle**
- Pflege deinen Körper → **Struwwelpeter**
- Spiele nicht mit Feuer → **Paulinchen war allein zu Haus**
- Sitz still bei Tisch → **Zappel-Philipp**

Die Information ist somit leichter vom Gehirn zu verarbeiten und hat eine höhere Wahrscheinlichkeit, sich dort festzusetzen. Damit kann sie auch schneller wieder abgerufen werden.

Markenstrategen setzen diese Technik schon sehr lange ein. Harley Davidson erzählt eine Geschichte von Freiheit, Red Bull von Action, Rolex von Wohlstand. Das Interessante dabei ist, dass die Konsumenten durch den Erwerb von Marken auch zu einem gewissen Teil diese Geschichte weitertragen. Die Entscheidung für eine Marke wird oft emotional getroffen und erst im Nachhinein mit Fakten begründet.

Mit einher geht bei dieser Geschichtenerzählung auch eine gewisse Abgrenzung. Wer sich keine Rolex leisten kann, sieht vielleicht verächtlich (und insgeheim neidisch) auf den Träger der Uhr, der sicherheitsliebende Familienvater verteufelt Harley Davidson (und insgeheim würde er gerne auf einer Harley aus dem Alltag ausbrechen). Je geschärfter das Profil ist, desto stärker die Abgrenzung.

Konsumenten überlegen – oft unbewusst – welche Werte eine Marke vertritt, und ob sich diese mit den eigenen decken. Im Folgenden ein paar Beispiele, wie Marken das (durchaus nicht ohne gewisses Risiko) für sich nutzten.

BEISPIELE

NIKE UND COLIN KAEPERNICK

Der amerikanische Quaterback Colin Kaepernick erlangte 2016 auch außerhalb des American Football Berühmtheit, als er sich bei einem Spiel weigerte, sich zur Nationalhymne zu erheben. Er protestierte durch dieses Verhalten gegen die Unterdrückung von People of Color in der USA. Der Vorfall wurde zu einem politischen Eklat. Nach der Saison 2016 wurde Kaepernick entlassen und fand seither keinen neuen Verein mehr.

2018 präsentierte der Sportartikelhersteller Nike eine neue Kampagne, in der mit Kaepernick und dem Spruch *„Believe in something. Even if it means sacrificing everything."* (Glaube an etwas. Auch wenn es bedeutet, alles zu opfern.) geworben wurde. In der Folge verbrannten Kritiker Kaepernicks öffentlich ihre Nike-Schuhe oder zerschnitten Nike-Socken und teilten dies in Social Networks.

ALWAYS #LIKEAGIRL

Marktkommunikation für Hygiene-Artikel ist sicher nicht die einfachste Aufgabe, mit der man als Marketer betraut werden kann. Procter & Gamble ist mit der Damenhygiene-Artikel-Marke Always etwas Bemerkenswertes gelungen. 2014 starten sie die Kampagne „#LikeAGirl". Im Zentrum der Kampagne steht ein etwa 3-minütiger Spot, in dem man verschiedene Menschen (beider Geschlechter) sieht, die gefragt werden, was es bedeutet, etwas *like a girl* zu machen. Die meisten der Befragten konnotierten den Ausdruck als negativ. Darauf hingewiesen, begannen sie darüber nachzudenken, was es wirklich bedeutet, etwas wie ein Mädchen zu machen.

Die Kampagne schlug große Wellen (nicht zuletzt, weil eine verkürzte Version des Videos als Spot während des Superbowls lief). Der Clip [6] hat (Stand: Anfang 2021) fast 70 Millionen Aufrufe auf YouTube, die Bewertung ist zu einem überwiegenden Teil positiv.

TRUE FRUITS

Der deutsche Smoothie-Hersteller True Fruits provoziert seit jeher. Für viele schlagen sie mit Sprüchen wie „Unser Quotenschwarzer" (ein Bild mit den verschiedenen Smoothies, einer davon ist schwarz) oder „Abgefüllt und mitgenommen" über die Grenzen des guten Geschmacks. Kritiker werden vonseiten der Marke mitunter öffentlich beschimpft, ein Graffiti-Angriff auf die Firmenzentrale wurde medienwirksam genutzt.

True Fruits generiert durch diese Strategie erhebliche Aufmerksamkeit. Fast jeder kennt die Smoothies, fast jeder hat eine Meinung dazu. Die Marke polarisiert und erziehlt dadurch eine große Reichweite in allen Medien.

Bei allen drei Beispielen bezieht eine Marke eine eindeutige Stellung. Nicht jedem gefällt diese Haltung, und sie ruft Kritiker hervor, aber das positioniert die Marke und hilft den potenziellen Kunden wiederum, selbst Stellung zu beziehen.

Dabei ist wichtig, dass die Geschichte, die eine Marke erzählt, und die Werte, die sie vertritt, über alle Kanäle hinweg gleich sind. Kleine Abwandlungen sind natürlich möglich, aber um die Authentizität zu wahren, darf eine Marke nicht in einem Medium der eigenen Aussage auf einem anderen Medium widersprechen. Das mag logisch klingen, zeigt aber unter der Oberfläche eine gewisse Herausforderung: Es kann sehr verlockend sein, in Social Media auf Katzenvideos (Cat Content) zu setzen, da diese viel Aufmerksamkeit und Engagement hervorrufen. Eine Marke, die in Printmedien stets traditionell und seriös auftritt, kann dadurch das Publikum jedoch verwirren und als weniger authentisch, und damit weniger vertrauenswürdig wirken. Davon abgesehen ist Cat Content in den seltensten Fällen wirklich zielführender Content für Marken.

In Kapitel 6 findest du Antworten dazu, wie man den richtigen Narrativ für sich findet und diesen zielführend anwendet.

1.4 DATA-DRIVEN

Das Internet, und insbesondere werberelevante Aspekte des Internets werden immer wieder für ihren „Datenhunger" verteufelt. Mit der Datenschutz-Grundverordnung, kurz **DSGVO**, hat man versucht, EU-weit die Verwendung von personalisierten Daten zu regulieren, um so die Privatsphäre der Internet-User zu schützen. Dieser notwendige Schritt hat einiges in der Welt der digitalen Marktkommunikation verändert. Jedes Unternehmen muss nun nachweisen, wo Daten herkommen, und wie diese gespeichert und verarbeitet werden. Konnte man früher mehr oder weniger einfach Daten zukaufen, braucht man nun die Einwilligung der Personen, die diese Daten betreffen. Zudem hat jeder User das Recht, Einsicht in die Daten zu bekommen oder deren Löschung zu veranlassen.

Nichtsdestotrotz ist es unerlässlich, in der Marktkommunikation mit Daten zu arbeiten. Werbung hat oft einen schlechten Ruf. Das liegt aber zu einem großen Teil daran, dass sie an die „falschen" Personen gerät. Ein Mann hat wenig davon, Werbung für Damenhygiene zu bekommen, eine 13-Jährige wird sich nicht so sehr für Neuwagen begeistern und jemand, der gerade Urlaub gebucht hat, ärgert sich vielleicht über neue, oder gar bessere Alternativen. In der Marktkommunikation sprechen wir dabei von **Streuverlust**. Mit Daten kann Werbung und auch andere Kommunikation zielgerichtet (*targetet*) ausgespielt werden. Davon profitieren die Empfänger, und natürlich die Werbetreibenden, da ihr Content zu großen Teilen die „richtigen" erreicht.

Darüber hinaus sind bei Weitem nicht alle Daten personenbezogen und sehr häufig wird mit ihnen gearbeitet, ohne dass man sich große Gedanken darüber macht. Beispielsweise überprüft jeder vernünftige Marketing-Verantwortliche die Reichweite von Social Media Content, misst den Erfolg von Werbekampagnen oder vergleicht die eigenen Werte mit Branchen-Benchmarks. Manch einer sieht sich dabei allerdings verleitet, den Daten zu viel Wert beizumessen. Auch wenn es so scheint, lässt sich nicht alles eindeutig messen. Ein paar Beispiele:

- Die **Bounce Rate** besagt, wie viele Besucher einer Website diese sofort wieder verlassen, also nicht das gefunden haben, wonach sie suchen. Die meisten Analyse-Tools messen jedoch den Besuch einer Webpage ohne weitere Aktion (z. B. Link-Klick) als Bounce. Was aber, wenn alle gesuchten Informationen auf einer Seite sind und kein Klick erforderlich ist?
- Eine **Conversion**, also der erfolgreiche Abschluss der gewünschten Aktion einer Werbemaßnahme, wird oft über Cookies gemessen. Wenn der Webnutzer jedoch keine Cookies akzeptiert, kann die Conversion nicht gemessen werden und verfälscht damit die Daten.
- Eine wichtige Kennzahl bei Werbeanzeigen ist die Anzahl der Einblendungen. Manche Bezahlmodelle sind sogar nach dieser Zahl ausgerichtet (**PPI = Pay Per Impression**). Findige Betrüger blenden aber nur einen Pixel des Werbemittels ein, so stört es den Besucher nicht (weil die Werbung de facto nicht sichtbar ist), wird aber trotzdem als Anzeige (Impression) gewertet. Diese Form des Betrugs wird übrigens **Ad Fraud** genannt.
- Eine ewig andauernde Diskussion in der Werbewelt ist die Frage der **Attribution**. Dabei handelt es sich um die Zuweisung eines erfolgreichen Abschlusses zu verschiedenen Werbemaßnahmen.

In Kapitel 2 werden wir genauer auf die verschiedenen Ziele und Kennzahlen eingehen, und welche davon tatsächlich eine Aussagekraft über den Erfolg der Marktkommunikation haben.

Ein weiterer wichtiger Aspekt der Erfolgsmessung ist die Optimierung von Maßnahmen. Mithilfe von Vergleichstests kann herausgefunden werden, welche Variationen von Maßnahmen erfolgreicher sind als andere, beispielsweise welches Werbemittel mehr Klicks und ultimativ mehr Conversions bringt. Werden diese Daten über einen längeren Zeitraum ausgewertet (sodass sie Signifikanz erlangen), kann auf deren Basis eine Entscheidung erfolgen, wie Werbemittel aussehen müssen, um erfolgreicher zu sein.

Gleiches gilt auch für den optimalen Zeitpunkt der Veröffentlichung. Hierzu geistern immer wieder Tipps mit „den besten Tageszeiten und Wochentagen für Social Media Content" herum. Diese sind jedoch viel zu allgemein und selten die Zeit wert, sie zu lesen. Gruppen verhalten sich unterschiedlich, und den universell perfekten Zeitpunkt gibt es nicht. Was lässt sich also heraus-lesen? Es dürfte klar sein, dass zwei Uhr morgens in den seltensten Fällen die ideale Tageszeit ist. Manche Gruppen checken aber eher vormittags Social Media, manche eher abends, die eine Gruppe findet nur am Wochenende Zeit dafür, andere die ganze Woche über. Es lässt sich mit genügend Daten relativ leicht eine Tageszeit finden, wann die Mehrheit „online" ist.

In Kapitel 7 wird es um Distributions-Strategien gehen und wir sehen uns an, welches Modell für welches Ziel die besseren Ergebnisse erzielt.

ÜBER DEM RAUSCHEN

Würdest du jetzt in einem Workshop von mir sitzen, würde ich dich fragen: „Was geht dir jetzt durch den Kopf? Sind bei dir auch Beispiele aufgepoppt? Wie nimmst du Marktkommunikation wahr?" Dies ist immer einer meiner Lieb-lingsmomente im Workshop. Ich höre dann ganz gespannt zu und mache mir Notizen. Da kommen oft ganz interessante Geschichten, und meistens werden auch die größten Herausforderungen, die Pain Points, genannt.

Als Privatpersonen fällt es uns leicht, über dem Rauschen wahrgenommen zu werden. Wenn wir Content von unseren Kindern, glücklichen Momenten oder unseren Haustieren posten, reagieren unsere Freunde.

Sie sind unsere Personas, die Freundschaft ist die Journey und das Storytelling erfolgt automatisch im Kopf. Wir schauen auf die Likes und Kommentare, und wir freuen uns über die Zuneigung. Warum gelingt das Marken nicht so leicht?

Zum einen fehlt meistens die persönliche Bindung. Ein Freund ist ein Ver-trauter, man erkennt das Gesicht und ist sich der Geschichte des Menschen bewusst. Auch Marken haben ein Aussehen, auch Marken haben Geschichten und auch Marken suchen nach Vertrauen. Genau wie Menschen passen auch Marken nicht zu jedem. Wir nutzen in der Marktkommunikation Personas, um Menschen zu definieren, die wir erreichen möchten. Nur wenn wir uns mit ih-nen vertraut machen, können wir auch ihr Vertrauen gewinnen.

Die Customer Journey hilft uns, die Fragen zu erahnen, die sich die jeweilige Persona stellt. Damit können wir Content entwickeln, der für sie hilfreich ist. Mit Storytelling schärfen wir als Marke unser Profil und erhöhen den Wiedererkennungswert bei den Personas.

Dabei machen wir das Ganze natürlich nicht nur zum Spaß. Wir wollen über dem Rauschen herausstechen, weil wir was erreichen wollen. Mit den Daten, die wir sammeln und analysieren, können wir unsere Erfolge überprüfen und unsere Strategie anpassen.

Bist du jetzt gut aufgewärmt? Dann kann's ja losgehen. Im nächsten Kapitel geht es um das Warum, oder besser noch, das Wofür. ∎

WORKSHOP

Am Beginn des Workshops nennt jeder Teilnehmer seine oder ihre Erwartungshaltung. Wohin soll die Reise gehen? Welche Benchmarks siehst du im Markt? Vor dem Hintergrund dieser Einführung: Wo siehst du Stärken in der aktuellen Kommunikation, wo Schwächen? Auf welchen der Ansätze würdest du den Fokus legen? Führt eine offene Diskussion, die wichtige Aussagen werden auf einem Flipchart festgehalten.

Diese Übung liefert eine Orientierungshilfe in deiner Strategie-Entwicklung. Im Laufe des Buches legen wir immer mehr Facetten der Marktkommunikation frei. Da kann man sich schnell mal verfransen. Deshalb am Beginn einmal auf das Thema eingrooven und die groben Eckpfeiler setzen.

2 ZIELE UND KENNZAHLEN

„In ancient times having power meant having access to data. Today having power means knowing what to ignore." - Yuval Noah Harari

INTRO

Das Schöne an der digitalen Marktkommunikation ist, dass wir so viele Daten bekommen. Das Furchtbare an der digitalen Marktkommunikation ist, dass wir so viele Daten bekommen.

Wenn du ein Zahlenmensch bist, kannst du dich darin richtig hässlich verfransen. Dann geht der Blick auf das große Ganze verloren, weil du lieber schaust, ob du nicht irgendwo einen Cent zu viel ausgegeben hast.

Wenn du ein kompetitiver Mensch bist, ist die Verlockung groß, dass du dich mit anderen vergleichst, ohne deren Hintergründe zu kennen. Das kann motivierend sein oder auch destruktiv (je nachdem, wie deine Zahlen im Vergleich liegen). Ein kleines Geheimnis: Es ist völlig einerlei. Wenn das Ergebnis für dich passt, kann dir egal sein, welche Zahlen eine andere Marke hat.

Wenn du jedenfalls pragmatisch an das Thema herangehst, dich auf die wesentlichen Kennzahlen konzentrierst, und diese als Messgröße deiner Erfolge und Misserfolge erkennst, kannst du damit wunderbare Strategien aufbauen und festigen.

Ohne Ziel keine Strategie. Wer Erfolg haben will, muss ein Ziel vor Augen haben und definieren, wie der Erfolg gemessen werden kann. Ziel und Erfolg haben jedoch nur bedingt etwas mit „gewinnen" zu tun. Das Ziel einer Marathonläuferin ist die Überquerung der Ziellinie, als Erfolg kann sie aber eine bestimmte Platzierung oder die Unterschreitung einer bestimmten Zeit definieren. Der Marathon ist bei der Marktkommunikation lediglich eine Etappe, die Herausforderung hält konstant an.

Das definierte Langzeitziel ist eher eine Richtungsvorgabe als ein zu erreichender Status. Dieser Richtung ordnen sich viele kleine und große Erfolge unter. Dabei ist die Definition dieser Erfolge meist einfach, die Messung jedoch komplex. Alleine schon durch die Menge an messbaren Zahlen und Kennzahlen

(**Key Performance Indicators** = **KPIs**) ist es manchmal gar nicht so einfach, den Überblick zu behalten und auf die „richtigen" Zahlen zu achten.

Darüber hinaus spielen zahlreiche Einflussfaktoren beim Erfolg und Misserfolg eine Rolle. Es ist ähnlich wie beim Pokerspielen. Man darf sich nicht nur auf die Karten konzentrieren, auch der Stand der Chips, die Position am Tisch und der bisherige Spielverlauf wirken sich auf die Strategie aus. Du kannst auch alles richtig machen, aber ein Mitspieler hat vielleicht einfach die besseren Karten in der Hand. Selbst wenn dieser Mitspieler ein Anfänger ist und du ein Vollprofi, kannst du gegen ihn ein paar Hände verlieren. Langfristig aber wird ein Profi, der strategisch vorgeht, die Nase vorne haben.

2.1 DIE VIER STOSSRICHTUNGEN DER ZIELE

Auf den ersten Blick gibt es bei der Marktkommunikation zwei grobe Gruppen von Zielen: Finanzielle Ziele und Ziele, die mit Branding zu tun haben. Um sie zu erreichen, sind unterschiedliche Strategien nötig.

Finanzielle Ziele sind oft kurzfristiger gesetzt. Sie können auch eindeutiger gemessen werden, weil man klar sieht, ob eine bestimmte Zahl erreicht wurde oder nicht. Dem gegenüber stehen die **Branding-Ziele**. Sie verfolgen eine längerfristige Strategie, die Marke in den Köpfen und Herzen der Konsumenten zu festigen, sodass sie bei der Kaufentscheidung darauf zurückgreifen. Bei beiden geht es jedoch darum, am Ende des Tages mehr in der Kasse zu haben als zu Beginn.

Wir können die finanziellen Ziele als „rationale" Ziele bezeichnen und Branding-Ziele als „emotionale". Wenn wir dazu entsprechend das Hemisphären-Modell des Gehirns heranziehen, stehen die rationalen Ziele links (linke Gehirnhälfte) und die emotionalen Ziele rechts (rechte Gehirnhälfte). Das ist natürlich ein vereinfachtes Modell, aber so können wir uns besser der Komplexität annähern.

In der Entwicklung einer Marke auf dem Markt wechseln sich ständig zwei Phasen ab: das **Wachstum** und die **Optimierung**. Beim Wachstum geht es darum, mehr zu erreichen, es geht um Ausbau, Skalierung, oder Neudeutsch Growth.

Damit diese Skalierung funktionieren kann, ist auch immer Optimierung notwendig, und mit mehr Aufwand müssen neue Prozesse etabliert werden. Diese neuen Prozesse liefern mehr oder effizienteren Output und verlangen wiederum mehr Abnehmer.

Das sieht wie ein Henne-Ei-Problem aus, ist es jedoch nicht. Kein Unternehmen, keine Marke startet komplett von null. Die Gründer haben immer eine Idee, Ressourcen oder eine Basis, von der aus sie starten. Daraus entsteht das Wachstum, das dann in Optimierung übergeht. Diese Abwechslung findet ad infinitum statt.

Ziehen wir zu unserem Finanz-/Branding-Ziele-Modell auch eine Unterteilung in Wachstum und Optimierung hinzu, erhalten wir vier Quadranten (Abbildung 4). Sie stellen die vier Stoßrichtungen für Ziele in der Marktkommunikation dar:

- Finanzielles Wachstum: Performance
- Finanzielle Optimierung: Automatisierung
- Branding Wachstum: Markenbekanntheit
- Branding Optimierung: Markenbindung

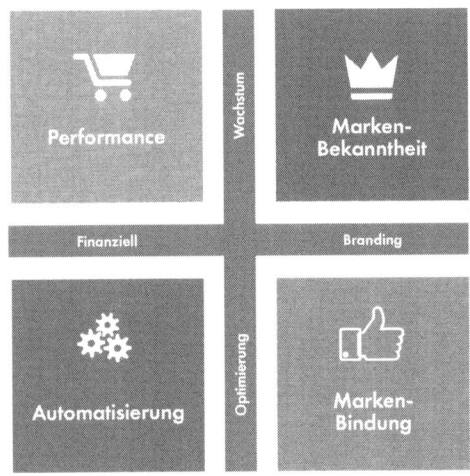

Abbildung 4:Darstellung der Stoßrichtungen für Ziele in der digitalen Marktkommunikation

Jede Marketingabteilung unternimmt ständig Maßnahmen in allen vier Bereichen, jedoch fokussieren sich einzelne Maßnahmen meist auf einen davon.

DIE VIER STOSSRICHTUNGEN DER ZIELE > PERFORMANCE

In der digitalen Marktkommunikation kommen Maßnahmen, die in den Bereich
Performance fallen häufig vor, wenn der Erfolg unmittelbar online erkennbar
beziehungsweise messbar ist. Dabei können wir direkte und indirekte Performance unterscheiden:

- Direkte Performance: Die Marke hat einen Onlineshop, durch
  den Einkauf ist unmittelbar eine Umsatzsteigerung erkennbar.
- Indirekte Performance: Die Marke sammelt
  (z. B. über Online-Formulare) Kontakte, so genannte Leads,
  mit dem Ziel, in weiterer Folge Umsätze zu generieren.

> PERFORMANCE-KENNZAHLEN

Wie bereits erwähnt, lässt sich Performance relativ gut messen. Das ist gut,
weil unser rationales Denken damit befriedigt wird. Wir können auf Kennzahlen
schauen und sehen, ob alles gut läuft oder eben nicht.

Es gibt jede Menge Kennzahlen, die Aussagen über Erfolg, Wert, Kosten oder
Verhältnisse geben. „Zahlenmenschen" tauchen dann mit Begeisterung in
die Untiefen von Reports ein und sind begeistert von Zusammenhängen und
Erkenntnissen. Weniger zahlenaffine Menschen sehen nur noch Ziffern und
Abkürzungen. Schauen wir uns die Kennzahlen einfach als präzise Antworten
auf Fragen an.

Wie ist die Performance einer Kampagne?

Hier ist die wichtigste Kennzahl der **Return on Investment (ROI)**, also das
Verhältnis von dem Betrag, der investiert wird, zu dem Betrag, der am Ende
umgesetzt wird. Bei einem Einsatz von 1.000 Euro und einem Ergebnis von
8.000 Euro beträgt der ROI 8. Diese Kennzahl ist natürlich bei direkter Performance leichter zu messen als bei indirekter. Bei Werbemaßnahmen, die durch
Bezahlung (**Ad-Spend**) Reichweite bekommen, wird oft auch noch der **Return
on Ad-Spend (ROAS)** gemessen.

Was bedeutet das Ergebnis längerfristig?

Wenn du längerfristig denkst, ist sowohl beim ROI als auch beim ROAS ebenfalls der **Customer Lifetime Value** (**CLV**) zu berücksichtigen. Damit ist der Betrag gemeint, den ein Unternehmen im Laufe des Lebens mit einem Kunden umsetzt. Zum Beispiel ist der Umsatz bei einem Kaufabschluss (**Average Cart Value** = **ACV**) im Baugewerbe zwar hoch, die meisten Menschen bauen jedoch nur ein Haus in ihrem Leben. Bei Abomodellen andererseits ist zwar der Betrag je Abrechnung wesentlich kleiner, durch die regelmäßige Verlängerung kommt im Laufe eines Lebens aber auch ein ansehnlicher Betrag zusammen. Um den CLV zu errechnen, muss man zuerst Annahmen treffen und diese später mit realen Daten spezifizieren.

Wie kann ich das Ergebnis differenzierter betrachten?

ROI/ROAS sind sehr auf der Metaebene, sie berücksichtigen die Summe der Ausgaben und die Summe der Einnahmen. Wenn wir eine Ebene darunter gehen, schauen wir uns die Kosten von einzelnen Conversions an. Eine Conversion ist ein erfolgreicher Abschluss der gewünschten Aktion. Je nachdem, ob es sich um direkte oder indirekte Performance handelt, sind dies die **Cost Per Order** (**CPO**) oder die **Cost Per Lead** (**CPL**). Die CPO können dann wunderbar dem ACV gegenübergesetzt werden. Wenn dieser niedriger als die CPO ist, also die Kosten höher liegen als der Ertrag, hast du ein Problem.

Wie erfolgreich sind die einzelnen Maßnahmen einer Kampagne?

Meistens findet die Conversion auf der eigenen Website, in einem Webshop oder einem Formular statt, manche Werbemaßnahmen (z. B. Lead-Ads auf Facebook [7]) ermöglichen auch den Abschluss abseits der eigenen Website. Unabhängig davon ist jedoch vorab ein Klick des Users notwendig. Durch diesen Klick wird das Formular oder der Webshop geöffnet. Die Kennzahl hierzu lautet **Cost Per Click** (**CPC**). Diese können je Maßnahme (Bannerwerbung, Social Media Ads usw.) separat betrachtet und verglichen werden.

Wie gut ist die Ausrichtung der Kampagne?

Nicht jeder User, der ein Werbemittel sieht, klickt auch darauf. Das kann mehrere Gründe haben: Das Werbemittel wird nicht bewusst wahrgenommen, ist uninteressant oder nicht ansprechend. Das beste Werbemittel hat keine

Chance, wenn es den falschen Menschen angezeigt wird (z. B. Schwimmreifen in Wüstenregionen), und die beste Ausrichtung ist erfolglos, wenn das Werbemittel nicht ansprechend ist.

Die Ausrichtung einer Kampagne wird im **Mediaplan** festgelegt. Dabei wird überlegt, in welchen Kanälen sich die potenziellen Kunden aufhalten, und eine Strategie entsprechend abgeleitet. Wenn du wissen willst, wie gut dieser Mediaplan ist, wird die Anzahl der Impressions interessant. Diese Zahl hat für sich alleine noch nicht viel Bedeutung, wird aber spannend, wenn man sie in Vergleich mit anderen Kanälen setzt und sich insbesondere die Kosten dafür anschaut.

Da die Kosten für eine einzelne Impression in der Regel sehr klein sind, wird der Wert meistens auf 1.000 skaliert. Diese Kennzahl gab es auch schon vor dem Internetzeitalter, Zeitungen geben den Werbewert in **Tausend-Kontakt-Preisen (TKP)** oder **Cost Per Mille (CPM)** an. *Mille* leitet sich dabei aus dem Lateinischen für „Tausend" ab. Diese Bezeichnungen wurden auch in die digitale Welt übernommen.

Im Mediaplan kannst du anhand dessen vergleichen, wo mehr potenzielle Kunden erreicht werden und wie viel diese Impressions im Vergleich kosten. Wenn du das dann noch in Verbindung mit den Klicks setzt, kannst du gut erkennen, was sich mehr auszahlt.

Da wird's aber schon komplexer: Überleg mal, ob du eher auf einen Link auf YouTube oder Facebook klickst. Glaubst du, es ist wahrscheinlicher, dass du in Facebook auf eine Werbung klickst, wenn du die Marke vorher schon auf YouTube gesehen hast? Damit tauchen wir in das spannende Thema der Attribution ein, mit dem wir uns später noch beschäftigen werden.

Ok, bin noch dabei. Gib mir mehr! Wie stehen die Kennzahlen zueinander?

Die bisher erwähnten Kennzahlen sind entweder wert- oder kostenbezogen. Durch sie lässt sich ein absoluter Erfolg, die absolute Performance ableiten. Eine dritte wichtige Gruppe der Kennzahlen sind die Verhältniskennzahlen. Durch sie lässt sich der relative Erfolg messen.

Wie gut ist die Zielseite?

Wie schon gesagt, eine Werbeanzeige führt meistens zu einer **Landingpage** (Zielseite). Dort soll dann die Conversion stattfinden. Wie gut diese ist, zeigt die **Conversion Rate** (eher selten mit **CR** abgekürzt). Sie besagt, wie viel Prozent der Besucher einer Website (im speziellen jene, die auf eine Werbeanzeige geklickt haben), zu einem Kunden oder Lead wurden.

Einen wesentlichen Einfluss auf die Conversion Rate hat neben dem Angebot die Gestaltung des Webshops und des Formulars. Je schwieriger es ist, zu „konvertieren", desto niedriger ist die Conversion Rate. Aus dieser Herausforderung hat sich ein eigener Bereich im Online Marketing entwickelt: **Conversion Rate Optimization (CRO)**.

Wie gut sind die Werbemittel?

Ein weiterer Vertreter der Gruppe der Verhältniskennzahlen ist die **Click Through Rate (CTR)** Sagt die Conversion Rate etwas über die Qualität der Landingpage aus, so gibt die CTR Aufschluss darüber, wie gut das Werbemittel ist. Sie gibt nämlich das Verhältnis der Anzahl an Impressions zu der Anzahl an Klicks auf das Werbemittel an.

Wie schon bei der Coversion Rate haben auch viele Faktoren Einfluss auf die CTR. Einer davon ist, an wen das Werbemittel ausgespielt wird. Die beste Werbung für Windeln wird bei kinderlosen Menschen zum Beispiel wohl wenig Erfolg haben.

Okay, geht's etwas übersichtlicher?

Die angegebenen Kennzahlen geben einen guten Einblick in die Performance von Maßnahmen. Tabelle 2 gibt einen Überblick über die Kennzahlen und ihre Bedeutung.

Tabelle 2: Überblick über die wichtigsten Performance-Kennzahlen

Kennzahl	Abkürzung	Metrik	Gruppe	Bedeutung
Return on Investment	ROI	€	Performance-Kennzahl	generierter Umsatz je eingesetztem Euro (Summe aller eingesetzten Ressourcen)
Return on Ad-Spend	ROAS	€	Performance-Kennzahl	generierter Umsatz je eingesetztem Ad-Spend-Euro
Customer Lifetime Value	CLV	€	Wert-Kennzahl	durchschnittlich generierter Umsatz mit einem Kunden im Laufe des Lebens
Average Cart Value	ACV	€	Wert-Kennzahl	durchschnittlicher Warenkorbwert bei einer Bestellung
Cost Per Order	CPO	€	Kosten-Kennzahl	durchschnittliche Kosten für eine Bestellung
Cost Per Lead	CPL	€	Kosten-Kennzahl	durchschnittliche Kosten für einen Kontakt (erfolgreich abgesendetes Formular)
Cost Per Click	CPC	€	Kosten-Kennzahl	durchschnittliche Kosten eines Klicks auf ein Werbemittel
Cost Per Mille	CPM	€	Kosten-Kennzahl	durchschnittliche Kosten zur Erreichung von 1.000 Kontakten
Tausend-Kontakt-Preis	TKP	€	Kosten-Kennzahl	identisch mit CPM
Conversion Rate	CR	%	Verhältnis-Kennzahl	Prozentzahl der User, die nach Aufruf des Webshops oder Formulars auch einen Abschluss machen.
Click Through Rate	CTR	%	Verhältnis-Kennzahl	Prozentzahl der User, die auf ein Werbemittel klicken.

Zielvorgaben errechnen

Die Kennzahlen sind zwar wichtig, aber nur so viel wert, wie du aus ihnen lesen und ableiten kannst. Um den Erfolg einer Maßnahme bewerten zu können, müssen Zielwerte definiert werden. Mit ein wenig Mathematik und vorhandenen Daten lassen sich diese Zielwerte relativ einfach berechnen. Sind noch keine Daten vorhanden, musst du wohl oder übel mit Annahmen arbeiten, die du später durch Statistiken entweder bestätigen kannst oder anpassen musst.

Der Ausgangswert für die Zielwertberechnung ist der CLV. Dieser errechnet sich aus der durchschnittlichen „Lebensdauer" eines Kunden in Jahren (CLT), multipliziert mit der durchschnittlichen Anzahl der Bestellungen pro Jahr (OPY) und dem ACV. Oder als Formel dargestellt:

$$CLV = CLT * OPY * ACV$$

Dadurch erhalten wir einen finanziellen Wert, den wir mit einem durchschnittlichen Kunden umsetzen.

Als Nächstes wird berechnet, wie viel man für diesen Umsatz investieren darf – schließlich muss der Wareneinsatz ja auch gedeckt sein, sämtliche Kosten des Unternehmens getragen werden und am Ende des Tages sollte auch noch etwas Gewinn übrig bleiben. Essenziell ist also die Gewinnspanne. Wird diese überschritten, sind die Kosten für einen Kunden höher, als durch ihn umgesetzt wird, also ein Verlustgeschäft. Je weiter sie unterschritten wird, desto höher der Gewinn.

Die genaue Berechnung der Gewinnspanne beinhaltet etliche Faktoren und ist in vielen Branchen sehr unterschiedlich. Wir gehen darum einfach davon aus, dass wir diese als Prozentvorgabe zum CLV haben, wodurch wir errechnen können, wie viel uns ein neuer Kunde maximal kosten darf, die **Maximum Cost per Akquisition (MaxCPA)** oder auch **Allowable Akquisition Cost (AAC)**.

$$MaxCPA = CLV * Gewinnspanne$$

Wie wir oben festgestellt haben, ergibt die Conversion Rate das Verhältnis von Klicks zu Conversions. Mit ihr und den Kosten für einen Klick können die Kosten für einen Neukunden (**Cost per Akquisition = CPA**) errechnet werden.

$$CPA = CPC / CR$$

Wird an die Stelle der CPA die MaxCPA gesetzt, kann durch Auflösung der Gleichung die **maximalen Cost per Click (MaxCPC)** errechnet werden.

$$MaxCPC = MaxCPA * CR$$

	A	B	C	D
1	**Zielvorgaben für Performance Kampagne**			
2				
3	**Kennzahl**	**Abkürzung**	**Wert**	**Bedeutung**
4	Customer Life Time	CLT	0,00	Durchschnittliche Lebensdauer eines Kunden in Jahren
5	Orders per Year	OPY	0,00	Duchschnittliche Anzahl an Bestellungen pro Jahr
6	Average Cart Value	ACV	0,00 €	Durchschnittlicher Warenkorbwert
7				
8	Customer Lifetime Value	CLV	=C6*C5*C4	Durchschnittlicher Gesamtumsatz mit einem Kunden
9				
10	Profit Margin	PM	0,00 %	Gewinnspannen (in Prozent vom Umsatz)
11				
12	Maximum Cost per Akqusition	MaxCPA	=C8*C10	Wie viel darf ein Kunde kosten?
13				
14	Conversion Rate	CR	0,00 %	Wie viel Prozent der Besucher werden zu Kunden?
15				
16	Maximum Cost per Click	MaxCPC	=C12*C14	Wie viel darf ein Klick auf ein Werbemittel kosten?

Abbildung 5: Formeln zur Berechnung von Zielvorgaben für Performance-Kampagnen

Ein Computerspiel wird als werbefinanzierte Freemium-Version angeboten. Für 3,90 Euro pro Monat wird keine Werbung eingeblendet. Das entspricht auch in etwa den Einnahmen durch Werbung pro Spieler und Monat. Spieler können sich mehr Leben und Waffen im Spiel kaufen. Diese kosten zwischen 0,29 Euro und 3,99 Euro. Manche Spieler geben täglich Geld aus, andere nie. Im Schnitt kauft ein Spieler einmal in der Woche für 1,00 Euro ein, pro Monat also etwa für 4,30 Euro.

Aus Erfahrung gehen die Entwickler davon aus, dass nach etwa sechs Monaten eine Sättigung eintritt und der durchschnittliche Spieler dann aufhört zu spielen. Damit ergibt sich folgender Customer Lifetime Value:

$$CLV = (6 * 3,90 \text{ €}) + (6 * 4,30 \text{ €}) = 49,20 \text{ €}$$

Bei der Gewinnspanne müssen wir etwas tricksen. Die Kosten für eine Installation sind praktisch gleich null, jedoch wurde vorab viel in die Entwicklung investiert. Die Entwicklungskosten beliefen sich auf 500.000 Euro. In zwei Jahren möchte das Unternehmen den Break-even erreichen, also die Investition hereingespielt haben. Bis dahin gehen nochmals 500.000 Euro in Weiterentwicklung, Bugfixing und Service.

Es muss also eine Million Euro umgesetzt werden. Bei einem CLV von etwa 50 Euro wären das 20.000 Spieler. Dann ist aber kein Cent für die Akquisition dieser Spieler ausgegeben worden. Als Zielvorgabe sagen wir, ein Spieler darf 9,20 Euro kosten, dann bleiben uns 40 Euro CLV pro Spieler, um die Investitionen zu tilgen. Also ist die Zielvorgabe, 25.000 Spieler mit einem MaxCPA von 9,20 Euro zu generieren.

Machen wir kurz eine Gegenrechnung: Das Werbebudget sind 230.000 Euro, mit den zuvor eingesetzten 1.000.000 Euro ergeben das Gesamtinvestitionen von 1.230.000 Euro. Damit werden 25.000 Spieler generiert, die jeweils 49,20 Euro einbringen, was dem gleichen Wert, also Break-Even entspricht. Jeder Spieler nach der 25.000er-Marke bedeutet also Gewinn.

Da das Spiel kostenlos ist, gehen wir von einer Conversion Rate von 15 Prozent aus. Entsprechend darf ein Klick (und damit ein Besucher auf der Website) 1,38 Euro kosten (15 Prozent von 9,20 Euro). Wenn also der CPC größer ist als 1,38 Euro, oder die Conversion Rate unter 15 Prozent fällt, muss entsprechend reagiert werden.

Auf dem Weg zur Marktführerschaft durchlaufen Unternehmen vier Phasen:

1. In der **Aufbau-** oder **Innovationsphase** wird das Geschäftskonzept auf dem Markt validiert.
2. In der **Durchdringungs-** oder **Skalierungsphase** wird überprüft, ob das Geschäftsmodell wiederholbar ist.
3. In der **Führerschafts-** oder **Optimierungsphase** wird das Wachstum auf die Probe gestellt.
4. In der **Disruptions-** oder **Verteidigungsphase** hat das Unternehmen signifikanten Marktanteil und kann den Markt stark beeinflussen.

Die Regeln des Marktes schreiben vor, dass nicht jedes Unternehmen alle vier Phasen erreicht, schließlich kann es nicht viele Marktführer geben. Jedes Unternehmen strebt jedoch nach Sicherheit. Dafür bedingt es ein gewisses Wachstum. Ein Unternehmen, das nur einen Kunden hat, läuft Gefahr, bei Verlust dieses Kunden auch die Daseinsberechtigung zu verlieren.

Wie wir bereits zu Beginn dieses Kapitels besprochen haben, wechseln sich Wachstum und Optimierung ständig ab. Optimierung im finanziellen Bereich bedeutet dabei entweder Kostenreduktion oder Effizienzsteigerung. Beides wird durch (Teil-)Automatisierung erreicht. Einzelne Arbeitsschritte können entweder durch Automatismen ersetzt oder durch den Einsatz von Ressourcen reduziert werden.

Selbst wenn ein Unternehmen nicht nach Wachstum strebt, können verschiedene Umstände dazu führen, dass Optimierung und Automatisierung notwendig sind, wie:

- verändertes Kundenverhalten,
- veränderte Lieferantenversorgung,
- veränderte Wettbewerbssituation,
- Veränderung des Arbeitsmarktes,
- zu erwartende Veränderung des gesamten Marktes.

Diese Veränderungen betreffen natürlich auch die Marktkommunikation, da diese ebenfalls in alle fünf Richtungen (Kunden, Lieferanten, Wettbewerb, Arbeitsmarkt, Markt) wirkt und sie beeinflusst.

Bevor Computer und E-Mails Einzug in den Büroalltag fanden, war es notwendig, schriftliche Kommunikation mit Schreibmaschine zu tippen und per Brief zu versenden. Dies kostete natürlich viele Ressourcen und Zeit. Das Einholen von Angeboten im B2B-Bereich dauerte mehrere Tage. Heute können wir blitzschnell und ohne großen Ressourceneinsatz auf viele Möglichkeiten zurückgreifen, um Informationen zu sammeln, zu validieren und damit zu arbeiten.

Beispiele für Automatisierung in der Marktkommunikation sind Folgende:

- Durch Servicierung auf Social Media (z. B. durch Chatbots) entsteht eine Reduktion von Hotline-Anrufen, und damit eine Kostenersparnis im Callcenter.
- Automatisierter Versand von Verkaufs-E-Mails aufgrund von analysiertem Kundenverhalten erspart den Vertriebsmitarbeitern aufwendige Arbeit, und ermöglicht dadurch mehr Verkaufsabschlüsse.
- Mittels Optimierung von Design und/oder Text auf der Website wird eine Verbesserung der Conversion Rate erreicht.
- Weil How-To-Videos auf der Website (oder YouTube) zur Verfügung gestellt werden, reduziert sich die Anzahl der Schadensfälle durch Falschgebrauch.
- Voraufgezeichnete Webinar-Reihen reduzieren den laufenden Aufwand von Schulungen drastisch.
- Live übertragene Produktpräsentationen reduzieren die Kosten von aufwendigen Veranstaltungen und können gleichzeitig weltweit ausgestrahlt werden.

Wichtigste Kennzahl ist dabei die Kostenersparnis. Diese kann sowohl direkt durch weniger Ausgaben gemessen werden oder durch eine Aufwandsminderung, wodurch eine Effizienzsteigerung eintritt.

Der Aufwand ist dabei bei der Einführung der Maßnahme meist verhältnismäßig hoch und zahlt sich erst über einen längeren Zeitraum aus, im Idealfall voll automatisiert ohne weitere Aktivitäten.

Voraussetzung für eine Automatisierung ist eine Dokumentation des Prozesses. Um effizient vorzugehen, sind dabei sämtliche Rollen im Unternehmen einzubeziehen. Bestenfalls auch externe Personen, wie Lieferanten und Kunden. Nur so lassen sich sogenannte Black-Boxes, also Vorgänge, bei denen man nur Input und Output kennt „öffnen". Frag mal einen Vertriebsmitarbeiter, welche

Bedenken Kunden vor dem Kaufabschluss haben. Unterhalte dich mit Service-mitarbeitern, was die häufigsten Fragen von Kunden sind. Beobachte das Verhalten von Kunden (natürlich nur mit deren Zustimmung). Starte Umfragen unter Lieferanten und Partnern, wie der Ablauf auf ihrer Seite ist, und wie du sie dabei unterstützen könntest.

Die gewonnenen Erkenntnisse müssen in einem nächsten Schritt analysiert und Optimierungsmöglichkeiten identifiziert werden. Automatisierung kann auf drei verschiedene Arten erfolgen:

- Automatisierung sich wiederholender Tätigkeiten
- (Teil-)Automatisierung aufwendiger Tätigkeiten
- Reduktion häufiger Fehlerquellen mittels Automatisierung

Die wohl effizienteste Erfolgsüberprüfung von Automatisierung ist die Gegenüberstellung der Investitionskosten plus der eventuell laufenden Kosten über eine bestimmte Zeit mit den Ersparnissen durch nicht eingesetzte Ressourcen in der gleichen Zeit. Dadurch lässt sich auch der Zeitpunkt der Investitionsamortisierung errechnen. Die Gleichung dafür lautet:

$$\text{Kosten } K * \text{Zeitraum } T = \text{Investitionssumme } I + (\text{laufende Kosten } k * \text{Zeitraum } T)$$

Ein bisschen Gleichung auflösen und es ergibt sich folgende Formel:

$$T = I / (K - k)$$

Ein Unternehmen lässt jeden Monat neue Vertriebsmitarbeiter durch erfahrene Kollegen einarbeiten! Diese können in dieser Zeit nichts anderes machen, wodurch Kosten von etwa 2.000 Euro pro Monat entstehen. Die Schulungen sind immer gleich, variieren nur leicht je nach Person.

BEISPIEL

Um Kosten zu sparen, werden die Schulungen aufgezeichnet und in einer Webinar-Software zur Verfügung gestellt. Die Investition dafür beläuft sich auf 20.000 Euro. Die Software kostet monatlich 100 Euro. Abbildung 6 zeigt, dass sich die Investition in die Automatisierung nach etwas mehr als zehn Monaten rentiert.

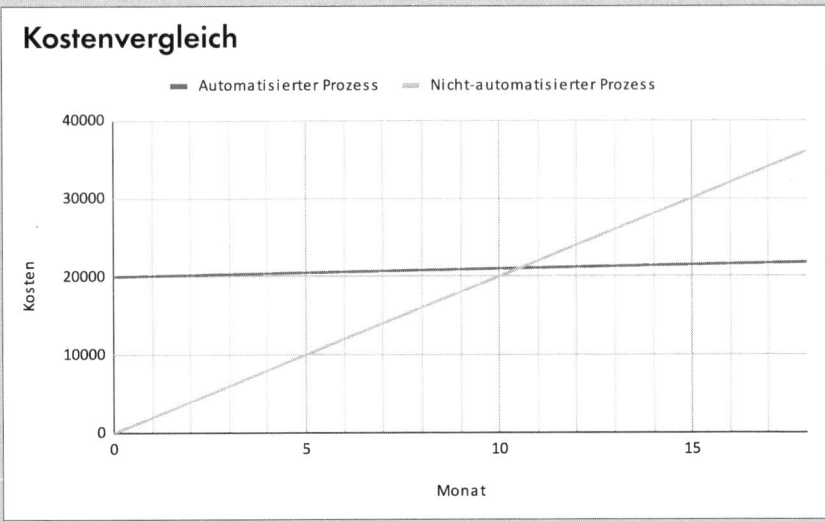

Abbildung 6: Gegenüberstellung Kosten automatisierter und nicht-automatisierter Prozess (Beispiel)

DIE VIER STOSSRICHTUNGEN DER ZIELE > **BRANDING**

Die Aufgabe eines Markenbeauftragten ist es, das Produkt oder die Dienstleistungen mit den Kunden zu verknüpfen. Dies gelingt durch die Vermittlung der Daseinsberechtigung (engl. *purpose*). Dazu gehört neben dem reinen Produktnutzen auch eine Abgrenzung zu Mitbewerbern. Diese Positionierung und Markenführung wird allgemein als Branding bezeichnet.

Zu Beginn ist jede Marke völlig unbekannt. Mit dem ersten Gespräch über sie, schon alleine durch die Beschreibung des Produkts oder der Dienstleistung, beginnt jedoch das Branding. Damit sich das Markenbild festigt, ist eine einheitliche Erzählung des Markenversprechens notwendig.

Zwei Aspekte sind für erfolgreiches Branding zu berücksichtigen:

- Markenbekanntheit
- Markenbindung

Diese lassen sich nicht immer strikt voneinander trennen und beeinflussen sich gegenseitig: So genießen bekanntere Marken oft ein höheres Vertrauen und eine engere Verbundenheit der Kunden mit der Marke. Dies lässt sich mit dem **Mere-Exposure-Effekt** erklären. Damit bezeichnet man in der Psychologie das Phänomen, dass anfangs neutral beurteilte Sachen alleine durch wiederholte Wahrnehmung eine positive Bewertung bekommen. Der Effekt tritt auch bei unbewusster Wahrnehmung auf. Voraussetzung ist allerdings, dass der erste Kontakt nicht negativ war.

Glückliche Kunden wiederum empfehlen eine Marke weiter und sorgen dadurch für eine größere Bekanntheit.

Eine hohe Markenbekanntheit bedeutet, dass sich viele Menschen der Existenz der Marke bewusst sind, unabhängig davon, ob sie potenzielle Kunden sind oder nicht. Markenbindung beschäftigt sich mit der Beziehung von Menschen zur Marke, das Vertrauen in die Marke und die Interaktion mit ihr.

> MARKENBEKANNTHEIT

Ein einheitliches Markendesign und -versprechen vorausgesetzt, gibt es nur drei wichtige *R*s für Markenbekanntheit: Reichweite, Reichweite, Reichweite. Je mehr Menschen von der Marke wissen und wissen, was sie bedeutet oder welche Werte sie vertritt, desto besser. Dabei gibt es eine Reihe von Kennzahlen, die eine Aussagekraft für Markenbekanntheit haben.

Social-Media-Reichweite

Jeder Content auf Social Media wird von Nutzern gesehen. Die Entscheidung, welcher Content wem angezeigt wird, folgt einem Algorithmus, auf den wir später noch genauer eingehen werden. Jedes Mal, wenn ein Content angezeigt wird, wird eine Impression gemessen. Dabei ist unabhängig, wie oft ein und dieselbe Person einen Inhalt sieht. Diese Zahl wird üblicherweise in der Kennzahl **(People) Reach** angegeben.

Wenn also ein User einen Inhalt drei Mal gesehen hat, sind das drei Impressions, Reach hat hingegen nur den Wert 1. Diese Unterscheidung ist sehr wichtig zu kennen, wenn du Reports und Statistiken liest. Die fantastischsten Impression-Zahlen bringen nur sehr wenig, wenn der Reach niedrig ist.

Die Verhältniszahl zwischen Reach und Impression wird als **Frequency** bezeichnet. Sie misst, wie oft im Durchschnitt ein Content von einer Person gesehen wird. Ein hoher oder niedriger Frequency-Wert ist nicht zwingend gut oder schlecht. Gerade im Markenaufbau kann es gut sein, wenn das Publikum eine Nachricht öfter sieht.

Eine weitere Unterscheidung hinsichtlich der Reichweite in Social Media betrifft organische (also unbezahlte) und bezahlte Reichweite. Fast alle großen Social-Media-Plattformen bieten die Möglichkeit an, die Reichweite von Content zu boosten, also durch Bezahlung zu erhöhen. Somit kann auch „schlechter" Content durch Einwurf kleiner Münzen für Statistiken optimiert werden. Wird Geld eingesetzt, um die Reichweite zu erhöhen, ist immer das **Verhältnis bezahlter und unbezahlter Reichweite** anzuschauen.

Website Traffic

Besucher einer Website werden in der Kennzahl **Traffic** gemessen. Je mehr Besucher, desto bekannter ist die Marke. Allerdings ist dabei nicht nur die absolute Zahl, sondern vor allem die Qualität der Besucher zu berücksichtigen. Suchmaschinen schicken beispielsweise kleine Programme, sogenannte **Crawler** auf Websites, um deren Inhalte zu analysieren. Dieser Traffic ist zwar per se nicht schlecht, weil im Weiteren die jeweilige Website als Suchergebnis aufschlagen kann, verfälscht jedoch die Statistik.

Ist es noch relativ einfach Crawler von echten Menschen zu unterscheiden, wird es deutlich schwieriger zu erkennen, welche Besucher tatsächlich an der Marke interessiert sind beziehungsweise diese wahrnehmen. Jemand, der sich nur „verklickt", wird zwar als Besucher gezählt, hat aber nur wenig bis keinen Wert. Wie man Website Traffic besser analysieren kann, werden wir in Kapitel 2.4 behandeln.

Video Views

Video wird allgemein als eines der wertvollsten Medien im Online Branding gesehen, da sich Botschaft und Werte ideal transportieren und Emotionen erzeugen lassen. Entsprechend spielt die Anzahl, wie häufig ein Video einer Marke abgespielt wird (Video Views) eine wichtige Rolle in der Markenbekanntheit.

Auch hier gilt es, die Zahl nicht ungefiltert zu werten, sondern zu berücksichtigen, wie lange das Video geschaut wird, wie viel Prozent der Menschen das Video bis zum Ende abgespielt haben und so weiter. In Kapitel 2.6 gehen wir genauer auf Video KPIs ein.

Markenbindung

Laut Schätzungen kommt ein durchschnittlicher Mensch täglich mit etwa 5.000 Marken in Berührung. In dieser Konkurrenz ist es wichtig, einen gewissen Wert einzunehmen. Sei es „die" Marke zu sein, zu der der Konsument „automatisch" beim Einkauf greift oder durch Interaktion mit der Marke. Äquivalent zu den Kennzahlen bei Markenbekanntheit gibt es auch Werte, die eine Aussagekraft für Markenbindung haben.

Social Media Engagement

Die bloße Reichweite eines Contents hat noch relativ wenig Aussagekraft, wenn der Konsument diesen nicht wahrnimmt. Ähnlich eines Plakats, das so angebracht ist, dass man es nicht sehen oder erkennen kann. Die tatsächliche Wahrnehmung lässt sich nicht absolut messen, allerdings gibt die Interaktion mit einem Content, das sogenannte Engagement, Aufschluss darüber, ob die Wahrnehmung aktiv erfolgt ist.

Returning Website Visitors

Während die Anzahl und Entwicklung von Besucherzahlen auf Websites für die Markenbekanntheit zählen, ist die Anzahl der Returning Website Visitors, also Besucher, die eine Website öfter als einmal besuchen, für die Markenbindung relevant.

Time Spent with Brand

Zeit ist eines der wertvollsten Güter, da sie streng limitiert ist. Jeder Mensch hat nur 24 Stunden am Tag zur Verfügung. Reed Hastings hat einmal gesagt, dass Schlaf zu den größten Konkurrenten von Netflix gehört [7]. Somit ist jede Sekunde, die ein Mensch einer Marke schenkt, aus Marketingsicht sehr hoch einzuschätzen. Interessante Texte, Videos oder Spiele können die Dauer, die ein Konsument mit einer Marke verbringt, ausdehnen. Bei Videos oder auf Websites lässt sich diese Time Spent with Brand sehr gut messen und auswerten.

2.2 DEMOGRAFIEN

Wir haben bei den Zielen jetzt schon einige Kennzahlen besprochen. Die Darstellung von absoluten Zahlen ist selten aussagekräftig. Relevant ist immer, ob die „richtigen" Personen erreicht wurden. Um diese Information besser darzustellen, greifen wir auf Demografien zurück, in welche die Daten aufgegliedert werden. Die häufigsten Aufgliederungen sind Geschlecht, Ort, Alter und Sprache. Je nach Plattform gibt es auch weitere interessante Demografien, wie Bildungsabschluss, Beziehungsstatus, Interessen oder Ähnliches.

Demografische Vorgaben helfen uns dabei, die wesentlichen Zahlen zu sehen und unnötige auszublenden. Demografien spielen auch bei Personas eine große Rolle, in Kapitel 3 werden wir uns damit dann intensiv beschäftigen. Anti-Personas sind zum Beispiel jene Demografien, die für das Angebot völlig irrelevant sind.

GESCHLECHT

Das Geschlecht verliert in der modernen Zeit immer mehr an Bedeutung, mit Ausnahme von Hygiene- bzw. Gesundheitsartikel gibt es nur sehr wenig Produkte und Marken, die nur einem Geschlecht zugeschrieben werden können.

ORT

Je nach Größe des Unternehmens und Beschaffenheit des Angebots kann der Ort eine sehr relevante Demografie darstellen. In vielen Fällen ist der Markt regional eingeschränkt. Dabei kann es sich um lokale, regionale, überregionale, nationale oder internationale Einschränkungen handeln. Die Relevanz von Reichweite sinkt natürlich, wenn sie außerhalb des Zielmarktes liegt. Ein digitales Produkt kann beispielsweise global ohne großen Aufwand vertrieben werden, materielle Güter stellen einen logistischen Aufwand dar und ortsgebundene Angebote (z. B. Gastronomie, Tourismus, Veranstaltungen) geben die örtliche Einschränkung vor.

Manchmal kann auch eine Rolle spielen, ob ein Zielpublikum in ländlichen oder urbanen Umgebungen erreicht wird. Darüber hinaus kann die örtliche Demografie mit anderen Kennzahlen verbunden werden, wie Klimazone, durchschnittliches Haushaltseinkommen in einer Region oder vorhandene Infrastruktur. Um ein plakatives Beispiel zu nennen: Ein Jetski wird im Binnenland Österreich weniger Absatz finden als in Florida.

ALTER

Das Alter des erreichten Publikums kann in vielerlei Hinsicht eine Rolle spielen. Da sind zum einen legale Gründe (Alkohol, Glücksspiel oder Erwachseneninhalte). Zum anderen kann über das Alter auch auf bestimmte Lebenslagen geschlossen werden. Das Lebensprojekt „Hausbau" findet man eher selten im Schul- oder Greisenalter.

Allerdings ist gerade beim Alter die indirekte Kaufbeeinflussung nicht zu unterschätzen. So werden die Kaufentscheidungen für Spielzeug meist von Eltern getroffen, die Kommunikationsmaßnahmen sind jedoch auf Kinder ausgerichtet. Mit diesem Thema beschäftigen wir uns in Kapitel 5, wenn es um den Prozess der Kaufentscheidung in der Customer Journey geht.

SPRACHE

Sprache spielt in der Kommunikation eine enorm wichtige Rolle. Die sprachliche Hürde hat in einer globalen Welt natürlich einen großen Stellenwert. Viele Plattformen bieten die Möglichkeit, mehrere Sprachvarianten eines Inhalts entsprechend auszuspielen. Manche ermöglichen sogar eine automatisierte Übersetzung, wie bei Text-Content oder Untertiteln.

Beim sprachbezogenen Ausspielen von Content ist darauf zu achten, wie ein System die Sprache festlegt. Das kann zum einen über die Einstellungen des Users, aber auch über Browser- oder Systemeinstellungen erfolgen. Manche Systeme verlassen sich auch auf örtliche Demografien, wobei dies jedoch kritisch zu hinterfragen ist: Man denke nur an die viersprachige Schweiz.

Umgekehrt gibt es auch innerhalb einer Sprache regionale Unterschiede, die in der Marktkommunikation berücksichtigt werden müssen. Ein Beispiel ist das Wort für einen Menschen in der Ausbildung: In Deutschland ist die Bezeichnung Auszubildender (oder Azubi), in Österreich Lehrling, in der Schweiz Lehrsohn oder -tochter üblich.

2.3 TARGETING

Unter Targeting versteht man die Ausspielung von Content an eine einge-schränkte Zielgruppe (Audience). Dies erfolgt bereits durch die Wahl der Plattform, aber auch durch die Festlegung von Demografien, Interessen oder Verhalten. Wir werden uns später noch genauer mit dem Einsatz von Targeting befassen, an dieser Stelle fokussieren wir uns auf die Erfolgsmessung in diesem Zusammenhang.

MAXIMUM AUDIENCE SIZE

Aus jedem Targeting entsteht eine Anzahl an maximal erreichbaren Personen. Deutschland hat zum Beispiel rund 80 Millionen Einwohner (Stand: 2021). Es kann also schon mal nicht mehr als diese Zahl erreicht werden. Wenn meine Kommunikationsmaßnahme auf Facebook ausgespielt wird, sind potenziell nur noch die Menschen erreichbar, die auf Facebook aktiv sind – und nicht nur registriert. Weitere Einschränkungen entstehen, wenn wir nur Frauen zwischen 25 und 45 erreichen wollen, und noch mehr, wenn etwa das Interessensgebiet begrenzt wird. Diese Maximum Audience Size ist eine wichtige Kenngröße, um den Erfolg messen zu können.

RETARGETING-LISTEN

Über Retargeting können User, die mit einer Maßnahme auf eine bestimmte Weise interagiert haben, erneut bespielt werden. Nach dem Besuch einer Web-site werden dem User beispielsweise Werbungen ausgespielt. Das kennst du bestimmt von diversen Onlineshop, dessen Produkte dich nach einem Besuch überallhin verfolgen.

Diese Kontakte werden (übrigens anonym) in Listen gesammelt. Die Größe die-ser Listen gibt Aufschluss darüber, wie viele Menschen bereits mit der Marke interagiert haben. Wenn diese Listen clever angelegt werden, orientieren sie sich am Sales Funnel und geben Aufschluss über die Bewegung der User inner-halb des Funnel.

LOOKALIKE-AUDIENCE-LISTEN

Manche Plattformen bieten die Möglichkeit, ähnliche User zu denen in den Audience-Listen zu identifizieren. Ein Beispiel: In einer Audience-Liste sind viele User, die sehr ähnlichen Seiten folgen. Daraus kann man schließen, dass auch User außerhalb der Liste, die den gleichen Seiten folgen, für die Marke relevant sind.

Diese werden als Digitale Zwillinge oder Lookalikes bezeichnet. Mithilfe jener Listen können potenziell Interessierte noch besser identifiziert werden als über reines Targeting, auch wenn sie noch nicht mit der Marke interagiert haben.

2.4 TRAFFIC

Unter Traffic versteht man im Allgemeinen die Besucher einer Website. Immer wieder tauchen Diskussionen auf, ob die eigene Website an Relevanz verliert. Als Alternativen werden meistens Social-Media-Auftritte genannt, die eine größere Reichweite haben. In dieser Überlegung muss man sich jedoch vor Augen halten, dass dieser Auftritt und die dazugehörige Reichweite nur „geliehen" sind. Anfang 2021 wurde etwa der scheidende US-Präsident Donald Trump von den Diensten Twitter, Facebook, Instagram und YouTube gesperrt. Damit verlor er über Nacht eine unglaubliche Reichweite.

Mit der eigenen Website ist man relativ unabhängig von fremden Services und Unternehmen. „Relativ" deshalb, weil man auch bei eigenen Websites auf Hosting-Provider und Tools wie Content-Management-Systeme, Webshop- oder Analyse-Tools zurückgreifen muss. Des Weiteren muss installierte Software ständig gewartet werden, um die Sicherheit zu gewährleisten. Schließlich stellen Tools, die „von außen" auf das System zugreifen, Website-Betreiber vor datenschutzrechtlichen Herausforderungen. Nichtsdestotrotz führt in den seltensten Fällen der Weg um eine eigene Website herum.

Um den Erfolg zu messen, gibt es jede Menge Analyse-Tools, allen voran Google Analytics [9] oder Matomo [10]. Die dort gebotene Menge an Informationen ist oft – vor allem am Beginn – überwältigend, weshalb wir uns auf einige wenige Kennzahlen und deren Entwicklung konzentrieren.

TRAFFIC > BESUCHER, BESUCHE UND AUFRUFE

Ein häufiges Feature auf den ersten (vor allem privaten) Websites war ein Besucher-Zähler. Stolz präsentierten die Betreiber ihre Zugriffszahlen. Auch wenn diese Metrik heute nicht mehr so offen zur Schau gestellt wird, hat sie nichts an Relevanz eingebüßt.

Dabei ist eine wichtige Unterscheidung zwischen **Besuchern** (oft auch Visitors oder User genannt) und **Besuchen** (auch Visits oder Sessions) zu beachten. Eine Besucherin ist eine einzelne Person, also *unique*. Diese Zahl ändert sich auch nicht, wenn sie die Website öfter aufruft.

Stellen wir uns ein Gebäude vor. Wenn wir die Anzahl der Besucher zählen möchten, haben wir mehrere Möglichkeiten. Wir können jede Person zählen, die in das Gebäude eintritt. Dabei wird sie jedes Mal neu gezählt, wenn sie das Gebäude verlässt und wieder zurückkommt. Dies entspricht also den Visits. Wir können jedem Besucher eine Zutrittskarte geben, mit der er immer wieder in das Gebäude kommt. Die Anzahl der ausgegebenen Karten entspricht dann den Visitors.

Ausschlaggebend für die eindeutige Identifikation ist auch der Zeitrahmen, wie lange ein einzigartiger Besucher gespeichert werden kann. Die „Registrierung" wird nur über einen bestimmten Zeitraum gespeichert, der selten über ein Jahr hinausgeht. Im oben genannten Beispiel wäre das vergleichbar mit einer zeitlich begrenzten Gültigkeit der Eintrittskarte.

Google Analytics verwendet für einen Besuch den Begriff **Session**, der passender ist und sich deshalb weitestgehend durchgesetzt hat. Damit meint man einen **Aufruf der Website**, unabhängig davon, wie viel Zeit darauf verbracht wurde oder wie viele Unterseiten besucht wurden.

Die kleinste Einheit nach Besucher und Sessions ist der **Seitenaufruf** (meist Pageview oder nur View). Damit zählt man die Ansicht einer einzelnen Seite bzw. eines einzelnen Inhalts. Dabei ausschlaggebend ist meistens die aufgerufene **URL** (Uniform Ressource Locator). Das ist eine eindeutige Adresse im Web, unter der eine Webseite (Webpage) zu finden ist. Eine URL sieht zum Beispiel so aus:

`http://www.website.com/services/erste-seite.html`

Die einzelnen Bestandteile lauten:

- `http://` → das Protokoll
- `www.` → die Subdomain
- `website.com` → die Domain wiederum bestehend aus
  - `website` → Domainname
  - `.com` → Top-Level-Domain
- `/services/` → Unterordner
- `erste-seite` → Webseiten-Bezeichnung
- `.html` → Dateiformat

Jeder Aufruf einer unterschiedlichen URL auf einer bestimmten Website wird als eigener Pageview gezählt.

An dieser Stelle eine kleine Definition der Begriffe Website und Webseite (Webpage). So ein bisschen zum Klugscheißen: **Website** ist die Bezeichnung eines gesamten Webauftritts. Eine **Webseite**, oder auch **Webpage**, ist hingegen nur eine einzelne Seite der Website. Entsprechend ist die **Homepage** – häufig als Synonym für Website verwendet – lediglich die Startseite einer Website.

Ein Internetsurfer steigt auf seinem Desktop-Browser an zwei unterschiedlichen Tagen auf eine Website ein. Beim ersten Besuch ruft er nur zwei Seiten auf, beim zweiten zehn. Dadurch ergeben sich:

- ein Besucher,
- zwei Sessions,
- zwölf Pageviews.

BEISPIEL

TRAFFIC > **BOUNCES**

Verlässt ein Besucher eine Website wieder, ohne eine weitere Aktion vorzunehmen, spricht man von einem Bounce (**Absprung**). Dies kann durch verschiedene Aktionen ausgelöst werden:

- Schließen des Browsers oder eines Browser-Tabs
- Klick auf den *Zurück*-Button des Browsers
- Eintippen einer neuen URL in die Adresszeile
- Klick auf einen Link zu einer externen Website
- Session Timeout

Letzteres bedeutet, dass der Besucher so lange auf der Website inaktiv war, dass der maximale Zeitraum der Messung eines Besuchs überschritten ist.

Website-Besucher sind also grundsätzlich immer im Verhältnis zu den Bounces zu sehen. Die entsprechende Verhältnis-Kennzahl ist die **Bounce Rate** (Absprungrate). Allerdings ist eine hohe Bounce Rate nicht immer gleichbedeutend mit einer schlechten Customer Experience. Wir unterscheiden hier zwischen Hard Bounces und Soft Bounces.

SOFT BOUNCE

Ein Soft Bounce bedeutet, dass der Besucher die gesuchte Information gefunden hat und dann wieder im Web weitergesurft ist. Das trifft auch auf Websites zu, die aus nur einer Webpage bestehen, sogenannte **Onepager**. In diesem Fall ist eine hohe Bounce Rate sogar unvermeidbar und positiv zu werten.

Um herauszufinden, ob es sich um Soft Bounces handelt, muss man sie in Zusammenhang mit dem User-Verhalten (mehr dazu später) ansehen, insbesondere der Time Spent on Site.

HARD BOUNCE

Von einem Hard Bounce spricht man, wenn der Besucher die Website sofort wieder verlässt, zum Beispiel wenn die gewünschte Information nicht gefunden werden konnte oder man unabsichtlich auf einen Link geklickt hat.

Wenn du auf deiner Seite viele Bounces verzeichnest, solltest du vor allem einen Blick auf die Quellen und das User-Verhalten dieser Bounces werfen.

Quelle: Woher ist der Besucher gekommen?

Mögliche Probleme:

- Bei der Verlinkung wurde eine falsche Information versprochen.
- Der Link war nicht als solcher erkennbar,
  der User hat sich also „verklickt".

Lösungsansatz:

Bei Problemen mit der Quelle ist ein Lösungsansatz, mit dem Website-Betreiber der verlinkenden Website Kontakt aufzunehmen und den Missstand beheben zu lassen (etwa die Korrektur der Verlinkung). Dies ist jedoch nicht immer einfach möglich.

Sollte das Problem größer sein und sollten sämtliche Besucher einer bestimmten Quelle zu den unnötigen Bounces zählen, kann man versuchen, die Besucher dieser Quelle von den Statistiken auszuschließen.

User-Verhalten: Wie schnell hat der Besucher die Website verlassen?

Mögliche Probleme:

- Die gewünschte Information konnte auf der Seite aufgrund linguistischer oder technischer Probleme nicht gefunden werden.
- Die User Experience ist schlecht, der User hat aufgrund des ersten Eindrucks beschlossen, der Website nicht zu vertrauen.

Lösungsansatz:

Natürlich sind sprachliche Barrieren immer ein Problem im Internet. Selbst wenn man Inhalte mehrsprachig anbietet, kann die bevorzugte Sprache des Users noch nicht vorhanden sein. Einen möglichen Einblick in dieses Problem kann durch Analyse der Location oder der Spracheinstellungen der Besucher geboten werden.

Darüber hinaus können technische Probleme zu Hard Bounces führen. Sehr häufig sind das lange Ladezeiten. Die Geduld der durchschnittlichen Internet-User ist sehr gering, ein paar Sekunden Ladezeit sind da oft schon zu viel. Tools wie Pingdom [11] oder der kostenlose Speed Test von Google [12] helfen bei der Analyse von Ladegeschwindigkeiten und geben Tipps zur Verbesserung.

Zusätzlich kann der Besucher Inhalte in einer von ihm ungewünschten Form vorfinden, zum Beispiel möchte er nicht viel lesen oder hat umgekehrt gerade keine Möglichkeit, sich ein Video mit Ton anzusehen. Dem kann man entgegenwirken, in dem man Inhalte auf mehrere unterschiedliche Arten zugänglich macht.

Die Vertrauenswürdigkeit einer Website spielt eine große Rolle bei Hard Bounces. Dies ist natürlich sehr subjektiv, aber wer ein paar Grundregeln beachtet, kann für eine gute User-Experience sorgen:

- Die Website sollte sich insgesamt an die Auflösung des Browsers oder des Device anpassen (Responsive Webdesign).
- Das Layout und Design der Website sollte konsistent sein. Das bedeutet, Navigation und Hauptinhalt sind durchgehend an der gleichen Stelle zu finden, Schriftarten, -farben und -größen haben immer die gleiche Bedeutung (z. B. Überschrift, Link, Fließtext).
- Auf den ersten Blick soll man erkennen, worum es auf der jeweiligen Seite geht. Das betrifft sowohl Text (Überschrift) als auch eventuelle Bilder.

TRAFFIC > QUELLEN

Besonders hinsichtlich der Überprüfung des Erfolgs von Kommunikationsmaßnahmen sind die Quellen der Besucher relevant, also woher sie gekommen sind. Wenn du in einem Analysetool diese Sektion aufrufst, findest du meistens eine Tabelle, die sich über mehrere Seiten streckt (je nachdem, wie beliebt deine Website ist). Natürlich kannst du in diese Daten eintauchen und jeden einzelnen Eintrag anschauen. Oder du verschaffst dir mal einen guten Überblick. Dazu können die Quellen in folgende Kategorien eingeteilt werden:

- Direkte Aufrufe (Direct Traffic)
- Suchmaschinen
- Social Media
- Referrals
- Paid Traffic

DIRECT TRAFFIC

Mit Direct Traffic sind alle direkten Aufrufe einer Website gemeint. Der User öffnet also den Browser und tippt die URL in die Adresszeile. Das bedeutet, der User muss das Unternehmen und die URL kennen. Hohe Anteile an Direct Traffic deuten also auf eine gute Bekanntheit der Marke oder eine funktionierende Offline-Kampagne hin.

Allerdings fallen meist auch Verlinkungen von Messenger-Apps und E-Mails unter Direct Traffic. Wenn also jemand eine URL per WhatsApp oder E-Mail verschickt und der Empfänger diese öffnet, zählt dies als Direct Traffic. Diese Form der Verlinkung wird auch als Dark Social bezeichnet, weil sie eigentlich zu Social Media Traffic zählt, jedoch nicht unmittelbar zuweisbar ist.

SUCHMASCHINEN

Suchmaschinen sind für viele die erste Anlaufstelle im Web. Eine dortige gute Auffindbarkeit ist deshalb für den Erfolg von vielen Websites essenziell. Dabei ist grundsätzlich zu beachten, zu welchen Suchbegriffen (**Keywords** oder Search Terms) eine Website gefunden wird und an welcher Position sie dabei angezeigt wird (**Ranking**). Ein Online-Marketer-Witz besagt: Eine Leiche versteckt man am besten auf der zweiten Seite von Google, weil dort niemand nachsieht. Das Tool Sistrix [13] liefert gute Insights über den Erfolg einer Website bei Suchmaschinen.

Das Thema hat derart viel an Relevanz und Komplexität gewonnen, dass es dafür eine eigene Disziplin im Online Marketing gibt. **Suchmaschinen-Optimierung** oder **SEO** (Search Engine Optimization). Für SEOs gilt das oberste Gebot: Du sollst stet darauf achten, mit deinen relevanten Suchbegriffen besser als die Konkurrenz zu ranken.

SOCIAL MEDIA

Traffic von Social Media kann in zwei Kategorien unterschieden werden:

- eigener Social Media Traffic
- fremder Social Media Traffic

Eigener Social Media Traffic entsteht durch Verlinkungen bei den eigenen Kommunikationsmaßnahmen. Dazu zählt beispielsweise Traffic, der über einen Link in einem Tweet des eigenen Twitter-Accounts kommt.

Fremder Social Media Traffic entsteht, wenn jemand „außerhalb" des Unternehmens oder der Marke einen Link postet.

REFERRALS

Links von Websites abseits von Suchmaschinen oder Social Media werden oft als Referrals oder auch **Backlinks** bezeichnet. Letztere Bezeichnung stammt aus der Suchmaschinenoptimierung. Früher war ein wichtiger Teil von SEO das Organisieren von solchen Backlinks. Die Theorie war, je mehr Seiten auf eine Website verlinken, desto besser wird sie von Suchmaschinen bewertet und desto besser ist ihre Position in den Suchergebnissen. Mittlerweile hat das aber an Relevanz verloren. Manche SEOs werden an dieser Stelle zusammenzucken und innerlich zur Gegenargumentation ausholen. Das Thema ist mit vielen Emotionen belegt. Fakt ist, dass die „Bewertung" durch Suchmaschinen von ganz vielen Faktoren abhängt. Wie stark diese Faktoren gewichtet werden, ist praktisch das Geheimrezept von Google und Co. – und wird bei jedem Update geändert.

Unabhängig von SEO sind Backlinks dennoch wertvoll, da sie dafür sorgen können, dass Benutzer „zufällig" auf deine Website stoßen können. Die klassische Pressearbeit gewinnt in diesem Zusammenhang wieder an Wert. Hier zahlt es sich aus, stets ein Auge darauf zu haben, wer in welchem Zusammenhang wie auf die Website verlinkt.

PAID TRAFFIC

Unter Paid Traffic werden sämtliche Besucher zusammengefasst, die über bezahlte Inhalte, wie Banner, Social Media Ads oder Video Ads, auf die Website geschickt wurden. In diesem Bereich kannst du demnach den Kampagnenerfolg messen und mit anderen vergleichen.

Machen wir einen ganz kurzen Ausflug ins Tracking, weil es an dieser Stelle gut reinpasst. Wir gehen noch nicht zu sehr ins Detail (das machen wir später), halten praktisch nur den kleinen Zeh in dieses Themengebiet rein: Um die Zuweisung zu Kampagnen eindeutig nachvollziehen zu können, werden die Links, die bei den Werbemitteln hinterlegt werden, speziell aufbereitet und mit sogenannten **UTM-Parametern** (Urchin Tracking Module) ausgestattet. Anhand dieser Parameter können Analyse-Tools eindeutig Quellen, Kampagnen und Werbemittel zuweisen. Die Parameter lauten:

- `utm_source` → Quelle (z. B. *facebook*), ermöglicht eindeutige Zuweisung zur ursprünglich eingesetzten Quelle, auch wenn der Link weitergeleitet wurde.
- `utm_media` → Medium (z. B. *socialmedia*), ermöglicht die Gruppierung von Werbemaßnahmen.
- `utm_campaign` → Kampagnenname (z. B. *weihnachtsaktion*), ermöglicht eine eindeutige Zuweisung zu einer Kampagne.
- `utm_content` → Inhalt (z. B. *textlink*), ermöglicht das Filtern nach gezielten Varianten der Werbemaßnahmen.
- `utm_term` → Begriffe (z. B. *schuhe+sport*), ermöglicht die Kategorisierung und Suche bei der Analyse.

Der generierte Link aus den Parametern mit den oben angeführten Beispielen würde so aussehen:

```
https://www.domain.com/landingpage.html?utm_
source=facebook &utm_medium=socialmedia&utm_cam-
paign=weihnachtsaktion&utm_content=textling&utm_
term=schuhe+sport
```

Die Verwendung von UTM-Parametern ist übrigens nicht eingeschränkt auf Paid Media, kann also auch bei „organischen" Social Media Posts oder in E-Mails verwendet werden.

TRAFFIC > **USER-VERHALTEN**

Die Besucher einer Website sind ja nur die halbe Miete. Am Ende des Tags möchtest du ja, dass sie auf deiner Website eine Aktion durchführen, wie Etwas kaufen, sich registrieren, sich informieren. Die Website muss auf den Besucher ausgerichtet sein. Die Informationen müssen schnell zu finden sein, die gewünschten Aktionen erkennbar.

Wir wollen an dieser Stelle aber noch nicht zu sehr in den Aufbau von Websites eingehen (dazu bietet sich später im Buch noch mehrmals die Möglichkeit), denn auch bei der Analyse der Traffic-Daten finden wir wertvolle Informationen, die wir auswerten können:

- Entry- bzw. Exit-Page
- Time on Site
- Pages per Visit

ENTRY- BZW. EXIT-PAGE

Die Einstiegsseite, oder auch Landingpage, hat insofern Relevanz, da mit ihr überprüft werden kann, wie sich der Besucher zurechtfindet. Sind alle relevanten Informationen vorhanden, ergibt die Seite für sich stehend Sinn?

Handelt es sich zum Beispiel um eine Seite mitten in einem Prozess, ist sie als Einstiegsseite nicht geeignet. Stell dir einfach einen Kaufprozess vor: Nach dem Warenkorb müssen Liefer- und Rechnungsadresse sowie die Zahlungsinformationen eingegeben werden. Diese Seiten sind komplett logisch, wenn du vorher im Warenkorb warst, wenn du jedoch direkt dort einsteigen würdest, wärst du wohl etwas verwirrt. Wird so eine Webpage von Suchmaschinen indiziert und deshalb bei den Suchergebnissen angezeigt, ist das kontraproduktiv. Diese Indizierung sollte also unterbunden werden.

Exit-Pages wiederum sind die letzten Seiten, die eine Besucherin gesehen hat, bevor sie zu einer anderen Website gewechselt ist oder den Browser (bzw. Browser-Tab) geschlossen hat. Wenn das beispielsweise eine Logout-Seite ist oder die Erfolgsmeldung nach einem Kaufabschluss, ist dies völlig in Ordnung. Wird allerdings ein Prozess (wie eben genannter Kaufprozess) unterbrochen, weist dies auf eine Unsicherheit der Benutzer hin. Diese Seiten sollten dann hinsichtlich Information und Benutzbarkeit überprüft und etwaige Änderungen angedacht werden.

TIME (SPENT) ON SITE

Die Time Spent on Site (oder auch Session Time) sagt aus, wie lange der durchschnittliche Besucher auf der Website war. Ist diese Dauer besonders niedrig, ist dieser Wert vor allem für die Auswertung von Bounces relevant. Eine hohe Zahl lässt hingegen auf interessante Inhalte schließen. Dabei ist jedoch zu beachten, dass üblicherweise immer nur bis zur letzten Aktion vor dem Verlassen einer Website gemessen wird. Besucht also jemand eine Website, macht dann zwei schnelle Klicks um bei der gesuchten Seite zu landen und verbringt auf dieser 10 Minuten, bevor er den Browser schließt, werden diese 10 Minuten nicht mehr gezählt. Dem kann entgegengewirkt werden, indem eine automatisierte Aktion ausgelöst wird. Dann wird das Analyse-Tool „gezwungen", die Zeit neu festzuhalten.

PAGES PER VISIT

Mit dieser Zahl wird gemessen, wie viele Seiten ein durchschnittlicher Besucher einer Website aufruft. So schön eine hohe Zahl dabei aussieht, es ist etwas Vorsicht geboten. Wenn zum Beispiel eine Bildergalerie auf der Seite eingebunden wird, und jedes einzelne Bild einen neuen Seitenaufruf auslöst, wird der Wert recht hoch sein. Sind alle Informationen auf einer Seite kompakt und übersichtlich zusammengefasst, ist der Wert eher niedrig.

Am Ende des Tages zählt immer die Benutzerfreundlichkeit. Grundsätzlich solltest du darauf achten, dass auf jeder Webseite alle relevanten Informationen mit vertretbaren Ladezeiten geboten werden, ohne dass die Übersichtlichkeit darunter leidet.

2.5 SOCIAL MEDIA

Social Media war die wohl größte Änderung in der Marktkommunikation seit der Einführung des WWW. Mittlerweile ist diese Disziplin aber auch schon über zehn Jahre „alt". Deshalb gibt es bereits viele Erkenntnisse, die sich im Laufe der Zeit veränderten. So war zu Beginn die Anzahl der Fans beziehungsweise der Follower das Nonplusultra. Später wurde das Engagement als wichtige Kennzahl ins Rennen gebracht, mittlerweile gibt es Diskussionen, ob nicht die Reichweite die wichtigste Kennzahl ist.

Social Networks haben es sich zur Aufgabe gemacht, Menschen zusammenzubringen und Informationsaustausch zu ermöglichen. Das können sich Marken zunutze machen, um sich selbst mit Menschen, also ihren potenziellen

Kunden zu verknüpfen. Ein weiterer wichtiger Aspekt von Social Media ist **User Generated Content**, also Inhalte, die von den Benutzern erstellt werden. Das ermöglicht für Marken verstärkte Mund-zu-Mund-Propaganda und sogar virale Effekte.

Die Vielseitigkeit von Social Media liefert außerdem eine Vielzahl an Kennzahlen und Daten. Auch hier gilt es, einen guten Überblick zu behalten und sich auf die wirklich relevanten Zahlen zu konzentrieren.

SOCIAL MEDIA > **REICHWEITE**

Social Media ist ein wunderbarer Spielplatz für Marktkommunikation und sollte in keinem Marketing-Mix fehlen. Dadurch steigt jedoch der Wettbewerb um die „Fläche" auf den Screens der User und letztlich natürlich auch um deren Aufmerksamkeit. Die meisten Plattformen bieten deshalb die Möglichkeit, sich bestimmte Flächen zu kaufen. Deshalb müssen wir bei Reichweite zwischen bezahlter und unbezahlter (organischer) Reichweite unterscheiden.

ORGANISCHE REICHWEITE

Die meisten Social-Media-Plattformen haben einen **Newsfeed** (kurz Feed), also eine Darstellung von Inhalten in einer bestimmten Reihenfolge. Diese Reihenfolge wurde zu Beginn von Social Media chronologisch, also durch den Zeitpunkt der Veröffentlichung bestimmt. Je neuer ein Inhalt war, desto weiter oben wurde er angezeigt. Das hatte den Vorteil, dass man nichts übersehen konnte, solange man regelmäßig einen Blick rein warf. Mit der Menge an „Inhalts-Lieferanten" stieg jedoch auch die Unübersichtlichkeit, und es mussten andere Wege gefunden werden, den Newsfeed zu sortieren.

Fast alle Social-Media-Plattformen setzen auf einen Programmcode, eine Art künstliche Intelligenz, um der Unübersichtlichkeit Herr zu werden. Dieser Algorithmus soll dafür sorgen, dass dem Benutzer nur die Inhalte angezeigt werden, die für ihn am relevantesten sind. Dieser starke Fokus auf den User, wie sein Verhalten oder seine Präferenzen, sorgt dafür, dass der Feed jedes Users unterschiedlich aussieht. Selbst, wenn zwei User den exakt gleichen Accounts folgen, die Interaktion eines jeden ist individuell und gestaltet so den Feed mit.

Du kannst dir das so vorstellen, dass ganz viele Inhalte als Kandidaten für den Feed stehen. Durch den Algorithmus wird jeder dieser Kandidaten individuell für den User hinsichtlich Relevanz bewertet. Je höher diese Bewertung, desto weiter oben wird der Inhalt angezeigt. Zahlreiche Einflüsse werden in die Berechnung der Relevanz mit einbezogen. Folgende fünf Faktoren spielen wohl in jedem Algorithmus eine wichtige Rolle:

- Interesse
- Format
- Aktualität
- Post Performance
- Publisher Performance

Interesse

Das Interesse des Users spielt wohl die größte Rolle bei der automatisierten Einschätzung der Relevanz. Hat der User mit Inhalten von diesem Publisher in der Vergangenheit häufig interagiert? Hat er häufig das Profil aufgerufen oder besondere Vorzüge eingeräumt (z. B. „Inhalte dieses Accounts immer anzeigen")?

Format

Je nach Plattform werden unterschiedliche Content-Formate (Bild, Text, Video etc.) angeboten. Hat der User eine besondere Präferenz für ein bestimmtes Format gezeigt, werden diese auch in Zukunft verstärkter angezeigt.

Aktualität

Neuer Content ist wertvoller als alter. Was „alt" ist, bestimmt wiederum der User. Wer stündlich seinen Newsfeed aktualisiert hat ein anderes Zeitgefühl als jemand, der nur alle paar Wochen vorbeischaut.

Post Performance

Eine besondere Rolle spielt generell auch die Performance eines einzelnen Content-Posts. Je mehr Leute mit einem Content interagieren, desto interessanter wird dieser gewertet, und desto mehr Menschen wird er ausgespielt.

Publisher Performance

Ein Publisher, der regelmäßig „guten" Content veröffentlicht, wird das wohl auch in Zukunft tun. Ist die Interaktion mit bisher veröffentlichten Inhalten also gut, bekommt ein neuer Inhalt dieses Publishers einen Vorteil bei der Sichtbarkeit.

> Bezahlte Reichweite

Der Kampf um Anzeigeflächen auf Social-Media-Plattformen bietet für ebendiese ein lukratives Geschäft. Hat man vor Jahren noch Werbung geschaltet, um Follower zu gewinnen, muss man nun noch einmal bezahlen, um sie auch zu erreichen.

Vereinfacht ausgedrückt gibt der Publisher einen Betrag an, den er bereit ist, für die zusätzliche Reichweite zu bezahlen. Ein Algorithmus kümmert sich um die Ausspielung. Du kannst dir das so vorstellen, dass du der organischen Reichweite einen Schub gibst. Man spricht deshalb auch von **Boosting**.

Der Zeitpunkt des Boosting kann strategisch gewählt werden. Jeder normal veröffentlichte Post hat zuerst mal organische Reichweite, vorausgesetzt der Publisher hat Follower. Boostet man unmittelbar nach der Veröffentlichung, so „nimmt" man sich selbst die organische Reichweite weg und bezahlt unnötig dafür. Wartet man zu lange, wird die Reichweite teurer, weil der Faktor „Alter" zu hoch wird. Wenn wir uns die Reichweite als eine abflachende Kurve vorstellen, so ist der ideale Zeitpunkt für das Boosting genau am Scheitelpunkt der Kurve (Abbildung 7).

Abbildung 7: Organische und bezahlte Reichweite mit idealem Boosting-Zeitpunkt

SOCIAL MEDIA > **KENNZAHLEN**

Fluch und Segen von Social Media sind die teils offen sichtbaren Kennzahlen. Fast jedes Netzwerk zeigt die Anzahl der Follower eines Publishers oder die Anzahl an Reaktionen oder Kommentaren eines Contents an. Das hat den Vorteil, dass man den Erfolg oder Misserfolg von Präsenzen oder Inhalten schnell messen kann. Der Nachteil ist allerdings, dass sich ein „Jahrmarkt der Eitelkeiten" eingestellt hat und manche Maßnahmen nur noch darauf abzielen, die Kennzahlen zu optimieren, nicht aber die Ergebnisse.

Ein Beispiel zeigt sich deutlich an Gewinnspielen. Eine Seite verlost über Social Media einen recht attraktiven Preis, sagen wir eine Reise. Voraussetzung für die Teilnahme am Gewinnspiel ist es, der Seite zu folgen (zusätzliche Follower), und unter das Gewinnspiel zu kommentieren (zusätzliches Engagement). Angenommen, das Gewinnspiel funktioniert ausgezeichnet: tausende Teilnehmer, die Followerzahl explodiert, die Interaktion auf den Post ist ein statistischer Ausreißer nach oben. Die Zahlen sind wunderbar, allerdings nur kurzfristig. Die neuen Follower wollten nur eine Reise gewinnen, an den eigentlichen Inhalten, und damit an der Marktkommunikation, haben sie kein Interesse. Die folgenden Posts performen deshalb verhältnismäßig schlecht. Der Algorithmus stuft die Seite als Underperformer ein und die Reichweite ist nun geringer als vor dem Gewinnspiel. Geschichten wie diese gibt es sehr viele, vor allem auf Facebook, weil dort diese Praxis sehr üblich war, um gleich zu Beginn viele Fans für eine Seite zu gewinnen. Es ist sehr schwer, aus diesem Dilemma wieder rauszukommen, im Extremfall nur durch Neustart. Übrigens werden wir uns später im Buch noch ansehen, wie du Gewinnspiele sinnvoll einsetzen kannst.

Die Kennzahlen sind mit einer gewissen Distanz zu betrachten. Der Algorithmus sorgt dafür, dass nicht alle Follower alle Posts sehen. Es gibt deshalb Überlappungen bei den Kennzahlen, die vielleicht auf den ersten Blick nicht so erkennbar sind. Abbildung 8 zeigt eine Darstellung dieser Überlappungen.

- **Follower** > Fans, Follwoer, Subscriber, Abonnenten
- **Reichweite** > Impressionen
- **Engagement** > Like, Comment, Share
- **Interaktion** > Bild vergrößern, Videoplay, Link Klicks
- **Klicks** > Traffic auf Website

Abbildung 8: Social-Media-Kennzahlen

FOLLOWER

Egal, ob die Bezeichnung *Follower, Fans, Abonnenten* oder *Gefällt mir-Angaben* ist, fast jede Social-Media-Plattform bietet die Möglichkeit, den Inhalten eines Publishers zu „folgen". Das wird von vielen als erhöhtes Interesse an den Inhalten interpretiert und deshalb als wichtige Kennzahl gesehen. Tatsächlich hat eine hohe Follower-Zahl jedoch nur sehr bedingt eine Aussagekraft über die Qualität oder Beliebtheit eines Publishers.

Zwielichtige Dienste bieten auch Follower zum Kauf online an. Damit können schnell beeindruckende Zahlen erreicht werden. Was aber wirklich zählt, ist die Qualität der Follower. Tausend Follower, die auf Inhalte reagieren, sind mehr wert als 10.000 Follower, die sie ignorieren oder gar nicht angezeigt bekommen.

Gänzlich irrelevant ist die Followerzahl jedoch auch wieder nicht. Sie zeigt zumindest eine theoretische organisch erreichbare Masse an. Gehen wir mal davon aus, dass die Followerzahl organisch gewachsen ist, also ohne Gewinnspiel oder Zukauf von Fans, so haben diese Follower tatsächlich irgendwann ihr Interesse bekundet. Ein Publisher, der auf diese Weise 10.000 Follower aufgebaut hat, hat mehr theoretische Reichweite als eine Seite mit 1.000 Followern. Es ist also immer zu hinterfragen, wie die Zahl zustande kam.

REICHWEITE/REACH

Die Reichweite gibt an, wie viele Menschen den Inhalt gesehen haben. Darunter fällt natürlich zuerst eine Auswahl an Followern. Wenn diese mit den Inhalten interagieren oder sie sogar auf ihren eigenen Präsenzen teilen, entsteht eine erweiterte organische Reichweite, die über die Follower hinausgeht.

Zusätzlich werden durch bezahlte Reichweite auch Menschen erreicht, die einem Publisher noch nicht folgen. Das ist eine beliebte und durchaus nachhaltige Strategie, um Follower aufzubauen: Durch Anzeigen eines Inhalts kann ein User entscheiden, ob der angebotene Content eines Publishers interessant ist und deshalb diesem folgen.

SICHTBARES ENGAGEMENT

Als Engagement werden üblicherweise Reaktionen (z. B. *Gefällt mir-* oder *Herz*-Angaben), Kommentare und Shares bezeichnet. Hierbei handelt es sich um Interaktion mit dem Inhalt, der auf den meisten Social-Media-Plattformen sichtbar ist. Inhalte mit vielen Likes oder Kommentaren werden als besonders interessant oder relevant wahrgenommen.

Das hat jedoch dazu geführt, dass manche Inhalte nur noch auf diese Form der Interaktion hin optimiert wurden. Ein Beispiel dafür sind Votings auf Facebook („Reagiere mit einem *Herz*, wenn du *A* super findest, mit einem *Daumen hoch* stimmst du für *B*."), oder „Kommentiere XY unter diesem Post". Diese Post-Arten sorgen tatsächlich für Engagement, allerdings ist dieses häufig austauschbar. Niemand kann sich mehr erinnern, bei welchem Publisher auf welchen Inhalt wie interagiert wurde.

Auch beim Engagement ist deshalb besonders auf die Qualität zu achten. Inhalte mit hohem Engagement, die nicht dezidiert dazu aufrufen, sind als höherwertiger einzustufen als andere.

NICHT SICHTBARE INTERAKTION

Eine besondere Form der Interaktion ist die nicht offen sichtbare. Dabei handelt es sich beispielsweise um Klicks auf Bilder, um diese größer anzuzeigen oder wenn jemand bei langen Posts auf „Weiterlesen" klickt, um über den Teaser hinaus weiterzulesen. Diese Interaktionen sind deshalb besonders interessant, weil sie vom User unbewusst gemacht werden, und deshalb ein echtes, unverfälschtes Interesse abbilden.

Diese Zahlen sind oft nur in Publisher-Tools ersichtlich, haben aber mit sehr hoher Wahrscheinlichkeit einen starken Einfluss auf den Algorithmus.

Auch hier ist jedoch Vorsicht geboten: Nicht jeder Text muss so lang sein, dass ein Teil hinter „Weiterlesen" versteckt ist. Nicht jedes Bild muss vergrößert werden, um es anzusehen. User sind gerne im Flow. Wenn sie auf jeden Inhalt klicken müssen, kann das nerven und zum Desinteresse führen. Dennoch sollte diese Kennzahl von jedem Social Media Manager im Auge behalten werden.

Auf vielen Social-Media-Plattformen gibt es die Möglichkeit, auf andere Websites zu verlinken. Manche, wie LinkedIn, bieten dafür sogar mehrere Möglichkeiten an: Man kann auf LinkedIn einen Inhalt vom Typ *Link* posten (mit Vorschaubild und Meta-Informationen wie Seitentitel) oder mehrere Links in den Text verpacken.

Jeder Klick auf solche Links löst Traffic auf der Website aus. Wenn das ein Marketing-Ziel ist, kann so der Erfolg von Social Media gemessen werden. Zu berücksichtigen ist jedoch, dass nicht jede Social-Media-Plattform möchte, dass man das Ökosystem verlässt und auf eine andere Website wechselt. Deshalb können Inhalte mit Links schlechter bewertet werden als andere, und damit weniger organische Reichweite bekommen.

2.6 VIDEO

Eine besondere Rolle in der Online-Marktkommunikation hat Video bekommen. Mit wachsender Bandbreite wurde es immer einfacher, Videos in hoher Auflösung auch mobil zu konsumieren. Der technische Fortschritt von Smartphones und immer kostengünstigere Kameras machten die Produktion von Videos einfacher. Noch nie war die Gesellschaft näher an Andy Warhols Ausdruck: *„In the future, everyone will be world-famous for 15 minutes."* (In der Zukunft wird jeder Mensch für 15 Minuten weltberühmt sein.)

Videos haben viele Vorteile gegenüber anderen Inhaltsformen. Videos sind sehr aufmerksamkeitsstark, nicht zuletzt seit fast alle Plattformen Autoplay eingeführt haben, also dass das Video automatisch abgespielt wird, sobald es am Bildschirm sichtbar wird. Man spricht in diesem Zusammenhang auch von **Thumbstopping Content**, also Inhalte, die den Benutzer dazu bringen, den Scrollvorgang mit dem Daumen zu unterbrechen, um den Content zu konsumieren.

Ist diese Aufmerksamkeit gewonnen, entscheidet ein User in wenigen Sekunden unterbewusst, ob der Inhalt „interessant" ist. Nach wenigen weiteren Sekunden wird bewusst entschieden, ob der Inhalt „relevant" ist. Entscheidend sind also bei Online-Videos die ersten Sekunden, sowohl um Aufmerksamkeit zu bekommen, als auch um sie zu halten. Die Kennzahl *View* wird deshalb von manchen Plattformen erst nach drei bzw. zehn Sekunden gewertet und unterscheidet sich entsprechend von der Reichweite.

Die Verhältnis-Anzahl der User, die ein Video nicht nur angezeigt bekommen, sondern bis zum Ende anschauen, wird in der **View-Through Rate** (manchmal auch Durchsichtsrate) gemessen. Eine grafische Darstellung, wie viel Prozent der User wie lange ein Video betrachten, wird in der **Audience Retention** dargestellt. Der Graph ist meist ein umgekehrter Hockey-Stick, fällt also zuerst stark ab und flacht dann zum Ende hin aus (Abbildung 9).

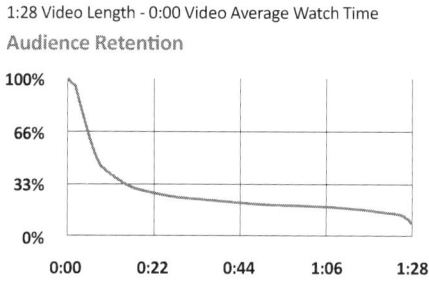

Abbildung 9: Screenshot Audience Retention

Das Besondere an diesem Medium ist auch, dass das Anschauen eines Videos eine nicht sichtbare Interaktion darstellt, die bei den Usern unbewusst durch tatsächliches Interesse erfolgt. Eine hohe View-Through Rate sowie eine flache Retention Rate ist also sehr aussagekräftig.

2.7 VANITY KPIS

Wie schon ein paar Mal erwähnt, sind KPIs immer kritisch zu hinterfragen. Besonders, wenn der Wettbewerbsdrang durchkommt, werden Zahlen gerne „aufgehübscht". Da diese Zahlen (meist auf dubiosem Weg) „aufgehübscht" werden können und sie mehr dem Ego dienen als den tatsächlichen Erfolg darstellen, werden sie als Vanity KPIs (**Eitelkeits-Kennzahlen**) bezeichnet.

Um Vanity KPIs zu identifizieren, kannst du dir die Frage stellen, wie leicht sie sich manipulieren lassen (z. B. Zukauf von Likes einer Facebook-Seite): Wenn es dafür einen Trick oder gar einen Markt gibt, ist es häufig eine Vanity KPI.

Das Tückische ist, dass man immer wieder verleitet wird, sich auf dieseKennzahlen zu konzentrieren, weil es gefühlt jeder macht. Wollen wir uns vier Vertreter von Vanity KPIs anschauen und sinnvolle Alternativen zu ihnen suchen:

- Follower-Zahl (Social Media)
- Views (Video)
- Visitors (Traffic)
- Gefällt mir (Social Media)

VANITY KPI > „FOLLOWER"

Warum ist diese Kennzahl eine Vanity KPI?

Wie bereits oben angemerkt zeigt die Follower-Anzahl lediglich die Anzahl der User an, die irgendwann mal genug Interesse für eine Marke gezeigt haben, um auf den entsprechenden Button für ein Abonnement zu klicken. Die Kennzahl hat keine Aussage über Motivation oder aktuelles Interesse dieser User.

Worum geht es uns als Marke?

In erster Linie geht es darum, wie viele Menschen eine Marke erreicht. In weiterer Folge darum, wie viele echtes Interesse an den Inhalten und damit an der Marke haben.

Welche Kennzahlen sind aussagekräftiger?

Deshalb ist es besser, auf die Reichweite und/oder das Engagement zu schauen. Je mehr Leute erreicht werden, desto weiter verbreitet sich die Botschaft. Je mehr interagieren, desto besser kommt die Botschaft an.

VANITY KPI > „VIEWS"

Warum ist diese Kennzahl eine Vanity KPI?

Wie oben schon besprochen ist ein View Definitionssache. Dieser kann bereits ab der Anzeige oder nach ein paar Sekunden gezählt werden.

Unabhängig davon ist in der Kennzahl jedoch nicht erkennbar, ob der Betrachter tatsächliches Interesse hat.

Worum geht es uns als Marke?

Wir wollen wissen, wie oft das Video angeschaut wurde.

Welche Kennzahlen sind aussagekräftiger?

Ein gutes Bild von dem Erfolg eines Videos bekommen wir, wenn wir die View-Zahl mit Audience Retention oder der View-Through Rate betrachten. Diese Kennzahlen sind nicht so plakativ wie eine View-Zahl und für manche etwas schwerer zu interpretieren, weshalb sie manchmal sogar komplett ignoriert werden.

VANITY KPI > „VISITORS"

Warum ist diese Kennzahl eine Vanity KPI?

Die Anzahl der Website-Besucher kann eine besonders trügerische Kennzahl sein. Ein besonderer Inhalt (z. B. ein polarisierender Blogpost) kann für einen überwiegend großen Teil des Traffic sorgen, der für das eigentliche Ziel irrelevant sein kann.

Worum geht es uns als Marke?

Wir wollen wissen, wie viel qualitativen Traffic wir haben, also wie viele Besucher ein echtes Interesse an der Marke haben.

Welche Kennzahlen sind aussagekräftiger?

Qualitativen Traffic erkennen wir anhand der User-Aktionen auf der Website. Es ist also besser, nur jene Besucher zu zählen (bzw. auf diese Zahl zu achten), die bestimmte Aktionen durchführen. Das lässt sich in den meisten Analysetools durch sogenannte Events abbilden. Das sind im Sourcecode hinterlegte Trigger, die eine Wertung auslösen, sobald ein Besucher sie durchgeführt hat.

Beispiele für solche Events sind unter anderem:

- Registrierung (Conversion)
- Formular ausfüllen
- Aufrufen bestimmter Seiten
- Waren in den Warenkorb legen

VANITY KPI > „GEFÄLLT-MIR"

Warum ist diese Kennzahl eine Vanity KPI?

Sichtbares Engagement ist ein ganz besonderer Fall eines falschen Freundes. Viele Faktoren beeinflussen, wie viele *Gefällt mir*-Angaben (oder ähnliche Reaktionen) ein Post bekommt. Die absoluten Zahlen in Vergleich zu setzen wäre etwas zu kurz gegriffen. Ein Inhalt mit wenig *Gefällt mir* kann erfolgreich sein, wenn zum Beispiel ein Link vorkommt, der zu einer Website führt, wo ein Kaufabschluss getätigt wird.

Darüber hinaus ist diese Zahl auch immer in Relation mit der Reichweite zu sehen. Das gilt besonders, wenn man sich mit Benchmarks vergleicht. Eine international agierende Marke hat vielleicht viel mehr Reichweite als ein lokaler Mitbewerber, und deshalb die Chance auf viel mehr Reaktionen.

Worum geht es uns als Marke?

Wir wollen wissen, wie erfolgreich unser Content in Social Media ist.

Welche Kennzahlen sind aussagekräftiger?

Es gibt keine pauschal gültige Antwort für sinnvollere Kennzahlen. Ein guter Schritt ist getan, wenn die Engagement-Zahlen in Relation zu Followern (Engagement per 1k Followers) oder der Reichweite (Engagement per 1k Reach) gesetzt werden.

Wenn der Vergleich zu einer Benchmark gesucht wird, ist der Bezug zu den Followern wohl der aussagekräftigste, da die Reichweite selten einsehbar ist.

Bei speziellen Post-Arten, wie Links oder Videos, ist es empfehlenswert, eher eine dazu passende Kennzahl zu betrachten als das sichtbare Engagement, etwa: „Wie viele Menschen haben auf den Link geklickt?" oder „Wie viele haben das Video bis zum Ende geschaut?" und Ähnliches.

ÜBER DEM RAUSCHEN

Wenn du wissen willst, ob du mit deiner Marke über dem Rauschen liegst, brauchst du Messungen, die dir diese Information liefern. Glücklicherweise findest du diese online zuhauf. Tools, Reports und Dashboards – you name it, alles da.

In diesem Kapitel habe ich dir einen Überblick gegeben, damit du einschätzen kannst, welche Zahlen für dich relevant sind. Stell sie dir als deine Navigationsinstrumente bei deinem Flug über dem Rauschen vor. Wie in einem Flugzeug-Cockpit musst du mehrere Zahlen im Blick behalten, damit du nicht crashst. Wenn eine Zahl mal nach unten geht, ist das nicht weiter schlimm, solange sie nicht unter einen kritischen Wert fällt. Dann heißt es jedoch „Gegenmaßnahmen setzen". Allerdings ohne dabei die anderen Zahlen aus den Augen zu verlieren.

Weiter geht es im nächsten Kapitel mit den Personas, also dem „Wer". Jetzt nicht das Buch aus der Hand legen. Weiterlesen!

WORKSHOP

Zeichne auf ein Flipchart zwei Linien, die sich in der Mitte kreuzen. Über die linke Spalte schreibst du „Finanzielle Ziele", über die rechte Spalte „Branding Ziele". Die obere Zeile erhält die Beschriftung „Wachstum", die untere „Optimierung". Dann schreibst du in die vier Felder „Performance" (links oben), „Markenbekanntheit" (rechts oben), „Automatisierung" (links unten) und „Markenbindung" (rechts unten); (Abbildung 10).

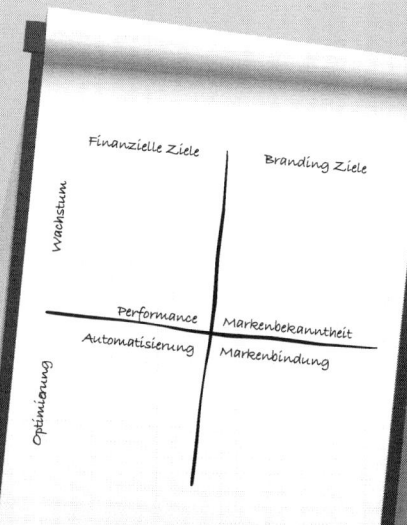

Abbildung 10: Flipchart-Kennzahlen

Nehmt euch ein paar Minuten für eine offene Diskussion über das allgemeine Ziel. Lasst jeden zu Wort kommen und wertet nicht. Fünf bis zehn Minuten sollten reichen (je nach Anzahl der Teilnehmer).

Als Nächstes nutzt ihr Post-its und schreibt Kennzahlen auf (jede Kennzahl auf ein eigenes Post-it), die ihr für relevant haltet. Diese klebt ihr in das dazu passende Feld. Dies ist ein entfesseltes Brainstorming, in dem keine Wertung und Diskussion zugelassen wird. Ist dieses Branstorming abgeklungen, lasst das Ergebnis kurz auf euch wirken.

Jeder Teilnehmer bekommt 3 Markierungspunkte und darf diese zu Kennzahlen kleben. Dadurch erhaltet ihr die wirklich relevanten Kennzahlen für die Marke. Diskutiert eventuell noch kurz, ob bestimmte Zahlen, die wenige Punkte bekommen haben, nicht doch wichtiger sind. Hinterfragt kritisch, ob manche der Kennzahlen Vanity KPIs sein könnten.

Ergänzt zu jeder der ausgewählten Kennzahl, woher ihr diese Daten bekommen könnt. Aus einem Analysetool, von Plattformen oder auch internen Quellen, wie einer Kundendatenbank. Wenn das Flipchart schon recht voll ist, kannst du für diesen Schritt die Auswahl vorher auf ein neues Flipchart übertragen.

Zu guter Letzt nehmt ihr wieder ein neues Flipchart und haltet fest, welche Demografien für die Marke relevant sind. Haltet euch zuerst an die Haupt-Demografien Geschlecht, Ort, Alter und Sprache, und geht erst dann auf genauere Spezifizierungen ein.

Aus dieser Festlegung der Erfolgsmessung soll nachfolgend ein Report angefertigt werden. Idealerweise schaffst du es, ein übersichtliches Dashboard zu gestalten, das automatisiert mit den Werten gefüllt wird.

3 PERSONAS

**„Build something 100
people love, not something 1 million
people kind of like."**- Brian Chesky

„Ich kenne das Persona-Konzept, aber ich arbeite nicht damit", sagte mir mal eine Workshop-Teilnehmerin, die im Marketing arbeitet. Ich fand die Aussage interessant. Ich bin nämlich zu der Überzeugung gekommen, dass das gar nicht geht.

Ich erlaube mir mal, Watzlawick etwas abzuwandeln: „Man kann nicht mit niemanden kommunizieren". Wenn du eine Botschaft in die Welt schickst, hast du immer einen Empfänger im Kopf, ob bewusst oder unbewusst.

Wenn eine Marketing-Abteilung ohne Personas arbeitet, sind die Mitarbeiter gezwungen, sich ein eigenes Bild des Publikums zu machen. Das ist sehr stark von den eigenen Erfahrungen und sogar von der aktuellen Tagesverfassung beeinflusst. So kann es sein, dass Mitarbeiter A für jemand anderen schreibt als Mitarbeiter B, obwohl beide über den gleichen Kanal und mit der gleichen „Stimme" (die der Marke) kommunizieren. Am Ende des Tages ist es dann Glückssache, wenn der Content stimmig ist, doch Glück halte ich für keine gute Strategie.

Wenn man also „ohne Personas" arbeitet, arbeitet man mit unzähligen Personas, die nie jemand definiert hat.

Kommunikation besteht im Wesentlichen aus vier Elementen: einem Sender, einem Empfänger, einer Botschaft und dem Medium (Abbildung 11). Der Sender hat eine Kommunikationsabsicht, die er in einer Botschaft codiert und über das Medium zum Empfänger transportiert. Dieser nimmt die Botschaft auf und interpretiert sie.

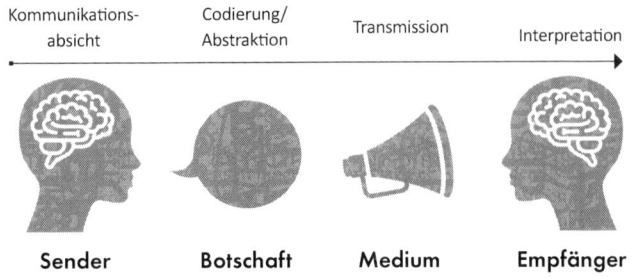

| Kommunikations-absicht | Codierung/Abstraktion | Transmission | Interpretation |

Sender   **Botschaft**   **Medium**   **Empfänger**

Abbildung 11: Kommunikationsmodell

Wir haben als Sender nur wenig Einfluss auf die Interpretation auf Empfängerseite. Damit die Botschaft auch so verstanden wird, wie in der Kommunikationsabsicht vorgesehen, ist es wichtig, sie dem Empfänger angemessen aufzubereiten. Deshalb bist du gut beraten, dich intensiv mit den Empfängern deiner Marktkommunikation auseinanderzusetzen.

Ein Vorteil der direkten Kommunikation ist das unmittelbare Feedback. Bei Unklarheiten kann der Empfänger rückfragen. Gestik und Mimik geben Aufschluss darüber, wie die Botschaft ankommt. In der Marktkommunikation, vor allem in der digitalen, findet ein Großteil der Kommunikation jedoch nicht direkt statt. Die Maßnahmen (Botschaften) werden über verschiedene Kanäle (den Medien) in verschiedenen Formaten von der Marke (dem Sender) rausgeschickt. Bleibt die Hoffnung, dass sie die richtigen Menschen (die Empfänger) erreichen und von denen verstanden beziehungsweise wie gewünscht interpretiert werden.

Im Marketing liegt hier das Konzept der **Zielgruppe** nahe. Dieses ist sehr hilfreich bei der Segmentierung von Märkten, jedoch weniger geeignet, das Interpretationsproblem zu lösen. Wenn wir mit Menschen sprechen, bauen wir Empathie auf. Wir versuchen, Emotionen, Gedanken und Motive unseres Gegenübers zu erkennen, und agieren entsprechend. Dies ist jedoch nur bei Menschen möglich, nicht bei Demografien.

Was empfinden Männer zwischen 25 und 35 mit mittleren Einkommen? Welchen Herausforderungen stellen sich Frauen mit Hochschulabschluss? Mit welchen Gedanken beschäftigen sich Kinder unter 13 Jahren?

Die Definitionen geben zwar eine grobe Richtung, aber sind so breit gefasst, dass eine verständliche, ansprechende und kreative Ansprache fast nicht möglich ist. Für die Lösung dieses Problems dürfen wir uns bei Alan Cooper bedanken.

Der Software-Entwickler führte in den 80er-Jahren das Konzept der **User Personas** ein. Mit diesem Konzept versuchte er, sich in verschiedene Anwendertypen einer Software hineinzuversetzen und entsprechende Entscheidungen in der Softwaregestaltung zu treffen. Ende der 90er veröffentlichte er übrigens sein Modell im Buch „The Inmates are Running the Asylum" [14] und machte es so einer breiten Masse zugänglich.

Dieses Konzept wurde auch in anderen Bereichen übernommen. **Buyer Personas** sind wertvolle Werkzeuge in der Produktentwicklung und im Verkauf. In der Marktkommunikation stellt eine Persona eine Vertretung einer besonderen Zielgruppe dar. Dabei gehen wir immer von einem Idealbild aus: Wie sieht der ideale Kunde, die perfekte Mitarbeiterin, der zuverlässigste Partner aus?

Beim Erstellen von Kommunikationsmaßnahmen wird die Botschaft genau für diese Persona aufbereitet. Selbst wenn der tatsächliche Empfänger der Botschaft nicht exakt der Persona entspricht (in Geschlecht, Alter, Wohnort etc.), wird durch Form und Inhalt der Botschaft ein Konzept vermittelt, das diesen ansprechen kann.

Ein Beispiel: Die Persona einer Modemarke ist ein selbstbewusster, erfolgreicher Mann. Die Botschaft ist direkt und strahlt Exklusivität aus. Ein junger Mann, etwas schüchtern, frisch nach dem Studium sieht die Kommunikationsmaßnahme und fühlt sich angesprochen. Nicht weil der dem Mann dem Sujet entspricht, sondern weil er gerne so sein möchte.

Unterschiedliche Personas bekommen die Botschaft unterschiedlich aufbereitet. Einem Familienvater ist beispielsweise die Sicherheit eines Autos wichtig, einem kompetitiven Menschen vielleicht Höchstgeschwindigkeit und Beschleunigung.

Ein weiterer Vorteil von Personas ist die Fokussierung. Jeder, der an Kommunikationsmaßnahmen in einem Unternehmen arbeitet, spricht dieselben Personas an. Für jede Maßnahme wird definiert, an wen sie sich richtet, und im Idealfall schränkt die Definition der Personas den Interpretationsspielraum stark ein. So kann ein Markenverantwortlicher sicher sein, dass die Marke immer im gleichen Stil kommuniziert.

Personas sollten möglichst von Teams aus unterschiedlichen Bereichen eines Unternehmens erstellt werden. Das Marketing hat oft eine Vorstellung von Personas, Produktentwicklung hatte aber vielleicht eine andere im Kopf, und im Verkauf stellt sich heraus, wer das Produkt tatsächlich kauft. Ein heterogenes Team stellt die nachhaltigsten Personas zusammen.

Personas können (und sollen) sich auch weiterentwickeln. Sie basieren zuerst meist auf Annahmen. Später in diesem Kapitel sehen wir uns noch an, wie man Personas verifizieren kann, ein gewisser Teil bleibt aber immer verschwommen. Deshalb können und sollten Personas im Einsatz getestet und belegt oder widerlegt werden. Stellst du zum Beispiel fest, dass eine Persona nicht wie angenommen auf Humor reagiert, kannst du das in der Persona-Definition vermerken und für zukünftige Maßnahmen berücksichtigen.

Die Definition der Personas sollte jedem, der an Kommunikationsmaßnahmen arbeitet, zugänglich gemacht werden. Personas sind allerdings nicht für die Öffentlichkeit bestimmt! Manche Facetten könnten negativ aufgefasst werden, denn oft ist man gezwungen, mit Stereotypen zu arbeiten.

3.1 ANTI-PERSONAS

In Kapitel 2 haben wir mit Demografien definiert, wer für uns relevant ist. Anti-Personas stellen eine ähnliche Festlegung dar. Dafür braucht man nicht viel über den Prozess der Persona-Erstellung zu wissen. Alleine durch die Merkmale des Produktes einer Dienstleistung, oder aber aufgrund der Struktur des Unternehmens, sind manche Ansprechpersonen ausgeschlossen.

Die Gründe für den Ausschluss können vielseitig sein, unter anderem:

- negative Aufwand-Nutzen-Rechnung für das Unternehmen,
- gesetzliche Vorgaben,
- Unfähigkeit, das Angebot im vorgesehenem Zweck zu nutzen,
- Selbstgefährdung durch Nutzung des Angebots,
- Rufschädigung der Marke.

Zur Definition von Anti-Personas werden nur die wirklich relevanten Eigenschaften festgelegt. Sämtliche weiteren Details, wie wir sie später bei den Personas brauchen, werden weggelassen. Anti-Personas bekommen auch selten einen Namen.

Beispiele für Anti-Personas:

- Lokalität: Menschen, die nicht im Versorgungsgebiet leben (z. B. bei regional eingeschränkten Angeboten).
- Alter: Personen unter 18 Jahren (z. B. bei Alkohol, Tabak oder Erwachsenenunterhaltung).
- Einkommen: Menschen mit weniger als einem bestimmten Haushaltseinkommen (z. B. bei Luxusartikeln).
- Zurechnungsfähigkeit: Menschen, die das Angebot nicht für den vorgesehenen Zweck verwenden und deshalb andere oder sich selbst unter Umständen sogar gefährden (z. B. bei Chemikalien oder mechanischen Produkten).

In seltenen Fällen werden Anti-Personas tatsächlich auch in der Kommunikation verwendet, um sich abzugrenzen. Das ist allerdings eine sehr riskante Strategie, da sie leicht als Diskriminierung gewertet werden kann.

Meist gibt eine Anti-Persona einen Rahmen für die tatsächlichen Personas vor. Im Erstellungsprozess können Personas immer wieder mit der einen Anti-Persona oder mehreren anderen verglichen werden.

3.2 STEREOTYPE ANSPRECHPERSONEN

Wir haben gelernt, Stereotypen im Sinne von Political Correctness möglichst zu vermeiden. Wenn man aber von Personas spricht, sind Stereotypen hilfreiche Vehikel. Man sucht nach dem umsatzstärksten Kunden, nach dem perfekten Mitarbeiter, dem besten Partner. Die Profile dieser Personas müssen geschärft sein. Dafür dürfen wir auch mal etwas mehr überspitzen. Wir erlauben uns, von Hipstern, Hausfrauen, Sportskanonen, Couch-Potatoes und Machos zu sprechen.

Dieses „Loslassen" mag in den ersten Minuten etwas befremdlich wirken und der eine oder die andere mag sich im Inneren dagegen sträuben.

Doch je konkreter der Stereotyp, desto besser kann die Kommunikation darauf abgestimmt werden. Es hilft, sich in Erinnerung zu rufen, dass Personas nicht für die Öffentlichkeit gedacht sind.

Bevor wir jedoch von Personas sprechen können, müssen die möglichen Empfänger für die Botschaften definiert werden. Dafür können wir in mehrere Richtungen überlegen:

- Kunden
- Mitarbeiter
- Stakeholder
- Öffentlichkeit

STEREOTYPE ANSPRECHPERSONEN > **KUNDEN**

Kunden sind eine besonders spannende Gruppe von Empfängern. Jedes Produkt wurde schließlich für einen Anwender erschaffen. Dabei können unterschiedliche Idealbilder definiert werden:

- Nach Umsatz: Mit welcher Art Kunden macht man den meisten Umsatz?
- Nach Aufwand/Automatisierungsgrad: Welcher Kunde verursacht den wenigsten Aufwand bzw. lässt sich automatisiert bedienen?
- Nach Prestige: Welcher Kunde sorgt in der Öffentlichkeit für das meiste Ansehen/das höchste Vertrauen? Welcher Kunde sorgt bei den Mitarbeitern für die höchste Motivation?
- Nach Weiterempfehlung: Welcher Kunde sorgt für den größten Multiplikationsfaktor?

Manchmal kann es auch zielführender sein, den Endverbraucher indirekt anzusprechen. Es macht etwa Sinn, die Kommunikation zu Kinderprodukten auch für Eltern auszuarbeiten (z. B. wie gesund/pädagogisch wertvoll/entwicklungsfördernd ein Produkt ist).

Im B2B-Bereich hingegen werden die Entscheidungen oft nicht vom Endverbraucher getroffen, sondern es werden beispielsweise Einkäufer, Assistenten, Abteilungsleiterinnen oder Systemadministratoren miteinbezogen.

Jeder Einzelne hat unterschiedliche Anforderungen an das Produkt und bedarf einer spezifischen Ansprache.

STEREOTYPE ANSPRECHPERSONEN > **MITARBEITER**

Mitarbeiter sind oft unterschätzte Verbreiter von Markenbotschaften. Ein Mitarbeiter, der die Botschaft verstanden und verinnerlicht hat, trägt diese auch nach draußen.

Eine zusätzliche Gruppe der Mitarbeiter sind potenzielle Mitarbeiter. Recruitment Marketing wird immer wichtiger. Das Ziel, die Conversion, ist in diesem Fall kein Kaufabschluss, sondern eine Bewerbung. In der Personalabteilung zählt aber nicht die Quantität, sondern die Qualität von Bewerbern. Deshalb können hier sehr charakteristische Ansprechpersonen definiert werden.

STEREOTYPE ANSPRECHPERSONEN > **PARTNER**

Partner sind eine oft kleine, aber nicht unwesentliche Gruppe von Empfängern. Stille Gesellschafter, Eigentümer, Investoren, Lieferanten und Banken haben alle nicht nur Interesse am Erfolg von Unternehmungen, sondern möchten auch darüber Bescheid wissen.

STEREOTYPE ANSPRECHPERSONEN > **ÖFFENTLICHKEIT**

Je nach Art der Marke ist die Öffentlichkeit ein wichtiger Teil von möglichen Empfängern. Die Presse stellt oft einen großen Multiplikationsfaktor dar, wobei auch hier zwischen Fachpresse, Tageszeitungen und Magazinen unterschieden werden kann.

Dieser Gruppe können auch Familie und Freunde von Mitarbeitern angehören. Das kann vor allem dann eine Rolle spielen, wenn die Arbeit einen großen Einfluss auf das Privatleben der Mitarbeiter hat (z. B. durch häufiges Reisen oder öffentliches Interesse).

Insbesondere bei großen Betrieben hat das Umfeld ebenfalls berechtigtes Interesse am Unternehmen. So haben große Arbeitgeber einen erheblichen

Einfluss auf Wirtschaft und Infrastruktur in der Region, große Fertigungsbetriebe prägen das Erscheinungsbild, medienpräsente Unternehmen tragen zum Image von Regionen bei.

3.3 PERSONA-AUSWAHL

Vielleicht ist dir beim Befassen mit dem Persona-Konzept die Frage untergekommen, wie viele Personas man haben sollte. Darauf gibt es keine pauschale Antwort. Die Reduktion auf „eine" Persona ist jedoch in den allermeisten Fällen nicht möglich. Wir befinden uns gerade noch relativ am Anfang der Strategieentwicklung. Ein kleiner Ausblick, wo die Reise hinführt, hilft vielleicht beim Verständnis: Jede Maßnahme muss auf eine Persona ausgerichtet sein. Wenn du jetzt überlegst, welche Informationen deine Marke nach „draußen" tragen muss, wird dir klar sein, dass die Empfänger doch maßgeblich unterscheiden.

Umgekehrt sind auch mehrere Hundert Personas nicht sinnvoll. Da du in Zukunft jede davon in deiner Marktkommunikation berücksichtigen sollst, wird das schnell unübersichtlich. Darüber hinaus ist die Entwicklung von Personas mit Aufwand verbunden. Man entwickelt schon fast eine Beziehung zu ihnen. Wenn dann eine Persona gestrichen werden muss, ist das immer schwierig. Lieber vor der Ausarbeitung reduzieren.

Du siehst schon, es läuft auf zwei Strategien hinaus, um der Anzahl der Personas Herr zu werden:

- Gruppierung
- Gewichtung

PERSONA-AUSWAHL > GRUPPIERUNG

Die Zusammenfassung mehrerer Empfänger zu einzelnen Personas aufgrund überschneidender Eigenschaften ist eine sinnvolle Strategie. Dafür bieten sich mehrere Möglichkeiten. Wie so oft gibt es nicht die eine, die für alle funktioniert:

- Gruppierung nach Bedürfnissen oder Zielen
- Gruppierung nach Produkten oder Produktgruppen
- Gruppierung nach Prozessen
- Gruppierung nach Kaufverhalten

GRUPPIERUNG NACH BEDÜRFNISSEN

Ein sehr umfänglicher Ansatz, Personas zu gruppieren, sind die Bedürfnisse oder Ziele der Ansprechpartner. Stellen wir uns vor, bei der Suche nach möglichen Ansprechpartnern sind Journalisten eines Magazins und Reporter einer Tageszeitung genannt worden. Beide möchten eine gute Story. Ihr Bedürfnis ist also identisch, sie können zu einer Persona „Journalistin" zusammengefasst werden. Ein anderes Beispiel sind Mitarbeiter. Egal in welcher Abteilung sie arbeiten, sie möchten eine sichere Anstellung.

Auch bei Kunden kann es eine überschaubare Anzahl an Bedürfnissen geben, die durch das Angebot befriedigt werden. Bei einer Modemarke ist einer Kundengruppe zum Beispiel der Preis wichtig, einer Gruppe die Qualität und einer dritten die Nachhaltigkeit. Wenn die Marke eine Vielzahl von Kunden-Stereotypen hatte, lassen sich diese wahrscheinlich gut jeweils einer der drei Gruppen zuweisen.

GRUPPIERUNG NACH PRODUKTEN ODER PRODUKTGRUPPEN

Wenn das Unternehmen eine breite Produktpalette unter einer Marke anbietet, können die Personas nach Produkten oder Produktgruppen zusammengefasst werden. So können beispielsweise die haushaltsführende Person einer Familie mit Kindern, eine alleinerziehende Mutter und ein WG-Bewohner für die Produkte zur Haushaltsreinigung zusammengefasst werden.

GRUPPIERUNG NACH PROZESSEN

Bei stark prozessorientierten Unternehmen kann eine Gruppierung nach Prozessen sinnvoll sein. Zum Beispiel kann ein Software-Unternehmen eine Out-of-the-box-Lösung anbieten, die Kunden ohne Anpassungen kaufen können. Auf der anderen Seite gibt es Kunden, die Individuallösungen benötigen.

GRUPPIERUNG NACH KAUFVERHALTEN

Ein weiterer Ansatz zur Persona-Gruppierung ist das Kaufverhalten: die Gelegenheitskunden, die Stammkunden, die Experimentierfreudigen, die Impulskäufer und so weiter.

GRUPPIERUNG MIT SUB-PERSONAS

In manchen Fällen kann es auch Sinn machen, Sub-Personas einzusetzen. Die Haupt-Persona beschreibt dann vereinende Eigenschaften, die Sub-Personas Besonderheiten. Dieses Konstrukt hat den Vorteil, dass die Anzahl der Personas grundsätzlich klein gehalten wird, bei einzelnen Maßnahmen aber dennoch konkret auf Eigenheiten eingegangen werden kann.

Eine Bildungseinrichtung bietet unterschiedliche Studienrichtungen und Ausbildungsmöglichkeiten (u. a. Vollzeitstudium, berufsbegleitendes Studium, zweiter Bildungsweg).

Für die Gruppe der *Studierenden* wurde eine Haupt-Persona erstellt, der allgemeine Eigenschaften zugewiesen wurden. Für jede Studienrichtung wurden dieser dann Sub-Personas untergeordnet.

In der Kommunikation wird zum Beispiel allgemein mit der Persona *Studierende* kommuniziert, in speziellen Kanälen, wie Newslettern für bestimmte Studienrichtungen, wird auf die jeweilige Sub-Persona eingegangen.

PERSONA-AUSWAHL > GEWICHTUNG

Auch wenn jede Persona wichtig ist und alle Personas angesprochen werden sollten, ein Tag hat nur 24 Stunden (ein Arbeitstag sogar noch weniger) und Budgets sind eigentlich immer begrenzt.

Eine Gewichtung der Personas ist daher unerlässlich und als dynamisch anzusehen. In saisonalen Unternehmen hat eine Persona in der einen Saison mehr Bedeutung als in der anderen. Bei Produktlaunches kann der Schwerpunkt zugunsten bestimmter Personas gelegt werden. Bei Personalmangel kann der Fokus temporär auf eine Mitarbeiter-Persona gelegt werden.

Diese Gewichtung kann sehr unterschiedlich erfolgen, zum Beispiel:

- nach Umsatz,
- nach Anzahl,
- nach strategischer Ausrichtung der Marke,
- nach Prestige.

GEWICHTUNG NACH UMSATZ

Eine offensichtliche Gewichtung ist jene nach dem Umsatz oder Gewinn. Je mehr Umsatz, desto mehr Maßnahmen werden für die jeweiligen Personas ergriffen.

Diese Gewichtung trifft natürlich nur die Gruppe *Kunden*. Als Ansatz können nach der Sortierung sämtlicher Kunden-Personas die übrig gebliebenen Personas jeweils in Vergleich gezogen werden. Ein Beispiel: Kunden-Personas A, B und C wurden priorisiert. Die Mitarbeiter-Persona D wird wichtiger als Kunden-Persona C gesehen, aber weniger wichtig als Kunden-Persona B und deshalb an dritter Stelle eingesetzt.

GEWICHTUNG NACH ANZAHL

Die Gewichtung nach Umsatz kann irrelevant sein, wenn ein Unternehmen etwa nur sehr wenige Großkunden hat und eine große Menge an „Kleinkunden", die intensiver in der Kommunikation bespielt werden müssen.

GEWICHTUNG NACH STRATEGISCHER AUSRICHTUNG DER MARKE

Der Istzustand ist eine relativ einfache Möglichkeit der Gewichtung. Die Zahlen lassen sich mit wenig Aufwand recherchieren und anhand dessen eine Gewichtung errechnet werden. Was aber, wenn eine Marke gerade neu startet und deshalb auf keine historischen Daten zurückgreifen kann? Darüber hinaus kann auch eine strategische Neuausrichtung notwendig sein, was diese Methodik nicht zielführend macht.

Die Gewichtung nach strategischer Ausrichtung machen meistens die Geschäftsführung oder die Product Owner. Sie wissen, wo die Reise hingehen soll, und können deshalb die Schwerpunkte entsprechend setzen.

GEWICHTUNG NACH PRESTIGE

In manchen Fällen kann auch eine Ausrichtung nach Prestige zielführend sein. Herausragende Personas haben viel Einfluss und können so wertvolle Multiplikatoren sein. Ein klassisches Beispiel sind Architekturbüros: Die großen Projekte sind mitunter vielleicht sogar Verlustgeschäfte und weniger im Portfolio zu finden als „übliche" Projekte. Die Kommunikation für jene ist allerdings am wichtigsten.

3.4 MERKMALE

Damit Personas sich zu den verbildlichten Ansprechpersonen entwickeln, an die Kommunikationsmaßnahmen ausgerichtet werden, müssen sie mit Merkmalen versehen werden. Je plastischer eine Persona wird, desto besser können sich alle Beteiligten diese vorstellen, und desto besser wird die Kommunikation funktionieren.

Zum Erstellen von Personas kann man auf reale oder fiktionale Personen zurückgreifen:

- tatsächliche Vertreter der Zielgruppe
- Personen aus dem persönlichen Umfeld
- Personen öffentlichen Interesses
- Personen aus der Popkultur (z. B. Filme, TV-Serien oder Romane)

Wenn möglich, sind Gespräche mit echten Menschen, die man einer Gruppe zuordnen würde, hilfreich. So kann ein besserer Eindruck gewonnen werden, und man ist nicht so verleitet, auf Wunschannahmen oder Vorurteile zurückzugreifen.

Jede erstellte Persona sollte einen Namen und eine Visualisierung (Zeichnung, Foto oder Fotocollage) bekommen. Der Name reduziert den Eindruck eines Konstrukts und hilft bei der Identifizierung im Alltag: „Frieda" ist menschlicher als „eine Rentnerin vom Land". Wenn auf tatsächliche Personen zurückgegriffen wird, kann durchaus deren Namen verwendet werden. Wenn alle Beteiligten die Person kennen, hilft das noch mehr bei der Identifikation. Das gilt insbesondere, wenn eine Person aus der Popkultur ausgewählt wird. Je plakativer, desto besser. Hier ein paar Beispiele:

- der nerdige Sheldon Cooper aus *The Big Bang Theory*
- die fürsorgliche Frau Beimer aus der *Lindenstraße*
- die sympathisch verrückte Phoebe Buffay aus *Friends*
- der erfolgreiche Juppie Gordon Gekko aus *Wall Street*

Hilfreich kann auch sein, der Persona einen Nachnamen zu geben und dabei Alliterationen zu verwenden, wie Tamara Tierfreund, Gregor Grillmeister oder Charlie Chill.

Eine weitere Möglichkeit, Namen für die Personas zu finden, können Namenslisten sein. Wenn du bereits ein ungefähres Alter im Kopf hast, können beliebte (oder ausgefallene) Namen aus dem Geburtsjahr gesucht werden. Die Gesellschaft für deutsche Sprache (Deutschland) [15], Statistik Austria (Österreich) [16] und das Bundesamt für Statistik (Schweiz) [17] veröffentlichen regelmäßig Statistiken zu gewählten Vornamen.

Eine Visualisierung hilft zusätzlich bei der Schärfung, da sie weitere, nicht wörtlich festgelegte Facetten zur Persona beisteuert. Talentierte Grafiker können schöne Persona-Portraits anfertigen, natürlich kann aber auch auf Stockfotos zurückgegriffen werden. Die Methodik von Fotocollagen bietet noch mehr Variation, es sollte jedoch darauf geachtet werden, dass nicht wieder unnötiger Interpretationsspielraum (z. B. durch sehr unterschiedliche Fotos) eingeräumt wird.

MERKMALE > **BEDÜRFNIS**

Jede Persona hat ein Bedürfnis, ein Ziel oder ein Motiv, das die Marke bzw. das Produkt erfüllen kann. Diese können sehr unterschiedlich sein (z. B. hohe Qualität, niedriger Preis, sicherer Arbeitsplatz). Für die Arbeit mit Personas ist es essenziell, diese Bedürfnisse zu kennen. Auch muss immer wieder überlegt werden, wie die Persona in der Botschaft die mögliche Befriedigung des Bedürfnisses erkennt.

Gleichzeitig ist es aber ebenso wichtig zu wissen, was die Marke von der Persona möchte, wie Umsatz, Weiterempfehlung, Arbeitsleistung oder aber Reichweite. Im Idealfall lassen sich beide Ziele vereinen.

PERSONA-AUSWAHL > **GENERATION**

Das Alter von Personas ist ein trügerisches Merkmal. Scheinbar unwichtig und sehr fiktional sagt es doch einiges aus, ohne dass es genau beschrieben wird. Über das Alter werden Personas Generationen zugewiesen. Generationen sind Altersgruppen, die aufgrund von Geburtsjahren durch ähnliche Ereignisse in ihrem Leben geprägt werden.

In „Lachs im Zweifel" [18] beschrieb der britische Autor Douglas Adams auf humoristische Art die Reaktion auf Technologien:

1. *Alles, was es schon gibt, wenn du auf die Welt kommst, ist normal und üblich und gehört zum selbstverständlichen Funktionieren der Welt dazu.*
2. *Alles, was zwischen deinem 15. und 35. Lebensjahr erfunden wird, ist neu, aufregend und revolutionär und kann dir vielleicht zu einer beruflichen Laufbahn verhelfen.*
3. *Alles, was nach deinem 35. Lebensjahr erfunden wird, richtet sich gegen die natürliche Ordnung der Dinge.*

Es gibt keine exakte Definition für die Geburtsjahre, diese ist auch für die Verwendung von Generationen nicht notwendig. Eine grobe Einteilung und das Verständnis von Generationen sind für die Arbeit mit Personas jedoch sehr hilfreich. Tabelle 3 gibt einen Überblick über die Generationen und ihre Prägungen.

Tabelle 3:
Übersicht über Generationen

	Silent Generation	Baby Boomers	Generation X	Millennials	Gen Z	Alphas
Geburts-jahre (ca.)	Vor 1945	1946 – 1965	1965 – 1980	1980 – 2000	2000 – 2012	Nach 2012
Prägende Ereignisse	Große Depression Weltkriege	Mondlandung Kalter Krieg Woodstock	Fall der Berliner Mauer Tschernobyl AIDS Love Parade	Clinton/ Lewinsky Affäre 9/11 Euro	Arab Spring Brexit Fridays for Future	Corona-krise
Ikonen	Franklin D. Roosevelt Adolf Hitler Mahatma Gandhi	John F. Kennedy Mutter Teresa Martin Luther King Jr.	Kurt Cobain Quentin Tarantino Kate Moss	Mark Zuckerberg Steve Jobs Barack Obama	Greta Thunberg Donald Trump Elon Musk	
Kultur	Frank Sinatra Charlie Chaplin Louis Armstrong	Elvis Presley The Beatles Jimi Hendrix Star Trek	David Bowie Madonna Michael Jackson Grunge Star Wars	Britney Spears Justin Timberlake Beyonce Knowles Harry Potter	Justin Bieber Taylor Swift KPop Game of Thrones	
Techno-logische Fortschritte	Auto Radio	Fernseher	PC Internet	Smartphone	Augmented Reality Artificial Intelligence	Tablet
Kommu-nikation	Briefe	Telefon	E-Mail SMS	Social Media Instant Messenger	Snackable Content Emojis/GIFs	
Große Heraus-forderung	Die eigene Sterblichkeit	Gestaltung des Lebensabends	Das neue Establishment zu sein	Familien-gründung	Welt verändern und Fake News	

THE SILENT GENERATION (VOR 1945)

Die Silent Generation ist geprägt durch die Folgen der großen Depression Anfang des 20. Jahrhunderts und die Kriegsjahre. Geboren und aufgewachsen in den Weltkriegen, dem Niedergang alter und dem Aufstieg neuer Weltmächte, der Zerstörung der bestehenden Weltordnung und dem sinnlosen Tod vieler Menschen. Besonders in Deutschland und Österreich kämpft diese Generation mit der Schuldlast.

Einflussreiche Personen in Alltag und Meinungen (sowohl zustimmend als auch ablehnend) waren die großen Politiker dieser Zeit: Franklin D. Roosevelt, Winston Churchill, aber auch Adolf Hitler, Benito Mussolini und Joseph Stalin.

Die wichtigste technologische Errungenschaft war das Auto. Es wurde immer leistbarer und ermöglichte Mobilität für jedermann. Kommuniziert wurde weitestgehend mit Briefen.

Die Silent Generation hat ein erfülltes Leben hinter sich und wird sich der eigenen Sterblichkeit bewusst. Vieles ist schon anstrengend, die moderne Welt ist zu schnell und neue Technologien sind meist schwer zu akzeptieren. In der Kommunikation solltest du dies berücksichtigen.

BABY BOOMERS (CA. 1946 – 1965)

Baby Boomers kämpften in der Kindheit mit dem Wiederaufbau. Trotz Kaltem Krieg war die Stimmung weitestgehend positiv. Der technologische Fortschritt nahm an Fahrt auf: der erste Mensch auf dem Mond, Radios und Fernseher in allen Haushalten.

Boomers erlebten die Geburt der Popkultur: The Beatles, Elvis Presley und Johnny Cash wurden zu den ersten Superstars. Mit Star Trek trat Science Fiction in die breite Öffentlichkeit. Diese Ikonen hatten auch großen Einfluss auf Meinungen und Verhalten. Mit Woodstock erreichte der Protest gegen die vorherrschende Moral ihren Höhepunkt. Die Anti-Baby-Pille brachte sexuelle Freiheit. Frauen emanzipierten sich zunehmend in der Gesellschaft.

Das bevorzugte Kommunikationsmittel für Boomers ist das Telefon. Dadurch wurde unmittelbare Kommunikation möglich, in praktisch jedem Haushalt gab es ein Telefon.

Boomers blicken langsam ihrem Lebensende entgegen. Viele sind im Ruhestand, bereisen noch die Welt oder suchen sich neue Hobbies. Sie sind an neuer Technologie durchaus interessiert, tun sich aber zunehmend schwerer „mitzuhalten". Alles, was einfach zu bedienen ist und einen unmittelbaren und praktischen Nutzen hat, ist für Baby Boomers eine willkommene Möglichkeit, noch „dabei" zu sein.

In den späten 2010ern wurde der Begriff „OK, Boomer" geprägt, als Ablehnung der jüngeren Generationen gegen die Ideale der Baby Boomers. Die Politikerin Chlöe Swarbrick machte die Phrase bekannt, als sie diese in einer Diskussion im neuseeländischen Parlament gegen ihren Kollegen Todd Muller verwendete.

GENERATION X (CA. 1965 – 1980)

Die Generation X (manchmal auch Generation MTV, Slackers oder Gen X) wurde in die Zeit der sexuellen Revolution geboren. Das Frauenbild der Baby Boomers änderte sich: Der weibliche Anteil am Arbeitsmarkt wuchs, Scheidungsraten stiegen. Die Generation X revoltierte gegen die Ideale der Baby Boomers, in unterschiedlichen Ausprägungen: knallige und androgyne Auftritte in den 80ern, Grunge und HipHop in den 90ern. David Bowie, Kurt Cobain und Madonna sind die ikonischen Persönlichkeiten dieser Generation.

Das Ende des Kalten Krieges und der Fall der Berliner Mauer brachten positive politische Signale. Der Supergau des Atomkraftwerks Tschernobyl rief erste Widerstände gegen den bedenkenlosen technologischen Fortschritt und die Ausbeutung der natürlichen Ressourcen hervor. AIDS zeigte die Grenzen der sexuellen Freiheit auf, andererseits verlor Homosexualität zunehmend das Attribut eines Tabuthemas.

Generation X war die erste Generation mit PCs und Mobiltelefonen, SMS wurde zu einem beliebten Kommunikationsmittel. Später kam mit dem Erfolgszug des Internets auch noch E-Mail dazu. Die ersten Websites gingen online und ermöglichten einfachen und schnellen Zugang zu Informationen.

Die Generation X merkt langsam, dass ihre Revolution sie überholt hat. Sie sind nun das „Establishment", gegen das sie so vehement gekämpft haben. Vertreter der Generation X haben zwar Smartphones, sind aber nicht bereit, täglich neue Apps auszuprobieren und jedem Trend nachzulaufen.

MILLENNIALS (CA. 1980 – 2000)

Millennials (manchmal auch Generation Y) wuchsen mit Internet zu Hause auf. Sie hatten Zugriff auf alle möglichen Inhalte und verstanden es besser zu nutzen als ihre Eltern. Der Fernseher verlor zunehmend an Bedeutung. Waren die Entwicklungen der vorangegangenen Generationen noch global sehr unterschiedlich, wurde für Millennials die Welt zunehmend zum Dorf. Das zeigte sich durch den Clinton/Lewinsky-Skandal gegen Ende der 1990er, dem ersten großen politischen Skandal, über den verstärkt über das Internet berichtet wurde. Neue Informationen fanden nun viel schneller Verbreitung, weil man nicht mehr auf die Nachrichtensendung im Fernsehen oder die Veröffentlichung der Zeitung am nächsten Tag warten musste.

Die ersten Social Networks tauchten auf und mit den Smartphones wurde das Internet auch mobil. Alles ging noch schneller, Memes entstanden, die Verbindung mit gleichgesinnten wurde zu einem einfachen Unterfangen, egal, wo auf der Welt diese Menschen leben.

Die Terroranschläge von 9/11 und die folgenden Kriege im Mittleren Osten ließen bereits überstanden geglaubte politische Konflikte neu aufleben. Politiker wie Barack Obama und Angela Merkel läuteten auch eine neue Generation von Politikern ein.

Der Facebook Gründer Mark Zuckerberg als ikonische Person der Generation steht sinnbildlich für ein neues Wirtschaftsbewusstsein: jung, ein Studienabbrecher und überraschend zurückhaltend in der Selbstdarstellung.

Die Kultur der Millennials ist so vielseitig wie die Möglichkeiten, die sich ihnen bieten. Konstruierte Pop-Sternchen wie Britney Spears oder Justin Timberlake Anfang der 2000er auf der einen Seite, die breite Bühne für Künstler aller möglichen Richtungen auf MySpace auf der anderen Seite.

Millennials sind Geschwindigkeit gewöhnt. Sie mögen es auch, schnell etwas zu schaffen, was allgemein als sehr aufwendig gilt. Symbolisch stehen dafür Emojis, die mit wenig Aufwand Botschaften übermitteln. Social Networks und Instant Messenger sind beliebte Kommunikationsmittel. Millennials springen schnell auf neue Trends auf, verlassen diese aber auch wieder ebenso schnell.

Millennials sind im Zwiespalt: Familiengründung und sesshaft werden sind Themen, mit denen sie sich (allmählich) beschäftigen. Gleichzeitig sind dies aber auch Commitments, die ihre Flexibilität und ihre Schnelligkeit einschränken.

GEN Z (CA. 2000 – 2012)

Die Gen Z (kurz für Generation Z, manchmal auch *Zoomers* in Anspielung als Gegenbewegung zu den *Boomers*) ist geprägt von großen Protesten. Der Arabische Frühling um 2010 und der Brexit wollten das bestehende Weltgefüge ändern, beide zeigten aber die Schwierigkeit des Unterfangens auf. Die Generation ist sich bewusst, dass die Menschheit an einem entscheidenden Punkt ihrer Geschichte steht und sich etwas ändern muss. Die Wirtschaftskrise 2008 und der Vorfall im Atomkraftwerk Fukushima sind bekannte Auslöser dafür.

Greta Thunberg wurde mit „Fridays for Future" zur Ikone der neuen großen ökologischen Bewegung. Elon Musk zum wirtschaftlichen Pionier der Zukunft: sei es durch Elektromobilität, Solarenergie oder Weltraumbesiedelung. Mit Donald Trump trat ein Präsident auf, der mit so ziemlich allem brach, was davor als politischer Common Sense galt.

Die Karrieren von Justin Bieber und Taylor Swift entstanden über das Internet. Gleichzeitig schafften es auch kulturelle Phänomene wie K-Pop in die westliche Kultur. Musik wurde nicht mehr in Alben veröffentlicht, sondern als einzelne Songs auf Streaming-Diensten. Auch das Kino bekam von Streaming-Diensten massive Konkurrenz: Viele Filme werden – wenn überhaupt – zeitgleich online und in Kinos veröffentlicht.

Die Kommunikation wurde so vielseitig wie nie zuvor: Sprach- und Videonachrichten wurden verschickt, als Antwort reichte oft ein Emoji oder ein animiertes GIF. Augmented Reality war im täglichen Einsatz. Content zu generieren wurde so selbstverständlich wie Essen und Trinken.

Die Gen Z wird die nächste große wirtschaftliche Zielgruppe. Sie wollen die Welt (um)gestalten und haben dabei einen starken Gemeinschaftsgedanken. Eine große Herausforderung ist die fehlende Medienkompetenz-Vermittlung durch ihre Eltern, Fake News drohen, ihre kritische Grundhaltung zu Manipulationszwecken zu nutzen.

ALPHAS (AB CA. 2012)

Die meisten Vertreter der Generation Alpha sind Kinder von Millennials. Sie haben schon Tablets genutzt, bevor sie sprechen konnten. Von ihrem ersten Lebensjahr existieren wahrscheinlich mehr Fotos, als von früheren Generationen im ganzen Leben gemacht wurden.

Generation Alpha wird von den Auswirkungen der Corona Krise stark beeinflusst. Sie wurden mehrere Monate in Homeschooling unterrichtet, isoliert von anderen Kindern in ihrem Alter, die für die Prägung des Sozialverhaltens wichtig sind. Die wirtschaftlichen und sozialen Auswirkungen auf die Gesellschaft werden diese Generation prägen.

PERSONA-AUSWAHL > **SINUS-MILIEUS**

Die Generationen geben einen groben Einblick in die Lebensphase der Personas sowie deren gesellschaftliche Prägung. Innerhalb der Generationen spielt natürlich auch das soziale Milieu eine Rolle.

Das Markt- und Sozialforschungsunternehmen Sinus-Institut [19] entwickelte mit den Sinus-Milieus ein Modell für die Definition von Zielgruppen. Für das Modell wird die Grundorientierung (Tradition, Modernisierung/Individualisierung, Neuorientierung) in der X-Achse angelegt, die soziale Lage (Untere Mittelschicht/Mittelschicht, Mittlere Mittelschicht, Obere Mittelschicht/Oberschicht) in der Y-Achse. Dadurch ergibt sich ein 3x3 Raster, an dem zehn verschiedene Milieus ausgerichtet werden. Der soziale Status und die Einstellung zur Modernisierung haben Einfluss auf Kulturbewusstsein, Familienbild und Verhalten in der Wirtschaft (Tabelle 4).

Tabelle 4:
Übersicht Sinus-Milieus

Milieu	Position	Streben nach	Größte Angst	Kultur	Familienbild	Geschäftliche Beziehungen
Established	Traditionelle bis leicht moderne obere Mittelschicht bis Oberschicht	Macht, Einfluss	Veränderung, Bedrohung des Status quo	(Nationale) Hochkultur	Klassisch, oft patriarchalisch	Persönlich, loyal, mit Handschlag
Intellectuals	Modernisierte Oberschicht	Reichtum	Sozialer Abstieg	Extravagante Kunst	Bürgerlich-liberal	Erfolgsabhängig
Performers	Neuorientierte Oberschicht	Erfolg	Bedeutungslosigkeit	Vielseitig	Vielseitig	Symbiotisch
Cosmopolitan Avantgarde	Progressive obere Mittelschicht	Individualität	Einschränkung, "normal" sein	Geheimtipps, Provokation	Äußerst liberal	Zögerlich, ungebunden
Modern Mainstream	Mittlere bis untere Mittelschicht mit mittlerer Grundorientierung	Sicherheit	Sozialer Abstieg, Verschwinden des Milieus	Popkultur	Bürgerlich-liberal	Vertrauensbasiert
Sozialökologisches Milieu/ Postmaterielle	Modernisierte mittlere Oberschicht	Nachhaltigkeit	Gesellschaftlicher Verfall	Gesellschaftskritische Kunst	Aufgeklärt	"Big Picture"-orientiert
Adaptive Navigators	Neuorientierte Mittelschicht	Stabilität	Optionslosigkeit	Vielseitig, flexibel	Liberal	Flexibel
Traditionalists	Traditionelle mittlere Unterschicht	Ordnung	Unberechenbarkeit	Traditionell	Klassisch, interdependent	Loyal
Consumer-Materialists	Moderne Unterschicht	Anerkennung	Ablehnung und Überschuldung	Bunt gemischt	Pragmatisch	Prestige-gesteuert
Sensation-Oriented	Moderne bis Progressive Unterschicht	Spaß und Unterhaltung	Zum "Spießer" werden	Alles, was unterhält	Welchselhaft	Spontan

Die Bezeichnung variiert von Land zu Land, Tabelle 5 gibt einen Überblick über die Bezeichnungen der Sinus-Milieus in Deutschland, Österreich und der Schweiz.

Sinus-Meta-Milieus (international)	Bezeichnung in Deutschland	Bezeichnung in Österreich	Bezeichnung in der Schweiz
Established	Konservativ-Etablierte	Konservative	Gehoben-Bürgerliche
Intellectuals	Liberal-Intellektuelle	Etablierte	Arrivierte
Performers	Performer	Performer	Performer
Cosmopolitan Avantgarde	Expeditive	Digitale Individualisten	Digitale Kosmopoliten
Modern Mainstream	Bürgerliche Mitte	Bürgerliche Mitte	Bürgerliche Mitte
(1)	Sozialökologisches Milieu	Postmaterielle	Postmaterielle
Adaptive Navigators	Adaptiv-Pragmatische	Adaptiv-Pragmatische	Adaptiv-Pragmatische
Traditionalists	Traditionelle	Traditionelle	Genügsam-Traditionelle
Consumer-Materialists	Prekäre	Konsumorientierte Basis	Konsumorientierte Basis
Sensation-Oriented	Hedonisten	Hedonisten	Eskapisten

(1) *Das Modell der Sinus-Meta-Milieus verfügt nur über neun Milieus. Das „Sozialökologische Milieu" (bzw. „Postmaterielle" in Österreich und der Schweiz) geht demnach in den Milieus „Modern Mainstream", „Established" oder „Intellectuals" auf.*

Tabelle 5: Bezeichnungen Sinus-Milieus in den deutschsprachigen Ländern

Die Milieus werden in Form einer „Kartoffelgrafik" an den Achsen orientiert dargestellt. Durch qualitative Interviews wird die Zuordnung der Bevölkerung quantitativ erfasst. In der Darstellung überlappen sich jedoch benachbarte Milieus, was die fließenden Grenzen unterstreicht. Abbildung 12 zeigt die Verteilung der Sinus-Milieus in Deutschland.

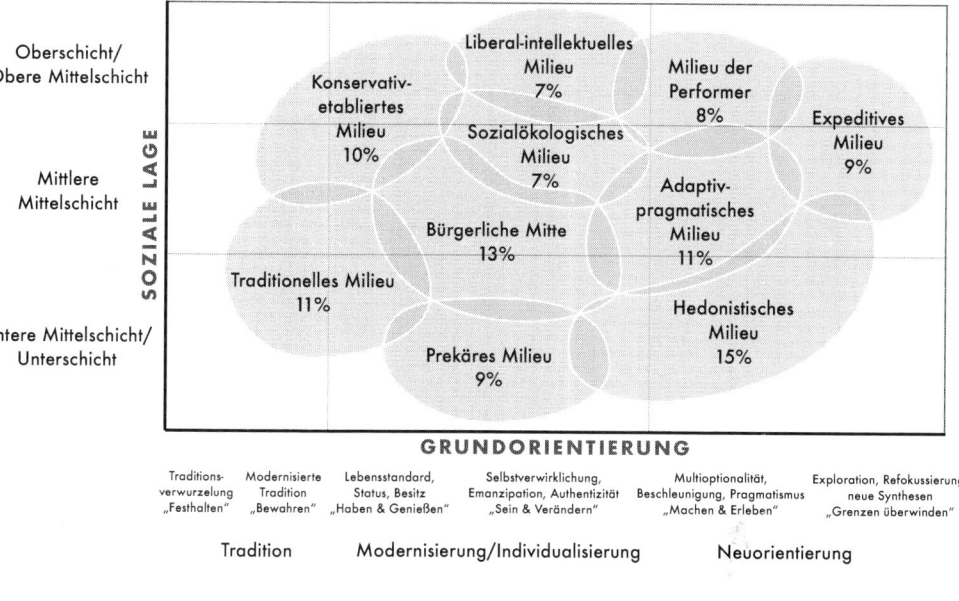

Abbildung 12: Sinus-Milieus in Deutschland, Stand: 2018

Sinus-Milieus werden seit Beginn der 1980er erforscht. Regelmäßig werden Berichte über Lebensstil und -philosophien, Medienverhalten, Markenaffinität und Konsumverhalten veröffentlicht. Diese Informationen können einen ausführlichen und wissenschaftlich belegten Einblick in Personas geben. An der Oberfläche können über Sinus-Milieus Grundverhalten und -einstellungen grob festgelegt werden.

Gehen wir auf eine kurze Reise durch die verschiedenen Milieus und machen uns mit ihrem Weltbild vertraut. Beim Lesen kannst du dir Gedanken machen, wer in deinem Umkreis zu welchem Milieu gehört.

ESTABLISHED

In den traditionellen Milieus der Oberschicht findet man das klassische Establishment. Sie haben finanzielle Sicherheit, die sie entweder geerbt oder durch gute Ausbildung und Disziplin selbst erarbeitet haben.

Die konservativen Etablierten sind sehr verantwortungsbewusst. Ihre Wertvorstellungen sind gefestigt und nur sehr schwer ins Wanken zu bringen.

Ihr Handeln ist einem großen Pflichtethos untergeordnet und das wird auch von anderen erwartet. Mit Fleiß und Anstrengung erreicht man seine Ziele, Spontanität und Spaßgesellschaft wird eher abgelehnt.

Hinter ihrem Selbstbild der Bewahrer traditioneller Werte steckt allerdings die Angst vor der Veränderung. Wenn es so weiterläuft, wie bisher, bleiben sie „obenauf". Jede Weiterentwicklung ist eine potenzielle Gefahr für den Status und wird deshalb zuerst einmal kritisch gesehen, wenn nicht sogar zu verhindern versucht. Die „gute alte Ordnung" soll erhalten werden, die gesellschaftliche, politische und wirtschaftliche Veränderung wird besorgt verfolgt.

Das Familienbild ist äußerst klassisch, oft patriarchalisch. Die Mutter bleibt zu Hause bei den Kindern und kümmert sich um den Haushalt (je nach Einkommen mit Hilfe), der Vater macht Karriere. Bei „öffentlichen Auftritten" wird die heile Familie präsentiert. Schwäche zu zeigen ist tabu.

Nationales und kulturelles Erbe wird geheiligt und gilt es in jedem Fall zu bewahren. Man schätzt die Hochkultur (Theater, Museen, Oper) und ist an klassischer Kultur interessiert. Die Amerikanisierung der Kultur ist ihnen ein Graus.

Sie streben nach Macht und wissen diese auch zu nutzen. Geschäfte werden bei Jagdausflügen gemacht, durch gute Kontakte, die man schon über Generationen hinweg pflegt. Vieles wird per Handschlag vereinbart, was oft bindender ist als ein Vertrag.

INTELLECTUALS

Die Intellectuals sind die aufgeklärte Bildungselite. Erfolgreich, wohlhabend, selbstbewusst. Anders als die konservativen Established kommen sie mit Veränderung klar. Sie suchen pragmatisch nach dem Weg, der ihnen den größten Vorteil verschafft.

Ihre Ziele sind ambitioniert. Sie heben sich sehr gerne von anderen ab, was ihre größte Angst offenbart – zu Versagen und dadurch in die „breite Masse" abzurutschen. Ihre finanzielle Unabhängigkeit zeigen sie deshalb gerne, zum Beispiel mit luxuriösem Lebensstandard, extravaganter Kunst, teuren Hobbys und Reisen.

Man trifft sich in Nobelrestaurants oder zum gemeinsamen Tennisspielen, geht zu Vernissagen, besucht die Oper. Dort wird über Politik und Wirtschaft diskutiert, selten über Gesellschaft oder Kultur.

Das Familienbild hat noch traditionelle Einflüsse, allerdings wurden die gesellschaftlichen Entwicklungen begrüßend aufgenommen. Moderne Familien-Konstrukte werden akzeptiert, aber selten diskutiert, das ist „Privatsache". Die Kinder werden in teure und angesehene Privatschulen geschickt.

Kontakte werden bei gesellschaftlichen Ereignissen schnell geknüpft. Wenn man einen wirtschaftlichen oder gesellschaftlichen Vorteil sieht, werden diese auch bei eventueller Antipathie gepflegt. Geschäfte werden bei einem Jachtausflug oder beim Golfspielen gemacht.

PERFORMERS

Die Arbeiter-Elite. Mit vollem Einsatz und Zielstrebigkeit in die Oberschicht gekommen, sehen sie sich als die berechtigten Gewinner der Gesellschaft. Sie haben eine hohe Technik- und IT-Affinität, probieren alles aus und suchen nach Chancen. Diese verfolgen sie mit einer hohen Frusttoleranz und Ausdauer.

Erfolgreiche Startup-Gründer sind klassische Performer. Sie haben keinen Reichtum geerbt oder ein Unternehmen übernehmen können, sondern sich selbst ein kleines Imperium aufgebaut. Den eigenen Weg gefunden zu haben ist sehr angesehen in diesem Milieu.

Ihren Ehrgeiz zeigen sie auch in anderen Lebensbereichen: intensiver Sport, Enthaltsamkeit bei der Ernährung, Exklusivität beim Kulturkonsum. Ständige Verbesserung, Optimierung und immer mehr Leistung.

Performer sind wohl das einzige Milieu, das guten Kontakt zu allen anderen Milieus halten und pflegen kann. Sie haben den Respekt der Konservativen und Intellectuals, kommen meist aus dem Adaptive-Navigators-Milieu und haben ihre Wurzeln oft im Modern Mainstream oder sogar den Traditionalists. Sie verstehen die Cosmopolitan Avantgardes und die Herausforderungen der Hedonisten ebenfalls.

Mobilität und Flexibilität sind sehr ausgeprägt. Was dem Ziel zuträglich ist, wird intensiviert, was hinderlich ist, wird radikal gestrichen. Gesellschaftliche Normen werden den eigenen Bedürfnissen angepasst. Das hat auch Einfluss auf das Familienbild. Beziehungen sind nicht selten nur von kurzer Dauer. Kinder werden oft früh in Fremdbetreuung gegeben. Klassische Geschlechterrollen wurden aufgegeben.

Performer vernetzen sich online. Sie suchen nach den Besten der Besten oder den ungeschliffenen Diamanten, die sie dann fordern und fördern. Das Ziel ist Unabhängigkeit, eine Partnerschaft muss zu beiderseitigem Vorteil sein und darf nicht zur absoluten Abhängigkeit führen. Nicht selten werden Performer zu Business Angels oder aktiven Teilhabern in Startups.

COSMOPOLITAN AVANTGARDE

Ständig auf der Suche nach neuen Erfahrungen und Ausdehnung der Grenzen. Sie haben keine Existenzängste, die finanzielle Lage ermöglicht lediglich ihren Lebensstil und ist nicht als erstrebenswertes Statussymbol zu sehen. Selbstentfaltung und Grenzerfahrungen sind wichtiger als Erfolg und Karriere.

Die Cosmopolitan Avantgarde sind echte Trendsetter. Als Early Adopter probieren sie alles aus. Um Normen und Gepflogenheiten aufzubrechen, kann Provokation durchaus eine Rolle spielen. Sobald etwas zum Mainstream wird, kann es aber auch schon wieder uninteressant werden. Das gilt stark im Kulturbereich: Geheimtipps sind gerne gesehen, aber wehe, sie werden zu erfolgreich. Da kehrt man lieber wieder zu Vinyl zurück, wenn alle schon Musik streamen.

Sie sind meist sehr kreativ, optimistisch und auch exzentrisch. Der Bildungsgrad ist sehr durchmischt. Vieles wird autodidaktisch erlernt und Disziplinen werden vermengt.

Das Selbstbild ist sehr individualistisch. Traditionellen Werten und Normen steht man kritisch gegenüber. Entsprechend sieht man sich als Weltbürger, ist jeglichen Familienformen völlig aufgeschlossen und probiert vieles aus. Political Correctness ist in den Formulierungen Pflicht, jede Selbstwahrnehmung des Individuums ist schützenswert und darf nicht diskriminiert werden.

Einschränkungen sind auf jeden Fall zu vermeiden, weshalb Verpflichtungen nur sehr zögerlich eingegangen werden. Mit bindungsfreiem Testen von Kollaborationen und Tools erreicht man bei der Cosmopolitan Avantgarde am meisten.

MODERN MAINSTREAM

Im Zentrum der Milieus steht der Modern Mainstream, die bürgerliche Mitte, auf der Suche nach idealer Balance zwischen Arbeit und Freizeit. Durchaus leistungsbereit, strebt man jedoch weniger nach Aufstieg als nach Sicherheit. Diese sieht man durch die gesellschaftlichen Veränderungen zunehmend bedroht.

Man umgibt sich gerne mit Gleichgesinnten, die den gleichen sozialen Status wie auch ähnliche finanzielle Situationen und Ängste teilen – das Verschwinden des Milieus und der womöglich damit verbundene soziale Abstieg.

Man ist anpassungsfähig, aber gleichzeitig von traditionellen Normen beeinflusst. Moderne Familien-Konstrukte werden akzeptiert, aber nicht angestrebt. Kultur soll gefallen, nicht zu abgehoben sein. Man hat genug gearbeitet, da möchte man sich in diesem Bereich nicht auch noch anstrengen. So verfolgt man gerne die Mainstream-Medien: die auflagenstärksten Zeitungen, die meistbesuchten Websites, die reichweitenstärksten TV-Sender und Online-Plattformen.

Beziehungen, sowohl privat als auch geschäftlich, werden auf Vertrauensbasis eingegangen. Solange das Vertrauen da ist, ist man loyal, ist es verspielt, muss es mühsam wieder zurückgewonnen werden.

SOZIALÖKOLOGISCHES MILIEU/POSTMATERIELLE

Leicht „oberhalb" der bürgerlichen Mitte findet man die gesellschaftskritischen Postmateriellen. Meistens gut gebildet liegt ihnen die Nachhaltigkeit am Herzen. Globalisierung, bedingungsloses Leistungsdenken, aber auch gesellschaftliche Normen sind kritisch zu hinterfragen.

Sie sehen sich als das einzige Milieu, dass das „Big Picture", das große Ganze, im Blick hat.

Das macht sie erfolgreich, auch wenn das nicht immer mit finanziellen Zielen verbunden ist. Sie sind zielstrebig, aber auch bereit, diese Ziele regelmäßig zu „challengen".

Ihnen liegt Kultur nahe, die gesellschaftskritisch ist. Nichts wird per se abgelehnt, man tritt allem grundsätzlich aufgeschlossen gegenüber, akzeptiert aber nichts vorbehaltlos. Pseudo-Kritik oder Oberflächlichkeit wird sofort durchschaut, Profitgier abgelehnt.

Dabei sind sie aber keinesfalls konsumablehnend. Hochwertige Speisen aus nachhaltiger Produktion – dafür ist man bereit, viel Geld auszugeben. Hier wird ein gewisser Pragmatismus in der Weltansicht erkennbar: Finanzielle Sicherheit gibt ihnen die Möglichkeit, sich Nachhaltigkeit ohne größere Anstrengungen leisten zu können.

Aufgeklärt ist auch das Familienbild: Auf wissenschaftlicher Basis werden „sinnvolle" Konstrukte befürwortet, Romantik und Normen werden jedoch als psychologische Einflüsse akzeptiert.

Postmaterielle sind online aktiv und gut vernetzt. Sie achten auf Empfehlungen, wenn diese von vertrauenswürdigen Quellen (die natürlich auch überprüft werden) kommen. Überzeugt man sie von Überschneidungen in der Sicht auf das große Ganze und der Nachhaltigkeit, können die Geschäftsbeziehungen lange und fruchtbar sein.

ADAPTIVE NAVIGATORS

Die flexible und pragmatische Mitte. Angetrieben vom Wunsch nach Stabilität ist man bereit, sich Veränderungen anzupassen. Dabei spielen aber auch individuelle Bedürfnisse eine Rolle. Man arbeitet gerne in einem Bereich, der Spaß macht. Geht diese Leidenschaft verloren, wechselt man selbstverständlich auch mal den Beruf.

Es ist immer gut, mehrere Optionen zu haben und sich diese offenzuhalten. Bedingungslose Fokussierung ist zu riskant, trotzdem legen die Adaptive Navigators eine gewisse Zielstrebigkeit und Leistungsbereitschaft an den Tag. Sie sind weltoffen, aber haben auch ein Bedürfnis nach Verankerung.

Außerdem ist man kulturell durchaus bereit, Neues auszuprobieren. Was gefällt, wird beibehalten, was nicht gefällt wird achselzuckend akzeptiert. Gleiches gilt für das Familienbild. Eine liberale Grundeinstellung gegenüber verschiedenen Konstrukten ist gegeben, letztlich zählt aber das individuelle Wohlbefinden in der Familie.

Geschäftsbeziehungen halten sie flexibel. Wenn sich die Umstände ändern, möchte sie loskommen können, allerdings sind sie nicht bereit, für diese Flexibilität jeden Preis zu bezahlen. Solange die Zusammenarbeit „funktioniert" sieht man auch keinen Grund, sie zu beenden.

TRADITIONALISTS

Die Traditionalisten sind eher in der unteren Mittelschicht bis Unterschicht angesiedelt. Ihr Horizont ist (oft aus bildungs- und finanziellen Gründen) eher eingeschränkt, deshalb sehnt man sich nach Ordnung, in der man sich wohlfühlt. Die Anpassungsbereitschaft ist entsprechend gering, man hat aber eine gewisse Abhängigkeit resignierend akzeptiert.

Traditionalists sind sehr gesellige Menschen, schätzen sowohl Treffen im Familien- und Bekanntenkreis, als auch gesellschaftliche Veranstaltungen innerhalb ihres Milieus. Ihr Kulturverständnis ist traditionell geprägt: Volksmusik, Volkstheater, Volksliteratur. „Moderne" Kunst versteht man nicht, will man oft nicht verstehen und wird abgelehnt.

Das Familienbild ist sehr klassisch, wobei eine Gleichwertigkeit der Geschlechter innerhalb der traditionellen Rollen gegeben ist, da man sich der gemeinsamen Abhängigkeit bewusst ist. Man gibt gerne die „heile Welt" vor, auch wenn es mitunter herausfordernd ist.

Wirtschaftlich gesehen wird Sparsamkeit und Ordnung großgeschrieben. Die Wegwerfkultur wird eher abgelehnt, lieber reparieren oder gleich selber machen. Ist man eine Verpflichtung eingegangen, wird diese auch eingehalten. Das ist eine Frage der Ehre.

CONSUMER-MATERIALISTS

Die moderne Unterschicht ist getrieben von der Angst, unterzugehen. Trotz eingeschränkter finanzieller Mittel leben sie oft über ihre Verhältnisse, um die Vorstellung aufrechtzuerhalten, zur Mittelschicht zu gehören. Dadurch entsteht ein gewisser Materialismus, eine Schaustellung der Besitztümer.

Sie umgeben sich gerne mit Ihresgleichen, träumen gemeinsam von Reichtum und Luxus, den sie aus der bunten Medienwelt kennen. Oft mit einem niedrigen Bildungsgrad fällt es ihnen schwer, langfristig zu planen und entsprechende Sicherheitsmaßnahmen zu ergreifen. Man blendet die Zukunft oft aus und bemüht sich, im Heute ein angenehmes Leben zu führen. So werden auch Spontananschaffungen gemacht, die stolz präsentiert werden. Überschuldung ist keine Seltenheit.

Das Familienbild ist pragmatisch. Häufig treten Patchwork- und Mehrkindfamilien auf. Man schaut, dass man gemeinsam über die Runden kommt.

Das Consumer-Materialists-Milieu ist multi-kulturell, Arbeitergenerationen mischen sich mit Migranten aus allen möglichen Ländern. Entsprechend ist das Milieu ein guter Nährboden für Kulturvermischungen. Man träumt vom „großen Durchbruch" und geht mit viel Engagement in den künstlerischen Ausdruck.

Werbung hat einen sehr großen Einfluss auf ihr Konsumverhalten, wobei das Ansehen von Marken im Bekanntenkreis fast wichtiger ist als die finanzielle Vereinbarkeit. Ratenkauf ist weit verbreitet.

SENSATION-ORIENTED

Das vom Hedonismus geprägte Milieu: Leben im Hier und Jetzt, Spaß haben und ja nicht als Spießer wahrgenommen werden. Dabei kann man im Beruf durchaus angepasst und „spießig" auftreten, solange das in der Freizeit wieder ausgeglichen wird. Die Leistungsbereitschaft ist tendenziell rückläufig. Lieber von Sozialhilfe leben, als sich herumkommandieren zu lassen.

Die drohende Abrechnung eines überschwänglichen Lebensstils in der Zukunft wird durch Unterhaltung und noch mehr Konsum unterdrückt. Spontanität und

Ausdruck der Persönlichkeit sind wichtig. Man kauft, was gefällt und verfügbar ist, Überlegungen zur Finanzierung werden aufgeschoben. Das führt oft zu massiver Überschuldung.

Man geht eher auf Partys und ins Kino, als ein Buch zu lesen oder eine Ausstellung zu besuchen. Kulturell ist alles willkommen, was unterhält. Dabei kann es durchaus auch tiefgründig sein, aber niemals langweilig.

Das Familienleben ist sehr wechselhaft. Wird eine Beziehung langweilig, wird sie beendet. Wurden gemeinsame Verpflichtungen eingegangen (z. B. Wohnung oder Kinder), ist die Regelung dieser ein lästiger Ballast.

Hedonisten sind gut vernetzt, haben viele Freunde, Bekanntschaften und sind tendenziell auf Social Media sehr aktiv.

PERSONA-AUSWAHL > **STECKBRIEF**

Mit Generation und sozialem Milieu lassen sich Personas grob einordnen. Um ein detaillierteres Persönlichkeitsbild zu bekommen, müssen diese noch mit diversen Eigenschaften angereichert werden. Dabei geht es vor allem darum, das Persönlichkeitsbild der Persona zu schärfen. Die Eigenschaften haben vielleicht nicht unmittelbar etwas mit der Marktkommunikation zu tun, helfen aber dabei, sich die fiktive Persona als echten Mensch vorzustellen.

Es gibt einen provokativen Cartoon zu den Eigenschaften von Personas von Marketoonist Tom Fishbourne [20]. In einer Besprechungssituation deutet ein Teilnehmer auf das Foto einer Frau und sagt: „Unsere Persona heißt Cheryl. Sie ist 35 bis 44 Jahre alt, fährt einen Acura und hört Coldplay. Welche anderen sinnlosen Belanglosigkeiten können wir erfinden?" Der Cartoon spricht eine häufige Argumentation von Kritikern des Persona-Konzepts an. Wozu brauchen wir all diese Attribute? Ich habe die Erfahrung gemacht, dass diese scheinbaren Belanglosigkeiten einen Menschen ausmachen. Wenn ich mir vorstellen kann, wie Cheryl in ihrem Acura sitzt und laut zu Coldplay mitsingt, habe ich tatsächlich einen Menschen im Kopf, keine fiktive Persona. Natürlich gibt es wertvollere und weniger wertvolle Merkmale. Wenn die wertvollen fehlen, macht es die Persona weniger sinnvoll. Wenn die weniger wertvollen präsenter sind, verliert die Persona an „Menschlichkeit".

Die folgende Tabelle stellt einen Abriss einiger Eigenschaften dar. Diese sind nicht ausschließlich und vollständig zu sehen. Grundsätzlich gilt: Alles, was hilft, sich die Persona besser vorstellen zu können, kann in die Persona-Beschreibung mit reingenommen werden.

Eigenschaft	Optionen/Facetten
Familienstand	single | in Beziehung | geschieden | verwitwet mit/ohne Kinder
Wohnsituation	Stadt/Land | Villa/Haus/Wohnung alleine/Familie/Wohngemeinschaft
Bildung und Beruf	Berufsbezeichnung | Karrierestufe/Einkommen Höchster Schulabschluss
Sozialer Status	Anführer | Meinungsmacher | Rebell Ratgeber | Mitläufer
Wertebild	Freiheit | Vertrauen | Loyalität | Ehrlichkeit Sicherheit | Toleranz | Präsenz | Glaubwürdigkeit Neutralität | Weitsicht
Geisteshaltung	Religion | Wissenschaftsvertrauen
Interessen/Hobbys	Sport | Musik | Kunst | Handarbeit Essen & Trinken | Wissen | Haustier Spiele | Haus & Garten | Sammeln Fashion & Lifestyle | Reisen Meditation & Gesundheit | Sonstige
Kaufverhalten	extensiv | limitiert habituell | spontan
Technische Fähigkeiten	keine Fähigkeiten | vorsichtiger Anwender Anwender | interessierter Anwender Experte

Tabelle 6: Übersicht Steckbrief einer Persona

FAMILIENSTAND

Der Familienstand hat einen erheblichen Einfluss auf eine Persona. Nicht nur auf den sozialen Status, auch auf Entscheidungsmöglichkeiten. So ist ein **Single** grundsätzlich ungebundener als jemand, der **in einer Beziehung** lebt. Paare ohne Kinder (**DINK = Double Income, No Kids**) verfügen über mehr finanzielle Mittel als **Paare mit Kindern**. Personas, die als **geschieden** angelegt werden, legen ein bestimmtes Selbstbewusstsein an den Tag, **verwitwet** gibt Auskunft über eine eventuell schwierige Lebenssituation.

Wenn die Persona Kinder hat: Wie alt sind diese? Wie ist das Verhältnis?

Welche Herausforderungen ergeben sich dadurch?

Es kann auch das Idealbild und die Toleranz gegenüber verschiedener Familienbilder angegeben werden: Ist die Persona glücklicher Single? Haben sie als homosexuelles Paar Kinder adoptiert? Ist die Scheidungssituation gut geregelt? Wie ist die Beziehung zu den Stiefkindern?

WOHNSITUATION

Die Wohnsituation gibt Aufschluss über die Flexibilität und Verpflichtungen der Persona. Lebt sie in einer **Villa** oder einem **Haus**, zeigt das Sesshaftigkeit. Es kann noch ergänzt werden, ob es selbst gebaut oder gekauft wurde. Lebt die Persona in einer **Wohnung**, stellt sich wiederum die Frage, ob zur Miete oder ob die Wohnung ihr Eigentum ist. Jüngere Personas leben vielleicht noch bei den **Eltern** oder im **Studentenheim**.

Jede der Wohnsituationen kann mit Familie, mehreren Generationen oder Freunden in Form von **Wohngemeinschaften** bestehen. Das gibt wiederum Aufschluss über soziales Gefüge und finanzielle Situation der Persona.

Darüber hinaus ist auch der Wohnort aussagekräftig. Grob eingeteilt in urban oder ländlich, reicht das Spektrum von **Großstadt** bis zum **Dorf** oder **abgeschieden**. Daraus lässt sich auf Infrastruktur und gesellschaftliche Kontakte schließen.

BILDUNG UND BERUF

Bei sehr vielen Personas spielt der Beruf eine wichtige Rolle. Nicht nur die **Berufsbezeichnung**, auch die **Karrierestufe** und das damit verbundene **Einkommen** sind wichtige Informationen. Letzteres kann bei Familien auch zu einem Haushaltseinkommen zusammengefasst werden. Die finanzielle Situation ist fast immer eine wichtige Information.

Zusätzlich können noch psychologische Berufsfaktoren wie Zufriedenheit, Ambitionen, Wechselwilligkeit und Ähnliches eine Rolle spielen. Ebenfalls kann erörtert werden, welche Rolle die Persona innerhalb der Kollegengruppe (siehe „Sozialer Status" unten) einnimmt. Das gilt vor allem dann, wenn es sich um eine Persona für (Potenzielle) Mitarbeiter handelt.

Für viele Berufe ist eine besondere Ausbildung erforderlich. Je nach Alter spielt auch die Wahl der **Grundausbildung** eine Rolle. **Abitur, Matura** oder ein abgeschlossenes **Studium** können Voraussetzung für einen Beruf sein. Befindet sich eine Persona gerade in der Ausbildung, sind der Ehrgeiz und die Zielstrebigkeit eine wesentliche Information.

SOZIALER STATUS

Die Gruppendynamik besagt, dass es in jeder Gruppe, sei es Familie, Freundeskreis, Verein oder Arbeitskollegen, unausgesprochene Rollen gibt. Dieser soziale Status gibt Aufschluss über das **Persönlichkeitsbild** von Personas. Menschen können in unterschiedlichen Gruppen unterschiedliche Rollen übernehmen. Bei der Persona-Definition ist deshalb immer wichtig, anzugeben, von welcher Gruppe gesprochen wird.

Anführer sind die Entscheider von Gruppen, meistens dominante Menschen. Es gibt davon in jeder Gruppe nur einen. Selbst wenn eine Entscheidung von jemand anderem gefällt wird, geschieht das nur, weil der Entscheider dies gebilligt hat. In Vereinen und ähnlichen Organisationsformen wird diese Rolle sogar offiziell vergeben.

Meinungsmacher sind die Beeinflusser der Gruppe, ebenfalls eher dominant. Sie haben häufig zumindest oberflächlich einen guten Draht zu den Mitgliedern, insbesondere den Anführern. Um ihre Überzeugungen durchzusetzen, sind sie auch sehr eloquent. Es kann in Gruppen mehrere Meinungsmacher geben, je nach kompetitiver Natur der Gruppe kann das mehr oder weniger gut funktionieren.

Anders als Meinungsmacher beeinflussen **Rebellen** nicht proaktiv Entscheidungen. Sie warten erst ab und reagieren dann. Ihre ungeschriebene Aufgabe ist es, die Entscheidungen des Anführers herauszufordern und wohlüberlegte Schritte zu fordern. Toxische Meinungsmacher können durch Rebellen aufgedeckt werden. Sie können auch die Spaßvögel der Gruppe sein, die starre Gefüge aufbrechen. Rebellen fühlen sich der Gruppe gegenüber oft nicht stark verpflichtet.

Die Rolle der **Ratgeber** spielt vor allem in Untergruppen eine Rolle. Anführer ziehen sie zurate, wenn eine Entscheidung schwierig ist, oder Meinungsmacher kontrahierende Vorschläge vorantreiben.

Es kann in Gruppen unterschiedliche Ratgeber für unterschiedliche Bereiche geben. Sie sind eher gewissenhaft und überlegt.

In jeder Gruppe gibt es auch **Mitläufer**. Sie als schwach zu sehen wäre ein Fehler. Sie haben einfach Vertrauen in die Anführer und sind flexibel hinsichtlich der Entscheidung. Ihnen ist die Gruppe wichtiger als individuelle Bedürfnisse.

WERTEBILD

Werte sind moralisch oder ethisch als erstrebenswert gesehene Wesensmerkmale. Dabei ist es niemals nur ein Merkmal, das besonders heraussticht, sondern eher eine Handvoll. „Das große Buch der Werte" [20] umfasst 123 Wertbegriffe, die man für die Persona-Definition heranziehen kann. Schauen wir uns an dieser Stelle nur einige Werte kurz an, die häufig Anwendung finden.

Freiheit bedeutet, dass man ohne äußere Einwirkung oder inneren Zwang aus mehreren Optionen wählen kann. Einschränkungen, Verpflichtungen und Bindungen schränken diese Freiheit ein. In der „westlichen Kultur" sind wir ein gewisses Maß an Freiheit gewohnt, weshalb dieser Wert als sehr weitgefasst gesehen werden sollte.

Vertrauen ist der Glaube daran, dass jemand oder etwas die Erwartungshaltung, die man eingenommen hat, erfüllt. Als Gegenteil von Vertrauen könnte man Kontrolle setzen, obwohl dies meist eher als vertrauensbestätigendes Mittel genutzt wird. Menschen, denen Vertrauen besonders wichtig ist, möchten nicht lange kontrollieren, sondern sich auf andere verlassen können. Vertrauen wird über positive Erlebnisse aufgebaut und kann durch Missbrauch schnell zerstört werden. Ein Grundvertrauen wird grundsätzlich jeder Person oder Gruppe entgegengebracht (bis das Gegenteil bewiesen wird).

Loyalität beschreibt ein treues Verhalten gegenüber einer Person oder einer Gruppe. Dieses Verhältnis ist von uneingeschränktem Respekt gestützt und wird nach außen hin auch verteidigt. Loyalität setzt eine gewisse, aber nicht zwangsweise vollständige Übereinstimmung der Werte oder Ziele voraus. Meistens handelt es sich um ein ungleiches Verhältnis, eine Art „Hörigkeit" gegenüber einer höheren Instanz. Menschen, denen Loyalität wichtig ist, setzen oft ein Vertrauen voraus, das jedoch durchaus einseitig sein kann.

Im Wort **Ehrlichkeit** steckt auch das Wort Ehre. Neben der Wiedergabe von Wahrheit, was eine Grundbasis für Vertrauen ist, ist also auch ein gewisses tugendhaftes Auftreten miteingeschlossen. Menschen, denen Ehrlichkeit wichtig ist, vertrauen also darauf, dass ihre Mitmenschen sich nach einem bestimmten Kodex verhalten.

Sicherheit ist ein Zustand frei von Gefahren. Auch wenn absolute Sicherheit nicht gegeben sein kann, ist es für viele Menschen ein enorm wichtiger Wert. Wenn sie Risiken eingehen müssen, werden diese nach Möglichkeit doppelt und dreifach abgesichert.

Toleranz ist die Akzeptanz der Freiheit und Werte anderer. Diese Werte müssen dabei nicht unbedingt geteilt oder verstanden werden. Toleranz spielt in der Gesellschaft eine wichtige Rolle, vor allem hinsichtlich Religion, sexueller Identität und kulturellen Unterschieden. Menschen, denen Toleranz wichtig ist, müssen nicht zwangsweise selbst „anders" sein. Sie setzen lediglich eine besondere Freiheit für jedes Individuum einer Gruppe oder Gesellschaft voraus.

Präsenz wird umgangssprachlich oft mit Ausstrahlungskraft gleichgesetzt. Im gewissen Sinne bedeutet es auch Fokus, Konzentration, Achtsamkeit. Präsente Menschen leben im Hier und Jetzt und geben sich nicht Tagträumereien hin. Das erfordert Disziplin, bringt aber Stabilität und Effizienz.

Anders als bei Vertrauen und Ehrlichkeit, urteilt man bei **Glaubwürdigkeit** nicht nur nach der Erfahrung mit einer Person, sondern bezieht auch den Ruf und den oberflächlichen Eindruck mit ein. Wenn eine dritte Person jemandem das Vertrauen schenkt, gilt sie allgemein als glaubwürdig. Menschen, denen dieser Wert wichtig ist, möchten also, dass das allgemeine Ansehen einer Person oder Sache gut ist. Sie wünschen sich auch belegte Aussagen und keine Halbwahrheiten oder fadenscheinige Formulierungen.

Mit **Neutralität** ist unparteiisches Verhalten gemeint, das ohne Einfluss von außen (etwa eines Staates oder einer Gruppe) funktioniert. Menschen, denen Neutralität wichtig ist, möchten keine Abhängigkeiten ihres Gegenübers.

Unter **Weitsicht** versteht man im Allgemeinen die Fähigkeit, mögliche zukünftige Szenarien abzuschätzen und entsprechend zu handeln. Dabei geht man davon aus, dass auf das optimale Szenario hingearbeitet wird. Ökonomisch und ökologisch gesehen kann der Wesenszug mit Nachhaltigkeit gleichgesetzt werden.

GEISTESHALTUNG

Je nach Ausprägung hat die **Religion** einen hohen Einfluss auf das Verhalten. Menschen mit starkem Glauben an eine Religion haben meist auch einen strengen moralischen Kodex, an den sie sich halten. Neben den unzähligen Religionen gibt es auch die Geisteshaltung der Atheisten (es gibt keinen Gott) und der Agnostiker (die Existenz eines Gottes ist nicht geklärt).

Auf der anderen Seite des Spektrums könnte man das Vertrauen in die **Wissenschaft** sehen, auch wenn sich die beiden Überzeugungen nicht zwangsweise ausschließen. Viele berühmte Wissenschaftler waren auch streng gläubig. Interessant in diesem Zusammenhang kann die Geisteshaltung zu den Themen Schulmedizin und alternativer Medizin sein.

Die Geisteshaltung spielt auch eine Rolle bei der Anfälligkeit für **Verschwörungstheorien** oder der Recherche von Informationen.

INTERESSEN/HOBBYS

Einen wesentlichen Teil des Persönlichkeitsbildes einer Person nimmt die Freizeitgestaltung ein. Die folgenden Anhaltspunkte sind als Ideengeber zu sehen. Versuche, dich bei deinen Personas auf ein paar wenige zu konzentrieren und bei diesen tiefer ins Detail zu gehen, anstatt sie wie eine Checkliste abzuhaken.

Eine der häufigsten Freizeitgestaltungen überhaupt ist **Sport**. Dabei kann grob in Wettkampf oder Fitnesstraining unterschieden werden. Auch Mannschafts- oder Einzelsportarten lassen auf unterschiedliche Personentypen schließen. Manche Sportarten, wie Golf oder Tennis, sind besonderen Schichten zugeschrieben. Andere, wie Surfen oder Skifahren, erfordern besondere geografische Gegebenheiten, zu denen man eventuell reisen muss. In diesem Zusammenhang kann auch angegeben werden, ob und wie regelmäßig die Persona ins Fitnessstudio geht, ob sie Tracking-Apps oder Wearables verwendet, und was die grundsätzliche Motivation hinter der Sportart ist (z. B. Ausgleich, körperliche Fitness, Abnehmen). Auch Passivsport kann einen wesentlichen Teil der Freizeitgestaltung einnehmen. Fans reisen ihren Athleten hinterher und feuern sie in Stadien an oder verfolgen ihre Wettbewerbe vor dem Bildschirm.

Fast jeder Mensch hat einen Bezug zu **Musik**. Diese kann sowohl aktiv produziert, als auch passiv konsumiert werden. Aktive Musiker singen, spielen ein Instrument und/oder komponieren und texten eigene Werke. Je nach Musikrichtung sind die Instrumente klassisch (Gitarre, Geige etc.) oder exotisch (z. B. Didgeridoo). Die Instrumente können in Musikschulen, bei privaten Lehrern oder autodidaktisch erlernt worden sein. Die Persona kann in einem Musikverein, einem Chor oder einer Band sein. Passiver Musikkonsum kann in der Oper, auf Konzerten, Festivals oder über Geräte erfolgen (CD, Vinyl oder Streaming?). Die Persona kann die Musik ruhig genießen, für sich mitsingen oder dazu tanzen. Gibt es bestimmte Komponisten, Interpreten oder Veranstaltungen, die der Persona besonders gefallen?

Neben Musik gibt es auch weitere Gattungen der **Kunst**. Bildende Kunst umfasst beispielsweise Bildhauerei, Malerei und Fotografie; zur darstellenden Kunst werden Theater, Tanz und Film gezählt und in der Literatur findet man Epik, Lyrik und Dramatik. Kunst kann ebenfalls sowohl aktiv produziert, als auch passiv konsumiert werden. Spannend sind hier das Interesse und der Zugang zur Kunst. Werden traditionelle Werke als ansprechend wahrgenommen oder lässt man sich auf moderne Kunst ein? Wie professionell wird die Kunst ausgeübt, wie viel Geld für den Konsum ausgegeben?

Eine praktische Form des Gestaltens ist die **Handarbeit**. Kleidungsstücke selber nähen oder stricken. Eigene Möbel aus Holz bauen. Elektronische Geräte reparieren und an mechanischen herumschrauben. Dekorationen und Geschenke basteln. Auch Modellbau ist ein beliebtes Hobby.

Jeder Mensch muss **essen und trinken**. Die Wahl der Nahrungsmittel kann mehr oder weniger exquisit ausfallen. Man kann sich vegan, vegetarisch, flexitarisch oder omnivor ernähren (und alles Mögliche dazwischen). Essen kann selber gekocht oder fertig gekauft werden. Man kann Fast-Food-Restaurants aufsuchen oder noble Restaurants bevorzugen, bürgerlich-nationale Gerichte genießen oder sich für italienische, chinesische oder aber amerikanische Küche interessieren. Ein ganz eigenes Feld öffnet sich im Bereich der Getränke: Wasser, Fruchtsäfte, Limonade, Bier, Wein und Spirituosen. In nahezu jedem Bereich gibt es Sommeliers, man hat bevorzugte Winzer, Brauereien, Whiskeys oder Cocktails. Außerdem kann Alkohol strikt abgelehnt, nur in Gesellschaft konsumiert, alleine genossen oder als Standardgetränk gesehen werden. Wird zum Getränk geraucht? Eine Zigarette, eine Zigarre oder gar ein Joint? Genuss ist sehr individuell, kann jedoch durch Gesellschaft verstärkt werden.

Viele Menschen nutzen die Freizeit auch zur Aneignung von **Wissen**. Sei es durch Lesen von Zeitungen, Fachliteratur oder Biografien, durch Anschauen von Dokumentationen und Nachrichtensendungen oder der Teilnahme an (Online-)Kursen. Weiterbildung muss nicht immer etwas mit dem Berufsleben zu tun haben, es kann auch Ausdruck puren Interesses an Hintergründen und Zusammenhängen sein.

Wer sich ein **Haustier** zulegt, übernimmt damit eine Verantwortung. Pflege und Haltung können durchaus zeit- und kostenintensiv ausfallen. Im Gegenzug kann das Tier zu einem wichtigen Lebensbegleiter werden. Die klassischsten Haustiere sind Hund und Katze, auch Nagetiere, Zierfische und Kanarienvögel sind weit verbreitet. Oder darf es exotischer sein? Schildkröten, Schlangen, Spinnen? Das Haustier ist auch Ausdruck von Persönlichkeit: Der Besitzer eines Schäferhunds lässt ein anderes Bild im Kopf entstehen als der eines Chihuahuas.

Eine unterhaltsame Form der Freizeitgestaltung stellen **Spiele** dar. Karten- oder Brettspielgruppen treffen sich regelmäßig, um gemeinsam einen Abend zu verbringen. Barspiele sind nette Beschäftigungen, die oft neben Gesprächen gemacht werden. In manchen Kreisen sind Rollenspiele sehr beliebt. Zu einem immer größer werdenden Bereich zählen Computer- und Mobilspiele. Das Spektrum reicht vom Casual-Gamer bis zum Profispieler. Gespielt wird auf dem Smartphone, der Konsole oder dem PC, alleine oder gegeneinander. Früher traf man sich noch häufiger zu sogenannten LAN-Partys, mittlerweile wird hauptsächlich online gezockt. Fans von Spielen und Serien treffen sich mitunter in aufwendig gestalteten Kostümen auf Conventions.

Wer ein **Haus** und/oder einen **Garten** hat, hat immer etwas zu tun. Neben der Instandhaltung kann die Gestaltung zu einem ergreifenden Hobby werden. Der Anbau von Obst und Gemüse, die Zucht von Pflanzen, die Gestaltung eines Gartens mit Wegen, Beeten und Möbeln wirken auf viele Menschen entspannend. Haus und Garten sind sowohl Orte der Begegnung mit Familie und Freunden als auch Rückzugsort, um sich anderen Hobbys hinzugeben.

Philatelie ist die Kunde und das **Sammeln** von Briefmarken. Früher war dies relativ weitverbreitet, heute wird alles gesammelt: Antiquitäten, Fotos, Schallplatten, Comics, Mineralien und allerlei Merchandise und Raritäten. Sammler nehmen an Auktionen teil, besuchen Flohmärkte und Antiquitätenläden. Sie verbringen Zeit in Museen, Ausstellungen und mit der Restauration, Katalogisierung und Instandhaltung ihrer Stücke.

Ob in der Boutique, auf Laufstegen oder visuellen Online-Plattformen: Überall trifft man auf **Fashion und Lifestyle**. Egal, ob man sich dafür besonders interessiert oder nicht, man kann sich den Entscheidungen nicht entziehen. Die Wahl der Kleidung und Accessoires ist Ausdruck der Persönlichkeit, selbst wenn sie rein pragmatisch getroffen werden. Nicht wenige verbringen mit dem Thema einen beträchtlichen Teil ihrer Freizeit: Shopping und das Zusammenstellen eines Looks, auch Schmuck, Make-up und Hairstyle sind Teil der Mode. Mode kann Haute Couture, von der Stange oder Second Hand sein, uniform oder extravagant, billig oder teuer. Der Lifestyle geht dabei Hand-in-Hand mit der Mode: Eine besondere Lebensweise wird durch die Mode ausgedrückt oder bestärkt. Das können auch Piercings, Tattoos und andere Körpermodifikationen sein.

Reisen kann viele Motive haben: Entspannung, Unterhaltung, Weiterbildung, kulturelle Erfahrung. Zum Reisen können kurze Ausflüge, Citytrips oder längere Urlaube gezählt werden. Reisende übernachten in Zelten, Pensionen oder Hotels, besuchen Spas, Vergnügungsparks und kulturelle Stätten. Sie reisen in fremde Länder, interessante Städte, andere Klimazonen oder suchen Erholung im eigenen Land. Eine Reise kann alleine, mit der Familie oder Freunden erfolgen. Man unternimmt Roadtrips, Flugreisen und Kreuzfahrten, plant eine Reise genau oder lässt sich alles offen. Menschen sparen lange auf eine bestimmte Reise oder nehmen sich spontane Auszeiten.

Um dem Alltag zu entkommen, suchen viele nach Ausgleich in der **Meditation** und beschäftigen sich mit ihrer **Gesundheit**. Spaziergänge, Yoga und andere Entspannungsübungen helfen beim „Erden", bei der Suche nach innerer Balance. Die Zusammenstellung einer ausgewogenen Ernährung und eines Bewegungsprogramms sorgt für einen gesunden Lebensstil. Diese Tätigkeiten können alleine oder in der Gruppe stattfinden, geführt oder autodidaktisch.

Natürlich gibt es noch zahlreiche **sonstige** Interessen, Hobbys und Freizeitbeschäftigungen. Alles, was hilft, die Persona besser zu verstehen und zuzuordnen ist erwünscht.

KAUFVERHALTEN/-GEWOHNHEITEN

Egal ob es sich um einen Kaugummi oder ein Auto handelt, bei jedem Kauf wird eine Abfolge mehrerer Phasen durchlaufen, bis es zum Abschluss kommt. Menschen unterscheiden sich dabei in ihren Kaufgewohnheiten. Dieses Verhalten ist abhängig vom Zusammenspiel aus Produkt und Konsument, also der Persona. So kauft beispielsweise der Hobbysportler Equipment vielleicht spontan beim Discounter, ein anderer investiert viel Zeit in die Recherche von Material, Qualität und Beschaffenheit.

Bei der Erstellung einer Persona ist das Kaufverhalten hinsichtlich des eigenen Angebots zu beachten. Für einen Reiseanbieter ist es relativ uninteressant, über die Gewohnheiten beim Autokauf Bescheid zu wissen. Ein Maschinenbauer braucht nichts über das Vorgehen beim Softwarekauf zu wissen.

Es gibt vier verschiedene Typen von Kaufgewohnheiten:

- extensiv
- limitiert
- habituell
- spontan

Eine **extensive Kaufentscheidung** liegt vor, wenn die Persona viel Recherchearbeit in die Entscheidung investiert. Klassische Beispiele hierfür sind hochpreisige Produkte (z. B. Immobilien), Güter mit besonderem Involvement des Konsumenten (einer besonderen Leidenschaft oder erhöhtem Interesse) oder Entscheidungen, die eine längerfristige Auswirkung haben (z. B. eine Reise oder eine Software).

Limitierte Kaufentscheidungen werden getroffen, wenn der Konsument schon Erfahrung mit dem Erwerb des Produkts oder der Dienstleistung hat. Die Auswahl kann durch vordefinierte Präferenzen (z. B. Marke oder Material) eingeschränkt und dann aus dieser limitierten Auswahl getroffen werden. Meistens sind es Entscheidungen, die man im regelmäßigen Abstand trifft, wie Autos oder Kleidung, es kann aber auch bei Restaurants auftreten.

Eine **habituelle Kaufentscheidung** ist ein Gewohnheitskauf. Man kauft das, was man kennt und schon mehrmals gekauft hat. Es handelt sich dabei meist um Güter, die regelmäßig und häufig gekauft werden, etwa Basislebensmittel, Verbrauchsmaterialien oder Genussmittel.

Impulskäufe sind spontane Entscheidungen. Häufig bei niedrigpreisigen Gütern oder Entscheidungen, die keine großen Auswirkungen haben, also ein geringes Risiko aufweisen. Der Kaufreiz kann durch Faktoren wie Preis, Zeitdruck (vorübergehende Aktion) oder spontane Bedürfnisse erfolgen.

TECHNISCHE FÄHIGKEITEN

Gerade in der Online-Kommunikation ist die technische Fähigkeit von Personas wichtig zu kennen, auch wenn es sich nicht um ein technisches Produkt handelt. Die voraussetzbare Fähigkeit hat Einfluss auf Plattform, Medium und Wortwahl.

Grob kann in fünf Fähigkeitsstufen unterschieden werden:

- keine Fähigkeiten
- vorsichtiger Anwender
- Anwender
- interessierter Anwender
- Experte

Nicht jeder durchläuft alle Stufen, man bleibt oft in einer verwurzelt, in der man sich wohlfühlt. Das kann aufgrund persönlichen Interesses oder bestimmter Notwendigkeit erfolgen.

Jemand, der **keine Fähigkeiten** hat, ist online schwer direkt zu erreichen. Die Kommunikation funktioniert dann meistens über eine dritte Person. Möchte eine Marke beispielsweise Menschen mit schwerer Beeinträchtigung erreichen, kann das über ihre Familie oder Pflegepersonal erfolgen. Kleine Kinder werden meist über Eltern oder nahe Verwandte erreicht. Handelt es sich um jemanden, der technische Geräte vollständig ablehnt, ist es wohl besser, auf klassische Kommunikationsmittel, wie Post, Zeitung oder Plakate, zurückzugreifen.

Vorsichtige Anwender sind Anfänger im Umgang mit technischen Geräten. Sie lehnen diese nicht ab und sind körperlich und geistig fähig, diese zu benutzen, kennen aber die meisten Funktionen und Fachbegriffe nicht. Oft haben sie selbst entwickelte Worte und Umschreibungen für Bereiche und Funktionen (z. B. der „grüne Knopf" zum Abheben). Es reicht ihnen, eine E-Mail zu schreiben oder auf Social Media Fotos anzuschauen. Passiert etwas Unerwartetes oder Ungewohntes, führt dies meist zur Verunsicherung und zum Abbruch, bis man sich mit einem versierteren Anwender absprechen kann.

Klassische **Anwender** kommen gut mit technischen Geräten zurecht. Sie haben keine Angst, etwas Neues auszuprobieren, und lassen sich gerne mal was zeigen, haben aber kein Interesse, alle Funktionen zu kennen. Veränderungen in Oberfläche oder Handhabung stehen sie tendenziell kritisch gegenüber, weil sie dann „umlernen" müssen.

Eine Stufe weiter ist der **interessierte Anwender,** der sich gut mit den Geräten auskennt, neue Funktionen gerne ausprobiert und den Unerwartetes nicht verunsichert, sondern eher interessiert. Fachbegriffe sind kein Problem und bei Standard-Szenarien können interessierte Anwender auch gut Hilfestellung leisten.

Die höchste Stufe technischer Fähigkeiten sind die **Experten**. Sie kennen alle Funktionen, stellen Zusammenhänge zwischen unterschiedlichen Anwendungen her und verstehen auch spezielle Fachbegriffe. Sie sind fähig, Neuerungen kritisch zu analysieren und Vor- bzw. Nachteile daraus zu erkennen, die über persönliche Präferenz hinausgehen.

PERSONA-AUSWAHL > **B2B-PERSONAS**

Wenn eine Marke im B2B-Segment unterwegs ist, gehen manche davon aus, dass sie keine Person als Persona erstellen, sondern ein Unternehmen. Dabei wird allerdings außer Acht gelassen, dass auch in einem Unternehmen immer ein Mensch die Entscheidungen trifft. Mit diesen Menschen (oft sind das mehrere) muss auch kommuniziert werden. Dabei ist es wichtig, die Rollen der Personen im Unternehmen zu kennen, die eine Kaufentscheidung beeinflussen: Geschäftsführung, Einkauf, IT-Leitung und so weiter. Jeder von ihnen kann eine eigene Persona sein.

Dennoch sollte auch das Unternehmen möglichst gut definiert werden. Anhaltspunkte dafür sind folgende Eigenschaften:

- Branche
- Unternehmensgröße
- Standort
- wirtschaftliche Kennzahlen
- Entscheidungswege

BRANCHE

Es empfiehlt sich, die Ziel-Unternehmen zu umreißen. Ein wichtiger Aspekt kann die Branche sein, wenn das Produkt branchenspezifisch ist. Jede Branche ist wiederum in Unterbranchen eingeteilt. Eine grobe Einteilung der Branchen sieht wie folgt aus (alphabetisch sortiert):

- Agrarwirtschaft
- Baugewerbe
- Chemie & Rohstoffe
- Dienstleistungen & Handwerk
- E-Commerce & Versandhandel
- Energie & Umwelt
- Finanzen, Versicherungen & Immobilien
- Freizeit
- Gesellschaft, Religion & Bildung
- Handel
- Internet
- Konsum & FMCG (Fast Moving Consumer Goods)
- Medien & Marketing
- Metall & Elektronik
- Pharma & Gesundheit
- Technik & Telekommunikation
- Tourismus & Gastronomie
- Verkehr & Logistik
- Verwaltung & Verteidigung
- Wirtschaft & Politik

UNTERNEHMENSGRÖSSE

Ein weiteres Merkmal kann die Unternehmensgröße sein. Dabei lassen sich Unternehmen grob in fünf Größenordnungen einteilen. Jede Größe hat unterschiedliche Dynamiken, aber es macht beispielsweise wenig Unterschied, ob ein Unternehmen 300 oder 900 Mitarbeiter hat.

- **Einzelunternehmer**
- **Kleinstunternehmen** (bis 10 Arbeitnehmer)
- **Kleinunternehmen** (10 - 50 Arbeitnehmer)
- **mittelgroße Unternehmen** (50 - 250 Arbeitnehmer)
- **Großunternehmen** (mehr als 250 Arbeitnehmer)

STANDORT

Bei vielen B2B-Personas spielt es auch eine Rolle, wo der Unternehmensstandort ist. Vielleicht hat das Unternehmen auch mehrere Standorte. Diese können wiederum unterschiedlich organisiert sein, zum Beispiel können Fertigung und Vertrieb getrennt verortet sein. Unternehmen können Filialen haben, die unterschiedlich autonom agieren dürfen. Bei Franchise-Systemen sind Marketing und Prozesse meist zentral gesteuert, die lokale Verwaltung machen eigene Unternehmen.

WIRTSCHAFTLICHE KENNZAHLEN

Natürlich spielen auch andere wirtschaftliche Kennzahlen wie Budgetgröße und Liquidität eine wichtige Rolle bei Unternehmen. Die Wichtigkeit dieser Vorgaben hängt wiederum vom üblichen Kaufverhalten ab: Kaufen diese Unternehmen einmalig oder regelmäßig? Bei regelmäßigem Kauf: Wie loyal sind sie gegenüber ihren Lieferanten? Können sie jederzeit wechseln oder sind sie gebunden?

ENTSCHEIDUNGSWEGE

Last but not least hilft es, die üblichen Entscheidungswege innerhalb der Unternehmen zu kennen. Wer macht die Recherche der möglichen Kaufoptionen, wer analysiert die Einsatzmöglichkeit, wer die Finanzierung und wer trifft letztlich die Entscheidung? Ein Beispiel: Für eine Marketing-Software stellt die Marketingabteilung eine Liste mit möglichen Lösungen zusammen und nennt ihren Favoriten. Die IT-Abteilung überprüft die technischen Voraussetzungen und gibt eventuell nötige Anschaffungen an.

Der Einkauf errechnet das wirtschaftlich sinnvollste Angebot und handelt einen finalen Preis aus. Die Entscheidung wird allerdings von der Geschäftsführung getroffen. Idealerweise kennst du in diesem Szenario alle beteiligten Personas, was dabei hilft, jede davon anzusprechen.

3.5 MARKENIDENTIFIKATION

Marken spielen in unserem Leben eine größere Rolle, als sich so mancher eingestehen möchte. Dabei hat jeder zumindest ein paar Marken, denen er sein Vertrauen schenkt. Sei es bei Autos, Kleidung oder beim Kaffee.

Einen nicht unwesentlichen Anteil am Vertrauen in die Marke hat deren Marktkommunikation. Natürlich gibt es mehr Merkmale, wie Qualität und Preis, aber besonders, wenn diese nur schwer vergleichbar sind, bekommt der Markenauftritt großes Gewicht.

Das können wir uns zunutze machen, indem wir überlegen, mit welchen Marken sich eine Persona identifizieren kann. Oft gibt es Ähnlichkeiten in der Kommunikationsstrategie, die idealerweise auch aufgegriffen werden können. Am besten funktioniert diese Übung bei Alltagsgegenständen und ihren Marken. Je polarisierender die Marken, desto besser.

Das klassische Beispiel ist häufig das **Auto**. Manchen Menschen ist die Automarke relativ egal (allerdings wählen auch sie dann aus den „üblichen Verdächtigen"), andere verehren geradezu religiös eine Marke. Die Angabe, ob eine Persona aus Überzeugung einen Volkswagen, einen BMW oder einen Mercedes fährt, schärft weiter ihr Profil.

Das **Mobiltelefon** ist mittlerweile nicht mehr aus unserem Alltag wegzudenken. Auch da gibt es oft klare Präferenzen. Eine grobe Unterscheidung ist schon mal Apple oder Android. Bei beiden Varianten gibt es dann wiederum kostengünstigere und -intensivere Varianten. In den gleichen Bereich fallen auch Tablets, Laptops und Desktop PCs.

Für viele Menschen besonders wichtig sind Marken in der **Modewelt**. Das bedeutet nicht unbedingt, dass sie nur diese Marke tragen.

Sie kann auch Inspiration sein. Prada oder Tommy Hilfiger, Nike oder Adidas, Ives Saint Laurent oder HUGO BOSS. Auch der Ort des Konsums ist mit Marken verbunden – ob die exklusive Edelboutique, die Filiale einer Handelskette wie C&A oder ein Discounter wie PRIMARK.

In der **Gastronomie** entscheiden sich Menschen gerne für bekannte Ketten wie Starbucks oder McDonald's, haben ein Stamm-Gasthaus oder dinieren bevorzugt in Nobelrestaurants. Eine besondere Rolle spielt eine Gastronomie-Marke dann, wenn die Persona nicht in ihrer gewohnten Umgebung ist, beispielsweise im Urlaub oder auf Geschäftsreise.

Spannend auch die Wahl von **Medien**: Welche Tageszeitung wird gelesen? Welcher TV-Sender bevorzugt? Welcher Website wird vertraut? Für die Schärfung einer Persona ist hierbei besonders auf Identifikation und Marktkommunikation der Medienmarke zu achten. Menschen können sich zwar mit einer Marke identifizieren, aber aus Notwendigkeit eine andere konsumieren. Eine Persona kann beispielsweise eine hohe Affinität zu *The New York Times* empfinden, liest aber im Alltag eine regionale Tageszeitung für die aktuellen örtlichen Nachrichten.

Interessant ist auch das Marken-Denken beim **Lebensmittelkauf**. Greift eine Persona im Supermarkt lieber zu Iglo oder der billigeren Eigenmarke der Kette? Welche Getränkemarke landet im Einkaufswagen? Ist bei Obst und Gemüse wichtiger, dass es bio oder billig ist? Fleisch von der Theke oder abgepackt?

3.6 PERSONA-BESCHREIBUNG

Personas werden oft im Steckbrief-Format definiert. Dies ist für die Erstellung auch ein hilfreicher Zwischenschritt, weil dadurch ein schrittweises Vorgehen möglich ist. In der alltäglichen Verwendung macht dies aber aus der Persona wieder nur eine ungreifbare Ansammlung von Daten, mit der wenig Emotion verbunden wird.

Es empfiehlt sich deshalb, aus dem Steckbrief eine ausformulierte Persona-Beschreibung zu erstellen. Dabei können auch manche Aspekte aus dem Steckbrief weggelassen werden, wenn sie als weniger wichtig erachtet werden.

Eine ausformulierte Beschreibung hilft dabei, sich die Persona besser vorzu-stellen und eine theoretische zwischenmenschliche Beziehung zu ihr zu ent-wickeln. Oft entdeckt man in der Beschreibung eine Person, die man im echten Leben kennt, und erfindet intuitiv weitere Facetten basierend auf dieser realen Person.

Der Steckbrief einer Persona sieht so aus:

- Gen-Z (ca. 17 Jahre)
- 2 Halb-/Geschwister
- Elternhaus mit Garten
- Dorf auf dem Land
- durch Taschengeld und Ferienjobs rund 5.000 EUR jährlich zur Verfügung
- Grundschulabschluss, bevorstehende Matura (Abitur)
- Suche nach nächster Etappe
- Zukunftsherausforderungen: finanzielle Absicherung, Work-Life-Balance
- hypervernetzt
- Mobile User
- Exzessive Social-Media-Anwenderin (z. B. Tiktok-Videos aufnehmen)
- Hobbies/Freizeit:
- Freunde treffen
- Musik hören (quer durch dt. Pop, Shirin David)
- Reiten
- Shoppen mit Freundin
- gemeinsam kochen und essen
- Werte: Sicherheit, Stabilität, Zusammenhalt, Selbstverwirklichung

Daraus kann folgende Beschreibung angefertigt werden:

Leonie ist 17 Jahre und lebt mit ihrer Mutter, deren Lebensgefährten und ihren zwei jüngeren Halbbrüdern in einem kleinen Haus mit Garten in einem Dorf in der Steiermark, Österreich. Sie ist der kreative und quirlige Geist der Familie. Immer auf der Suche nach Unterhaltung.

Sie wird bald die Schule abschließen und plant deshalb ihre nächste Etappe: Erst mal studieren, entweder Wien oder Graz, aber danach (und fast jedes Wochenende dazwischen) sicher wieder zurück in die geliebte Heimat.

Zu ihrem Freundeskreis, mit dem sie fast die gesamte Freizeit verbringt, fährt sie mit dem Motorroller. Sie hängen dann gemeinsam ab, machen aber auch mal Ausflüge oder kochen gemeinsam.

Leonie ist ein sehr lebenslustiger Mensch. Social Media ist für sie ein fixer Bestandteil des Alltags. Mit Leichtigkeit erstellt sie selber Content und bleibt up to date. Ihr Content ist mal künstlerisch, mal verrückt. Leonie macht da das, worauf sie gerade Lust hat. Sie nimmt täglich einen neuen Tiktok-Clip auf, die bei ihren Followern durchaus gut ankommen – sie ist aber weit davon entfernt, eine Influencerin zu sein, das strebt sie auch nicht an.

Von ihrem leiblichen Vater hat sie ein iPhone geschenkt bekommen, das sie nun wie ihren Augapfel hütet. Nicht, weil es für sie ein Statussymbol wäre, sie braucht es für fast alle Bereiche ihres Lebens.

Abends bingewatcht sie eine Netflix-Serie oder verliert sich auf TikTok oder YouTube. Am Wochenende geht sie aus, tanzt gerne, trinkt aber nur wenig bis keinen Alkohol.

Ihre Freunde mögen sie. Mit Leonie kann man Pferde stehlen. Sie ist witzig, spontan und kreativ.

3.7 PERSONAS VERIFIZIEREN

Die Erstellung von Personas hält natürlich wissenschaftlichen Maßstäben nicht stand. Zu weiten Teilen basieren sie auf Annahmen. Dabei spielen auch (teils unbewusste) Vorurteile und Schubladendenken eine Rolle. Um dieser Herausforderung entgegenzuwirken empfiehlt es sich, Personas von möglichst heterogenen Gruppen ausarbeiten zu lassen. In der Diskussion werden individuelle Ansichten meist abgeschwächt und es entstehen „natürlichere" Personas.

Darüber hinaus lassen sich Personas nach der Erarbeitung auch auf verschiedene Arten verifizieren. Hier stellt sich die Frage, wie intensiv diese Verifizierung durchgeführt wird und wie sich die Aufwand-Nutzen-Rechnung darstellt. Es empfiehlt sich ein ausgewogenes Mittel, abhängig von vorhandenen Ressourcen und eventuell zeitlichem Druck.

PERSONA-AUSWAHL > **PERSONAS MIT DATEN VERIFIZIEREN**

Manche Unternehmen (vor allem, wenn sie nicht gerade neu gegründet wurden) haben viele Daten von ihren Kunden und Ansprechpersonen, und können auf diese zurückgreifen, um sie zu verifizieren. Relativ einfach ist der Ort (urban oder ländlich). Oft sind auch Daten hinsichtlich des Alters vorhanden, manchmal auch tiefer gehende Daten, wie Haushaltseinkommen. Bei Bestandskunden kann meistens das Kaufverhalten (Regelmäßigkeit, durchschnittlicher Bestellwert usw.) eruiert werden.

Beim Zurückgreifen auf interne Daten ist jedoch immer vor Augen zu halten, dass die Persona dem Idealkunden entsprechen soll. Strebt beispielsweise eine Marke ein neues Marktsegment an oder möchte die Zielgruppe neu ausrichten, macht es wenig Sinn, sich auf bestehende Kundendaten zu berufen.

Daten können auch über externe Quellen angereichert werden. So gibt es beispielsweise Daten über Haushaltseinkommen abhängig von der Region, Art und Anzahl von Haustieren und vieles mehr. Eine gute Quelle ist hierfür statista.com [22], aber auch andere statistische Daten von Zeitungen oder öffentlichen Ämtern können helfen, die Zusammenstellung der Persona „realistischer" zu machen.

PERSONA-AUSWAHL > **PERSONAS MIT BEFRAGUNGEN VERIFIZIEREN**

Natürlich können nur Daten verwendet werden, die auch einmal erhoben wurden. Die Vielseitigkeit der Merkmale, die für eine Persona möglich sind, macht es jedoch sehr unwahrscheinlich oder enorm aufwendig, zu jeder Annahme auch Daten zu finden.

Um diese Blindspots zu schließen, können Befragungen durchgeführt werden. Dazu muss auf repräsentative Vertreter von Personas zurückgegriffen werden. Diese können entweder aus dem tatsächlichen Umfeld des Unternehmens (bestehende Ansprechpartner) oder aus dem privaten Umfeld der Mitarbeiter kommen. Eine weitere Möglichkeit stellt der öffentliche Aufruf (z. B. über Social Media) dar.

BEFRAGUNG MIT FRAGEBOGEN

Über Fragebögen bekommt man relativ genau die Daten, die man zur Verifizierung benötigt. Der Interpretationsspielraum ist dabei meist sehr gering. Außerdem lassen sich Fragebögen online ausfüllen, was den Aufwand deutlich reduziert und eine Skalierung ermöglicht.

Der Nachteil von Fragebögen ist die häufig falsche Selbsteinschätzung von Personen. Oft unbewusst versuchen sie, die Antworten zu geben, von denen sie glauben, dass sie von ihnen erwartet werden.

BEFRAGUNG DURCH INTERVIEWS

Interviews sind aufwendiger, jedoch dynamisch gestaltbarer. Ein geschickter Interviewer kann Antworten auf Fragen bekommen, die gar nicht direkt gestellt wurden. Bei Interviews kann außerdem leichter konkret auf das Produkt oder die Dienstleistung eingegangen werden. Die angenommene technische Fähigkeit kann zum Beispiel verifiziert werden, indem im Zuge des Interviews eine technische Aufgabe gestellt wird.

Interviewer können allerdings auch das Ergebnis verfälschen. So kann ähnlich wie beim Fragebogen die interviewte Person versuchen, die Antworten zu geben, von denen sie glaubt, dass sie der Interviewer hören will. Eine unbewusste Reaktion des Interviewers kann zu einer Revidierung oder Abänderung der gegebenen oder zukünftigen Antworten führen.

BEFRAGUNG DURCH MARKTFORSCHUNG

Professionelle Marktforscher sind darauf spezialisiert, Antworten zu bestimmten Fragen zu finden. Bei genügend Ressourcen können über eine Marktforschung die Merkmale von Personas sehr genau verifiziert werden.

PERSONA-AUSWAHL > **PERSONAS IM EINSATZ VERIFIZIEREN**

Selbst die am besten verifizierte Persona muss sich erst im realen Einsatz behaupten. Du bist gut beraten, wenn du dich nicht von Beginn an voll auf die Annahmen verlässt, sondern diese in kleineren Tests im realen Einsatz zu bestätigen oder zu widerlegen versuchst.

Eine hervorragende Möglichkeit dazu bietet Social Media. Durch einzelne Posts kann die Reaktion des Publikums gut getestet werden. Manche Plattformen (z. B. Facebook) bieten die Möglichkeit, Inhalte gezielt an eine bestimmte Zielgruppe auszuspielen, ohne dass jene im Content Stream von anderen Usern auftauchen. Dadurch lässt sich das Risiko, die Follower etwa zu verärgern, noch mehr minimieren.

PERSONA-AUSWAHL > **PERSONAS ABÄNDERN**

Personas können immer mehr erweitert werden. Wenn du zum Beispiel im Zuge einer Maßnahme feststellst, dass eine Persona auf eine bestimmte Art von Humor nicht anspricht oder gar abweisend reagiert, wäre es fahrlässig, das nicht festzuhalten.

Gegebenenfalls können Personas auch angepasst werden. Hat sich herausgestellt, dass eine Annahme schlichtweg falsch war, sollte nicht aus falscher Eitelkeit an der Version festgehalten werden. Meistens reichen kleine Anpassungen. Äußerst selten muss man eine Persona komplett neu erstellen. Dieser Schritt sollte aber wohl überlegt sein, da er einen maßgeblichen Einschnitt in die Strategie bedeutet und unter Umständen weitere Anpassungen erfordert.

In manchen Fällen entwickeln sich neue Personas aus einer Annahme heraus. Man merkt, dass es zwei unterschiedliche Varianten einer Persona gibt und diese auf unterschiedliche Art und Weise besser angesprochen werden können.

ÜBER DEM RAUSCHEN

Ich weiß nicht, ob ich die Workshop-Teilnehmerin, die ich am Anfang dieses Kapitels erwähnt habe, vom Persona-Konzept überzeugen konnte. Sie hat zumindest mitgemacht und während des Workshops die Personas angewandt.

Ich habe dir in diesem Kapitel gezeigt, wie du Personas erstellen kannst. Es ist wichtig, dass dir das Konzept klar ist, weil das ganze weitere Buch darauf aufbaut. Stell dir die Personas wie Rollen vor, die ein Mensch einnehmen kann. Manche Menschen schlüpfen sogar in mehrere, sind etwa Kunden und Mitarbeiter gleichzeitig.

Es muss also klar zwischen Individuen und Personas unterschieden werden. Das Rauschen ist für jeden Menschen individuell. Bestimmte Trigger sprechen aber immer mehrere Menschen an. Durch Personas kannst du dir überlegen, worauf welche Gruppen besser reagieren und wirst dadurch von Vertretern dieser Gruppe über dem Rauschen wahrgenommen.

Na, hast du während des Lesens dieses Kapitels ein paar Personas in deinem Kopf zusammengestellt? Das nächste Kapitel ist nicht minder spannend, da geht es darum, wo das Rauschen stattfindet.

WORKSHOP

Für die Erstellung der Personas brauchst du eine Menge Moderationskärtchen und eine Wand, wo du diese anbringen kannst. Startet mit einem Brainstorming, wodurch ihr alle möglichen Ansprechpartner sammelt. Jede Meldung wird auf einem Kärtchen festgehalten und an der Wand angebracht, sodass sie für alle sichtbar ist. Lass in dieser Phase keine Diskussion über Sinn oder Unsinn eines Ansprechpartners zu.

Im nächsten Schritt teilt ihr die Ansprechpartner in Gruppen ein. Gebt jeder dieser Gruppe eine sprechende Bezeichnung. Das hilft bei der Übersichtlichkeit für den nächsten Schritt.

Geht jede Gruppe durch und bestimmt Kandidaten für Personas. Führt eine offene Diskussion und markiert Vorschläge mit Markierungspunkten oder einem Stift. Bestimmt für jeden Kandidaten gleich eine Generation. Dadurch seht ihr schon im Zuge der Diskussion, ob ihr eine ähnliche Vorstellung von den Personas habt. Im Zuge dessen könnt ihr den Kandidaten auch gleich einen Namen geben. Das lockert auf und für die nächsten Schritte könnt ihr schon direkt über die Namen referenzieren.

Legt für jeden Kandidaten fest, welches Ziel er hat, dass die Marke mit ihrem Angebot erfüllen kann. Dafür können wunderbar Post-its verwendet werden. In vielen Fällen werden bei diesem Schritt manche Personas, die sich sehr ähnlich sind, zusammengelegt. Das sollte aber nicht erzwungen werden.

Versucht nun, die Personas zu reihen beziehungsweise zu gewichten. Dazu nimmt zunächst jeder Teilnehmer einen Zettel und überlegt für sich selbst, wie er die Personas jeweils reihen würde. Ich habe die Erfahrung gemacht, dass sich nicht jeder Mensch mit einer Gewichtung leichttut. Auch das muss nicht erzwungen werden, aber jeder sollte eine Reihung haben. Hilfreich ist die Fragestellung: „Wenn du nur eine der Personas ansprechen dürftest, welche wäre das?"

Diskutiert anschließend offen die Reihung und erstellt eine gemeinsame auf einem Flipchart. Versucht nun auch, eine grobe Gewichtung festzulegen. Diese ist nicht in allen Fällen nötig (etwa, wenn es keine starke Fokussierung gibt), also entschließt gemeinsam, ob ihr das machen möchtet oder euch die Reihung ausreicht. Als effektive Vorgehensweise für die Gewichtung hat sich herausgestellt, zuerst 100 Prozentpunkte auf alle gleich zu verteilen (bei zehn Personas bekommt jede Persona z. B. zehn Punkte) und dann die Punkte zu „verschieben".

Nach diesem Schritt kann wieder eine Diskussion stattfinden, ob Personas wegfallen können. Für diese Entscheidung hilft definitiv eine Gewichtung. Beachtet in der Diskussion, dass alle Personas ausgearbeitet werden müssen und in der Strategie berücksichtigt werden sollten. Eine gute Faustregel sind drei bis acht Personas.

Im nächsten Schritt weist ihr den Personas Sinus Milieus zu. Das ist neben der Generation der erste Schritt zur Persönlichkeitsdefinition. Folgende Vorgehensweise eignet sich dafür sehr gut: Auf einem Flipchart oder einem Whiteboard zwei Achsen zeichnen, die X-Achse für Grundorientierung, die Y-Achse für soziale Lage. Zur besseren Orientierung jede Achse dritteln. Dann mit Post-its die Personas anordnen. So können sie gut miteinander verglichen werden. Weist über die Position der Personas jeder ihr Sinus-Milieu zu. Lest die entsprechende Beschreibung vor, um zu überprüfen, ob die Zuweisung passend ist. Beachtet, dass sich manche Milieus überlappen!

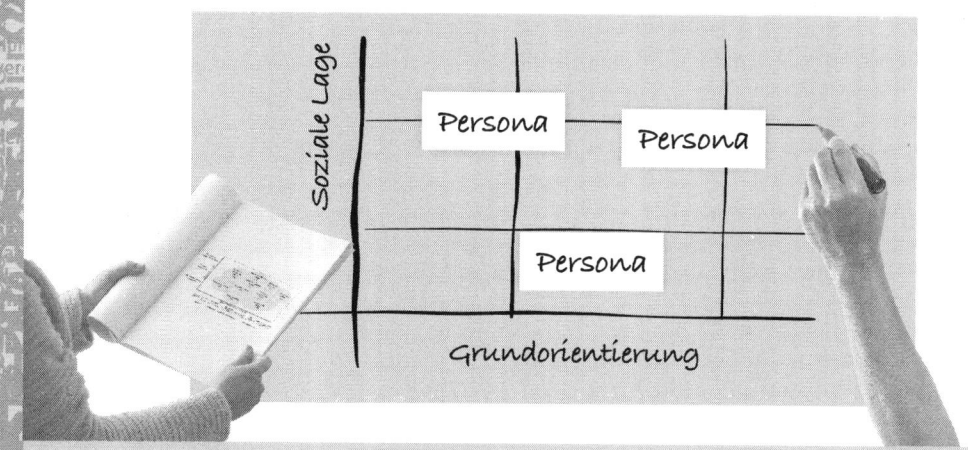

Abbildung 13: Whiteboard mit Sinus-Milieu-Zuweisung der Personas

Nun werden den Personas Merkmale und Markenidentifikationen zugewiesen. Teilt euch dazu in Gruppen auf. Jede Persona wird steckbriefartig auf ein eigenes Flipchart geschrieben. Achtet bei der Markenidentifikation darauf, nicht die oft pragmatische Entscheidung für eine Marke zu nennen, sondern wirklich auf Identifikation zu achten (z. B. fährt eine Persona vielleicht einen Hyundai, identifiziert sich aber mehr mit der Marke Tesla). Bei B2B-Personas werden die entsprechenden Attribute ebenfalls angeführt. Spätestens in diesem Schritt sollten die Personas einen Namen bekommen. Talentierte Teilnehmer können sich an einem Porträt versuchen, oder ihr sucht passende Fotos aus dem Internet. Präsentiert euch die Personas gegenseitig und diskutiert sie kurz.

Für den weiteren Verlauf des Workshops könnt ihr mit den Steckbriefen gut weiterarbeiten. Im Anschluss an den Workshop sollten die Personas jedoch alle ausformuliert werden. Beschränk dich in der Ausformulierung nach Möglichkeit auf ein A4-Blatt und lass noch Platz für Ergänzungen im Laufe der Zeit. Wähle für die Ausarbeitung ein passendes Porträtfoto aus. Wenn du magst, kannst du auch weitere Fotos (z. B. zum Kleidungsstil) ergänzen. Auf der Rückseite der ausgearbeiteten Persona kann auch noch der Steckbrief festgehalten werden, damit keine Informationen aus dem Workshop verloren gehen. Zeige die Ausarbeitungen auch den Workshop-Teilnehmern und bitte sie um Feedback.

Wenn du dich entscheidest, Personas zu verifizieren, solltest du dies vor der Ausarbeitung machen.

Solltet ihr an dieser Stelle des Workshops eine Pause machen und an einem anderen Tag weiterarbeiten, wirf die Flipcharts der Personas nicht weg! Ihr werdet sie noch brauchen!

4 KANÄLE

**„Nobody reads ads.
People read what interests them.
Sometimes, it's an ad."** - Howard Gossage

INTRO

Im Januar 2021 trat ein beeindruckendes Phänomen auf. An einem Wochenende gab es in meinem gesamten Stream auf LinkedIn gefühlt nur ein Thema: Clubhouse. Der neue heiße Scheiß auf dem App-Markt. Ein Drittel war begeistert, ein Drittel fragte nach einem Invite (man durfte nur in das Clubhouse, wenn man von einem Mitglied eingeladen wurde) und das dritte Drittel beschwerte sich, dass es exklusiv für iOS erschienen war oder dass es aus datenschutzrechtlicher Sicht bedenklich wäre.

Das Thema schien niemanden kalt zu lassen. Die Diskussionen kochten immer wieder hoch. Dann las ich folgendes Statement: „Ich muss als Marketer mit meiner Zeit haushalten und kann deshalb den Clubhouse-Hype nicht mitmachen." Das hat mich zum Nachdenken gebracht.

Klar, das ist nachvollziehbar. Zeit ist ein wertvolles Gut. Es ist eine Ressource, die man nicht produzieren kann, und die nur eingeschränkt verfügbar ist. Die möchte man nicht verschwenden. Andererseits ist auch Wissen eine wertvolle Ressource. Eine, die durch Einsatz von Zeit aufgebaut werden kann.

Wenn du als Marketer erfolgreich sein willst, solltest du dich damit beschäftigen, wo du deine Personas erreichen kannst. Ob das Clubhouse ist, weiß ich nicht. Aber du solltest das zumindest evaluieren können.

Jeder Mensch ist im Wachzustand zumindest theoretisch erreichbar. Der technologische Fortschritt der letzten hundert Jahre hat die Möglichkeiten massiv gesteigert. Gab es früher nur Direktkontakt und Briefverkehr, sind wir mittlerweile ständig in Verbindung. Botschaften werden in Sekundenbruchteilen übermittelt.

Dabei sterben aber die „alten" Kanäle nur in den seltensten Fällen komplett aus. Nach wie vor ist ein persönliches Gespräch unverzichtbar in der zwischenmenschlichen Kommunikation. Der technische Fortschritt hat lediglich die Möglichkeiten erweitert. Das Gespräch kann auch über Videotelefonie stattfinden und erreicht damit fast die gleichen Effekte.

Manche Technologien, wie beispielsweise das Fax, haben an Bedeutung deutlich verloren. Andere wurden teilweise gänzlich eingestellt, sie waren jedoch meistens nur der Wegebner für die Folgetechnologie (z. B. Telegramm – Pager – SMS).

Sehr interessant ist auch die Veränderung der Verhaltensweisen über die Zeit. So gibt es Smartphone-Besitzer, die das Gerät nur sehr selten tatsächlich zum Telefonieren verwenden. Technische Standards wie die SMS wurden zu unflexibel und wurden weitgehend durch Direct Messenger abgelöst.

Eine wichtige Rolle für den Erfolg einer Technologie spielt auch die Akzeptanz in der Gesellschaft. Geoffrey Moore hat diese Entwicklung in seinem Buch „Crossing the Chasm" [23] Anfang der 1990er beschrieben. Die Akzeptanz am Markt stellt sich als Gaußsche Glockenkurve dar (Abbildung 14).

Die ersten 2,5 Prozent sind die **Innovators**, sie akzeptieren Fehler in den Technologien, weil sie die ersten sein möchten, die sie verwenden. Die folgenden 13,5 Prozent, die **Early Adopters**, ticken ähnlich. Sie sind allerdings nicht so technikvernarrt wie die Innovators und konzentrieren sich auf die frühe Anwendung. Diese beiden Gruppen sind relativ leicht zu überzeugen.

Danach folgt der **Chasm**, die Kluft zur Mehrheit. Schafft es eine Technologie, diese Kluft zu überwinden, ist sie im **Mainstream** angekommen. Auch dieser teilt sich nochmals in drei Teile ein: die **Early** und die **Late Majority** (jeweils etwa ein Drittel) und die **Laggards** (etwa 16 %).

Anhand dieses Models kann die Akzeptanz eines Kanals bei den Personas abgeschätzt werden.

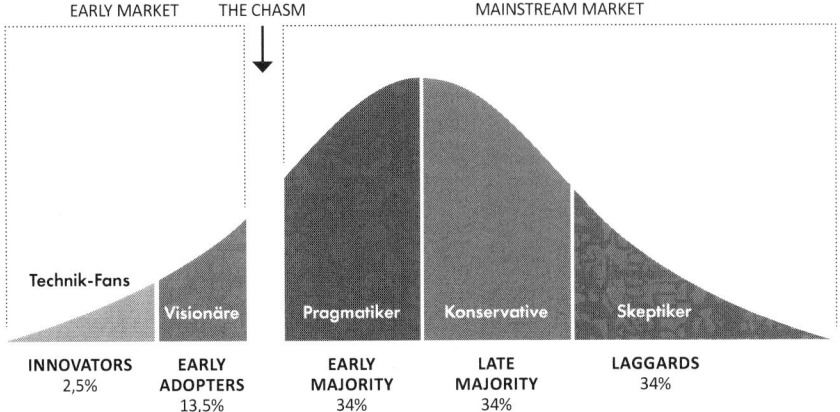

Technik-Fans

Visionäre   Pragmatiker   Konservative   Skeptiker

INNOVATORS	EARLY ADOPTERS	EARLY MAJORITY	LATE MAJORITY	LAGGARDS
2,5%	13,5%	34%	34%	34%

Abbildung 14: Verteilung der Marktakzeptanz nach Geoffrey Moore (aus „Crossing the Chasm")

Die Kanäle lassen sich grob in mehrere Kategorien unterteilen:

- Recherche: Direkte Suche nach Informationen und Weiterbildung, die meist passiv konsumiert werden.
- Entertainment: Unterhaltung in verschiedenen Ausprägungen
- Social-Media-Plattformen: teil-öffentliche Interaktion mit Menschen oder Marken
- Messenger: private, direkte Kommunikation mit Menschen oder Marken
- Virtuelle Assistenten: Kommunikation Mensch-Maschine

Zusätzlich bieten sich auch offline viele Möglichkeiten der Marktkommunikation.

4.1 RECHERCHE

Das Streben nach Wissen und Weiterbildung ist so alt wie die Menschheit selbst. Mit dem Internet explodierte der Zugang zum Wissen. War es früher notwendig, eine Bibliothek aufzusuchen und mühevoll die erforderlichen Informationen aufzustöbern, hat heute jeder das nötige Gerät immer dabei. Das gesamte Wissen der Menschheit ist nur ein paar Taps entfernt.

RECHERCHE > **SUCHMASCHINEN**

Suchmaschinen sind für die meisten die erste Anlaufstelle, wenn sie ins World Wide Web eintreten. Deshalb setzen die meisten gängigen Browser auch eine Suchmaschine als Standard-Startseite ein. Die Vormachtstellung Googles hat der Marke den Ritterschlag eines Synonyms für das Produkt gebracht. Der Begriff „googeln" steht sogar seit 2004 im Duden [24]. Auch wenn dort die Anwendung nur im Zusammenhang mit der Marke definiert ist, verwenden sie viele als Verb für die allgemeine Suche im Internet: Man „googelt" auch auf Facebook, YouTube, Wikipedia oder Amazon.

Neben der Textsuche gibt es jedoch viele Arten, um an Informationen zu kommen. Viele davon bietet Google selbst an, aber es ist auch anderen Marken (die teilweise wieder zu Google gehören) gelungen, sich als Suchmaschine zu etablieren. So zählen auch YouTube, Amazon, Facebook und Pinterest zu äußerst beliebten Suchmaschinen. Im Alexa-Ranking [25] befinden sich unter den Top-Ten-Websites des Internets (nach Webtraffic sortiert) sage und schreibe sieben Suchmaschinen.

GOOGLE, BING & CO.

In seinem Buch „The Four" [26] vergleicht der Autor Scott Galloway Google mit einer modernen Version von Gott: Während früher Gebete an Gott geschickt wurden, um Antworten zu erhalten, werden diese nun in Google eingetippt. Der Vergleich mag für religiöse Menschen blasphemisch wirken, ist aber nüchtern betrachtet gar nicht so falsch. Google weiß wahrscheinlich mehr über uns als unsere engsten Vertrauten. Jedes gesundheitliche Problem, jede philosophische Frage, jede aufklaffende Wissenslücke wird zuerst mit Google geprüft, bevor wir uns einem Menschen anvertrauen.

Laut *internetlivestats.com* [27] hat Google alleine – also ohne andere Suchmaschinen – über 80.000 Suchanfragen pro Sekunde. Dabei stellt Google mit circa 85 Prozent Marktanteil eine absolute Vormacht [28]. Die weiteren (klassischen) Suchmaschinen im Ranking sind:

- Bing (Suchmaschine von Microsoft)
- Yahoo! (startete bereits 1994 als Website-Verzeichnis)
- Baidu (beliebteste Suchmaschine in China)
- Yandex RU (beliebteste Suchmaschine in Russland)

Erwähnenswert ist auch noch die Suchmaschine DuckDuckGo, die sich dem Auftrag verschrieben hat, die Privatsphäre ihrer User zu schützen und die sogenannte „Filterblase" durch personalisierte Suchergebnisse aufzubrechen.

Nahezu alle Suchmaschinen bieten auch Alternativen zur reinen Textsuche an. So kann man beispielsweise nach Videos, Bildern, Nachrichten oder Orten suchen. Außerdem werden immer mehr Suchanfragen nicht mehr über Texteingabe, sondern über Sprache aufgerufen.

Suchmaschinen streben immer danach, dem User so schnell wie möglich genau das Suchergebnis zu bieten, wonach sie suchen. Deshalb bieten die meisten auch nicht mehr nur Links, sondern direkte Informationen, die von anderen Seiten bezogen werden. Solche Snippets sieht man beispielsweise, wenn man nach einer berühmten Persönlichkeit sucht. Dann werden direkt Name, Alter, ein Foto und eine Kurzbiografie angeboten. Erst ein Klick auf „Mehr Informationen" führt zur Seite, von der die Informationen bezogen wurden.

Über dem Rauschen auf Google, Bing und Co. treten jene Marken in Erscheinung, die Inhalte anbieten, die für deren User relevant sind und von den Suchmaschinen gut zu den entsprechenden Suchanfragen zugewiesen werden können. Außerdem bieten alle diese Plattformen die Möglichkeit, durch bezahlte Werbung über dem Rauschen zu fliegen.

YOUTUBE

YouTube wird oft als die zweitgrößte Suchmaschine der Welt bezeichnet, jedoch ist es schwierig, das mit Zahlen zu belegen, da diese nicht immer öffentlich zugänglich sind. Die Wichtigkeit der Marktstellung ist jedoch definitiv nicht von der Hand zu weisen.

Für viele Menschen ist YouTube die erste Anlaufstelle, wenn es darum geht, etwas visuell erklärt zu bekommen. In zahlreichen Videos kann man sich anschauen, wie eine Dampfmaschine funktioniert, wie man korrekt einen Windsor-Knoten bindet oder wie man gebackene Speckknödel kocht.

YouTube hat es verstanden, sich als Videoplattform zu etablieren, die vielfache Ansprüche ihrer User bedient. Die Suche ist dabei nur eine Anwendung der Plattform. Insbesondere durch die enormen Daten, die YouTube hat, können immer wieder passende und weiterführende Inhalte angeboten werden. Nicht selten verliert sich ein User nach einer einfachen Suchanfrage und „nur einem kurzen Clip" stundenlang im Konsumieren von Videos.

Über dem Rauschen auf YouTube als Suchmaschine erscheinen jene Inhalte, die gut den Suchbegriffen zugewiesen werden können und die entsprechenden Antworten liefern.

AMAZON

Im inoffiziellen Ranking der Suchmaschinen belegt Amazon Platz 3. Viele Menschen suchen Produkte auf Amazon, auch wenn sie diese ursprünglich woanders kaufen wollten. Der Grund liegt wahrscheinlich in der absoluten Kundenausrichtung des Unternehmens.

Wenige Shops – sowohl online als auch offline – können in puncto Komfort mit dem Online-Riesen mithalten. Selbst wenn der Preis mal etwas höher ist, die Zustellung und problemlose Rücksendung von Produkten macht Amazon einfach zu einem kundenfreundlichen Unternehmen. Das hat auch dazu geführt, dass viele kleinere Unternehmen ihre Produkte auf Amazon anbieten, was die Vormachtstellung natürlich noch weiter ausbaut.

Jedoch ist nicht nur der Preis ein Grund für eine Suche auf Amazon. Die Kundenbewertungen und -diskussionen über Produkte machen die Plattform zu einer interessanten Auskunftsstelle. Amazon ist praktisch eine „Produkt-Suchmaschine". Böse Zungen behaupten: „Alles, was man legal käuflich erwerben kann, findet man auch auf Amazon."

Über dem Rauschen auf Amazon sind nicht nur die Bestseller. Auch häufig und gut bewertete Artikel scheinen oben auf. Zusätzlich helfen gute Beschreibungen, sodass Amazon die Produkte den richtigen Suchanfragen zuweisen kann.

PINTEREST

Eine besondere Marktlücke bei den Suchmaschinen hat Pinterest für sich entdeckt: Die Ergebnisse werden rein visuell (statisch oder in Form von Videos) dargestellt. Per Klick gelangt der User nach wie vor auf eine Website, die visuelle

Darstellung ist eine Repräsentation der Zielseite. Dadurch hat sich Pinterest als „Inspirations-Suchmaschine" etabliert. Das macht sie besonders beliebt bei kreativen Suchen, wie Bastelanleitungen, Rezepten und vielem mehr.

Die Plattform veröffentlicht jedes Jahr die aktuellen Trends im Content [29]. Herangezogen wird hierfür der Anstieg der Suchanfragen auf der Plattform.

Die Suchergebnisse (sogenannte Pins) können in eigene Sammlungen (Boards) gespeichert werden. User können anderen Boards folgen und bekommen so auch ohne Sucheingabe immer wieder neue Inspirationen.

Darüber hinaus experimentiert Pinterest sehr stark auch mit visueller Such-eingabe, also mit der Möglichkeit, ähnliche Bilder oder Bilder mit ähnlichen Motiven zu finden.

Über dem Rauschen lassen sich auf Pinterest jene Inhalte sehen, die visuell stark sind und Inspiration liefern. Für Marken besonders dann spannend, wenn diese zu Boards zusammengefasst werden können.

RECHERCHE > **NEWS**

Neben Suchmaschinen zählen Nachrichtenportale zu den wichtigsten Anlauf-stellen im Internet, wenn es darum geht, Neuigkeiten zu erfahren. Die Grenzen zu Blogs verschwimmen dabei zusehends. Im Allgemeinen wird unter einem Nachrichtenportal eine Publikation von Nachrichten mit journalistischem An-spruch verstanden.

In jedem Land finden sich unter den meistaufgerufenen Websites mehrere solcher Portale. Tabelle 7 gibt einen Überblick über die drei meistaufgerufenen Nachrichtenseiten nach Alexa Internet Ranking [30], Stand: Anfang 2021.

Deutschland	Österreich	Schweiz
spiegel.de	orf.at	20min.ch
chip.de	krone.at	blick.ch
bild.de	derStandard.at	srf.ch

Tabelle 7: Übersicht der meistaufgerufenen Nachrichtenseiten
für Deutschland, Österreich und die Schweiz

Über dem Rauschen auf Newsportalen zu landen geht vor allem über zwei Wege: Pressearbeit und bezahlte Werbung.

NACHRICHTENPORTALE IN DEUTSCHLAND

Das Nachrichtenportal *Der Spiegel* gehört zum gleichnamigen Nachrichtenmagazin. Ursprünglich *Spiegel Online* bezeichnet, wurde es 2020 umbenannt, da die beiden Redaktionen (Online und Magazin) zusammengelegt wurden.

Die Online-Version des deutschen PC-Magazins *Chip* ist das reichweitenstärkste redaktionelle Technik-Portal im deutschsprachigen Internet. Seit 2002 wird *Chip Online* mit einer eigenständigen Redaktion betrieben.

Bild.de ist die Online-Version der Boulevard-Tageszeitung Bild und gehört zum Axel Springer Verlag.

NACHRICHTENPORTALE IN ÖSTERREICH

Das meistaufgerufene Nachrichtenportal Österreichs ist die Online-Präsenz des Österreichischen Rundfunks *ORF, orf.at*.

Die *Kronen Zeitung* ist die auflagenstärkste Boulevard-Tageszeitung Österreichs und bietet auf der Online-Präsenz *krone.at* Nachrichten an.

Ursprünglich als Webauftritt der österreichischen Tageszeitung *Der Standard* gegründet, entwickelte sich *derStandard.at* zu einem eigenständigen Nachrichtenportal mit eigener Redaktion.

NACHRICHTENPORTALE IN DER SCHWEIZ

20min.ch ist die Online-Version der Schweizer Boulevard- und Pendlerzeitung *20 Minuten*.

blick.ch ist ein Nachrichtenportal des Schweizer Ringier-Konzerns. Das Portal gehört zur Blick-Gruppe, zu der unter anderem die Tageszeitung *Blick* und die Gratis-Zeitung *Blick am Abend* gehören.

Die Web-Präsenz des Schweizer Radio und Fernsehen *SRF*, *srf.ch* bietet multimediale Nachrichten für die deutschsprachige Schweiz an.

RECHERCHE > **BLOGS**

Blog ist die Kurzform von Weblog, was wiederum aus den beiden Worten *web* und *log* (letztlich auch wieder eine Kurzform von *logbook*, ein aus der Schifffahrt stammender Begriff, bei dem in einem Buch Geschwindigkeit und Ereignisse einer Schiffsreise festgehalten wurden). Es handelte sich also ursprünglich um eine Art Online-Tagebuch, in dem tägliche Ereignisse und Erkenntnisse festgehalten wurden. Mittlerweile haben sich Blogs als beliebte Wissensquelle etabliert.

Blogs gibt es seit Mitte der 90er. Als erster kommerzieller Blog gilt der der Kuscheltiere *Beanie Babies* des Unternehmens Ty Inc. [31]. Der Blog *Growthbadger* [32] gibt die Anzahl an Blogs im Internet, Stand: Januar 2019, mit 600 Millionen an, allerdings wird keine Quelle für diese Behauptung hinterlegt. Die Zahl dürfte aber im dreistelligen Millionenbereich liegen. Da es aber kein zentrales „Melderegister" gibt und die genaue Definition eines Blogs etwas schwammig ist, ist eine genaue Zahl schwer zu erfassen. Die größte Blogplattform ist tumblr, die angibt, über 500 Millionen Blogs zu hosten (Stand: Anfang 2021) [33]. Laut *w3techs* [34] ist WordPress das beliebteste CMS (Content Management System) der Welt, es wird bei unglaublichen 37 Prozent aller weltweiten Websites eingesetzt und hat damit einen Marktanteil von fast 63 Prozent unter den CMS. Weitere nennenswerte Blog-Plattformen und -Technologien sind:

- TypePad (Blogplattform)
- Blogger (Blogplattform)
- Squarespace (Blogplattform)
- Joomla (CMS)
- Drupal (CMS)
- Medium (Blogplattform)

Grob lassen sich Blogs in vier Kategorien einteilen:

- Personal Blogs: von Individuen, meist als öffentliches Online-Tagebuch geführt.
- Corporate oder Organisational Blogs: von Unternehmen oder Organisationen, die Neuigkeiten oder Hintergrundinformationen veröffentlichen.

- Kommerzielle Blogs: zielen darauf ab, dass (z. B. durch Werbe-einnahmen oder Paywalls) Umsatz erzielt wird.
- Genre-Blogs: beschäftigen sich nur mit einem speziellen Thema.

Ein Eintrag in einem Blog wird als Blogpost bezeichnet. In der ursprünglichen Form handelte es sich um eine Kombination aus Bild und Text zu einem Thema. Mit mehr technologischen Möglichkeiten und immer stärker werdender Konkurrenz auf dem Markt haben sich verschiedene Blogpost-Arten heraus-kristallisiert:

- **Vlog** (Video-Blog), bei dem die Einträge in Form von Videos gemacht werden. Vlogs sind damit Podcasts sehr ähnlich.
- In sogenannten **Blogrolls** werden verschiedene Blogs zu einem Thema oder einer Sache vorgestellt.
- **Listicals** sind Auflistungen von kurzen Inhalten zu einem Thema (z. B. Bildergalerien oder Fakten).
- Daten werden meistens in **Infografiken** übersichtlich aufbereitet.
- Beim **Liveblogging** werden parallel zu aktuell laufenden Veranstaltun-gen Posts veröffentlicht, um Nicht-Anwesenden die Möglichkeit zu geben, das dargebrachte Wissen zu verfolgen.

Eine besondere Form des Bloggens ist das **Microblogging**, bei dem immer sehr kurze Informationen und Updates veröffentlicht werden. Ein prominentes Beispiel für einen Microblog ist die Social-Media-Plattform Twitter.

Um dem Leser schnell einen Überblick zu geben, worum es in einem Blogpost geht, und auch um schnell weitere Inhalte zu einem Thema zu finden, hat es sich eingebürgert, Blogposts mit sogenannten Tags zu versehen. Dieses Konzept wurde später in Social Media in Form von Hashtags (benannt nach dem voran-gestellten Doppelkreuz #, engl. *hash*) übernommen.

Über dem Rauschen werden Markenblogs dann wahrgenommen, wenn sie den Lesern einen echten Mehrwert liefern. Niemand möchte regelmäßige „Selbst-beweihräucherung" lesen, aber Tipps, Anwendungsbeispiele und Neuheiten sind gefragte Inhalte.

Foren sind Online-Diskussionsseiten. Sie unterscheiden sich von Chats im Wesentlichen dadurch, dass die Beiträge dort häufig länger sind und zumindest temporär gespeichert werden.

Die meisten Foren sind auf bestimmte Themen oder Genres ausgerichtet. Eine Besonderheit von Foren stellen die **Usergroups** dar, die den Benutzern bestimmte Rechte einräumen:

- **Gäste** können Beiträge nur lesen, aber nicht aktiv an der Diskussion teilnehmen. Gäste, die sehr häufig ein Forum, einen Bereich oder eine Diskussion besuchen, werden im Slang als Lurker (engl. *to lurk*, lauern) bezeichnet.
- **Members** sind registrierte User, sie dürfen Beiträge posten und kommentieren.
- **Moderatoren** (kurz auch mod) haben besondere Rechte (oft auf bestimmte Bereiche des Forums eingeschränkt) und können beispielsweise User sperren oder Beiträge entfernen, wenn diese nicht den Regeln entsprechen.
- **Administratoren** (kurz auch admin) haben alle Rechte, um das Forum zu verwalten, nur Administratoren können üblicherweise Rollen vergeben und so etwa Members zu Moderatoren machen.

Ein Beitrag in einem Forum oder in einem Unterbereich wird als **Post** bezeichnet. Ein Beitrag und die dazugehörigen Antworten werden unter dem Begriff **Thread** zusammengefasst. Üblicherweise werden Posts und Threads chronologisch absteigend sortiert, in manchen Fällen gibt es auch ein Voting-System, das die Reihenfolge vorgibt. Moderatoren und Administratoren können Threads auch (manchmal nur vorrübergehend) *sticky* machen, sodass sie immer ganz oben aufscheinen. Das macht zum Beispiel bei Ankündigungen oder aktuellen Entwicklungen Sinn.

Die meisten Foren richten sich nach festgeschriebenen Verhaltensregeln, der **Netiquette**. Dazu gehören zivilisierte Diskussionen genauso wie technische Regeln (z. B. dem Verbot von Werbeposts oder der Verpflichtung von Klarnamen). Als verpönt gilt oft auch das **Crossposting**, das Veröffentlichen des gleichen Inhalts in mehreren Bereichen eines Forums.

Mit den Foren hat sich auch der Begriff des **Trolls** im Internet durchgesetzt. Ein Troll ist ein User, der, meist unter einem Pseudonym, andere Members mit seinen Posts ständig provoziert. Richtet sich diese Provokation direkt gegen Personen und nicht mehr gegen dessen Meinung oder Beitrag, spricht man von *flaming*. Geraten zwei oder mehrere Members so aneinander und flamen sich nur noch gegenseitig, spricht man von einem **Flame War**. In diesen Fällen müssen gemeinhin die Moderatoren einschreiten, können im schlimmsten Fall auch Threads und Members vorübergehend deaktivieren.

Über dem Rauschen in Foren können Marken auf unterschiedliche Art sein: Sie können eigene Foren anbieten oder durch ihre Expertise Wissen und Hilfestellungen aktiv beisteuern.

REDDIT

Das größte Internet-Forum ist Reddit (eine Wortschöpfung aus *read it*, etwa „hab ich gelesen"). Die Bereiche von reddit, sogenannte **Subreddits**, sind thematisch nicht eingeschränkt. Jeder User kann ein eigenes Subreddit für ein bestimmtes Thema gründen. Jedes Subreddit beginnt in der Bezeichnung mit *r/*, so ist *r/science* das Subreddit über wissenschaftliche Themen.

Ein beliebtes Subreddit ist *r/IAmA*, wo sich verschiedene Persönlichkeiten den Fragen der Community stellen. Der Name des Subreddit kommt einerseits von der Abkürzung AMA (*ask me anything*, dt. „Fragt mich alles") und andererseits von der Ankündigung, mit der sich die Interviewten vorstellen (z. B. *I am an astronaut, ask me anything*).

Posts und Threads werden in Reddit nicht rein chronologisch sortiert. Für die Reihung spielt auch ein userbasiertes Bewertungssystem eine Rolle. Jeder User kann einen Beitrag *up-* oder *downvoten*. Besonders beliebte Posts aus allen Subreddits scheinen auf der Startseite unter *r/all* auf – dabei werden nicht jugendfreie oder *Not-Safe-For-Work*-Beiträge (NSFW) allerdings herausgefiltert.

Durch die große und aktive User-Gemeinschaft gilt Reddit als Ursprung von vielen Internet-Trends, sogenannten Memes.

4CHAN

4chan wurde ursprünglich als Konkurrent zum japanischen Bilderforum Futaba Channel, auch bekannt als 2chan, gegründet. Die ersten Bereiche, sogenannte **Boards**, waren Anime-related.

Das Forum ist vor allem dadurch bekannt geworden, dass es wenig bis keine Regeln gibt. Das Board /b/ hat sich genau diesem Mantra verschrieben, lediglich illegale Inhalte, etwa Kinderpornografie, werden gelöscht. Die Plattfom wurde deshalb auch beliebt bei (politischen) Aktivisten, teilweise mit zweifelhaften Hintergrund.

Ähnlich wie Reddit gilt auch 4chan als Ursprung vieler Memes und Online-Pranks (dt. Streich). Ein User postete mal einen angeblichen Link zu einem sehnsüchtig erwarteten Trailer eines Videospiels. Tatsächlich führte der Link jedoch zu Rick Astleys Ohrwurm „Never Gonna Give You Up", dieser Prank ging als *rickrolling* in die Internet-Pop-Kultur ein.

QUORA

Auf Quora können User Fragen stellen, die sowohl auf faktische Antworten oder auf Meinungen abzielen. Das Forum wurde von zwei ehemaligen Facebook-Mitarbeitern gegründet, und konnte so von Beginn an viel Aufmerksamkeit auf sich ziehen.

Auf Quora gilt die Echtnamen-Pflicht, User müssen sich also mit ihrem echten Namen registrieren. Dadurch soll die Glaubwürdigkeit von Antworten gewährleistet werden. Die Community *up-* oder *downvoted* Antworten. Zusätzlich werden diese von einem Algorithmus bewertet und entsprechend gereiht.

RECHERCHE > **NACHSCHLAGEWERKE**

Früher gab es in nahezu jedem Haushalt eine Enzyklopädie, wie den Brockhaus. In mehreren Büchern, die jeweils mehrere Buchstaben abdeckten, wurde das „gesamte Wissen" der Zeit festgehalten. Diese Nachschlagewerke waren praktisch, wenn man schnell etwas wissen musste, da die Informationen meist kompakt zusammengefasst waren. Allerdings hatten sie einen entscheidenden Nachteil: mangelnde Aktualität.

Mit der Erfindung des Internets und vor allem dem World Wide Web ist die Möglichkeit, Informationen aktuell zu halten, natürlich um ein Vielfaches besser geworden. Besonders die offene Enzyklopädie **Wikipedia** erfreut sich größter Beliebtheit. Jeder registrierte Nutzer kann bestehende Einträge bearbeiten und erweitern, oder neue anlegen. Moderatoren und die Community sorgen dafür, dass die Informationen auch korrekt und up to date sind.

Wenn es darum geht, semantische Probleme zu lösen, gibt es wohl keine bessere Anlaufstelle als **WolframAlpha.** Anders als klassische Suchmaschinen durchsucht WolframAlpha das Internet nicht nach möglichst vielen und passenden Inhalten, sondern liefert konkrete Antworten. Die Suchanfragen können beispielsweise aus den Bereichen der Mathematik, Physik oder Astronomie kommen. WolframAlpha löst Gleichungen auf, berechnet die Umlaufbahnen von Planeten oder rechnet Einheiten um.

Ein etwas spezielles, aber äußerst populäres Gebiet deckt die Datenbank **IMDb** (Internet Movie Database) ab. Dort finden sich sämtliche Film- und Fernsehproduktionen mit einer Auflistung von zum Beispiel Schauspielern oder Regisseuren und vielem mehr.

Über dem Rauschen heißt auf Nachschlagewerken, dass eine Marke dort schlichtweg vertreten ist. Diese können aber durch Vorgaben der Plattform eingeschränkt werden (z. B. gibt es auf Wikipedia strikte Vorgaben für Einträge, die nicht werblich sein dürfen).

RECHERCHE > **DOWNLOADS/LEAD-GENERATOREN**

Die zuverlässigste Wissensquelle sind nach wie vor wissenschaftlich fundierte Studien und Veröffentlichungen. In Anlehnung an diese werden auch online viele Dokumente zum Download (z. B. als E-Book oder Whitepaper) angeboten. In diesen Dokumenten (meist als PDF zum Download angeboten) werden komplexere Sachverhalte oder Erkenntnisse zusammengefasst.

Die meisten dieser Wissensquellen werden kostenlos zur Verfügung gestellt, sofern sie nicht als wissenschaftliche Arbeit veröffentlicht wurden. Als „Gegenleistung" für den Download wird jedoch häufig um die E-Mail-Adresse gebeten. Hintergrund ist, dass diese E-Mail-Adressen wertvolle Auskunft darüber liefern, wer an den Informationen interessiert ist. Zu einem späteren Zeitpunkt kann man so Kontakt aufnehmen und eine mögliche Geschäftsverbindung aufbauen. Das kann sogar automatisiert passieren: In Abschnitt 5.3 gehen wir auf die Möglichkeit der Marketing-Automatisierung über solche Lead-Generatoren ein.

Dieser Mechanik – dem Sammeln von E-Mail-Adressen über ein Angebot – bedient man sich mittlerweile nicht nur für Downloads: Auch Checklisten, Kalkulatoren oder hilfreiche Tools werden für die Angabe der E-Mail-Adresse kostenlos bereitgestellt. Der wohl bekannteste Einsatz dafür sind aber Gewinnspiele: Für die Chance auf einen Hauptpreis sind viele Menschen bereit, den niedrigen „Preis" einer E-Mail-Adresse zu „bezahlen". Für die Unternehmen kann das aber bei vielen Teilnehmern sehr lukrativ sein, siehe dazu **Cost per Lead** in Kapitel 2.

Über dem Rauschen können Marken mit informativen Downloads und hilfreichen Tools auftauchen. Ein Kalkulator kann unter Umständen zu sehr häufigen Besuchen der Website führen und eine regelmäßig erscheinende Studie zu gespanntem Erwarten auf den nächsten Download.

4.2 ENTERTAINMENT

Der römische Dichter Juvenal schrieb in seiner Satire dem Kaiser Augustus die Aussage *panem et circenses* (Brot und Spiele) zu. Die zynische Grundaussage dahinter ist, dass sich das Volk lenken lässt, solange es genug zu essen hat und unterhalten wird. Keine Frage, Entertainment macht einen Großteil des Internets aus. Ob dies nur zur Lenkung des Volkes dient, sei dahin gestellt.

Im Wesentlichen lässt sich die Unterhaltung in die drei Bereiche einteilen: Audio, Video und Gaming.

ENTERTAINMENT > **AUDIO**

Die Musikindustrie hat sich in den letzten hundert Jahren immer wieder neu erfunden: Von Schallplatten über Kassetten, CDs, MP3s bis hin zu Streaming-Diensten. Damit hat sich auch das Konsumverhalten geändert. Während bei Schallplatten – die sich in Nischen nach wie vor großer Beliebtheit erfreuen – ein ganzes Album gehört wurde, veröffentlichen Künstler auf Streaming-Diensten oft nur einzelne Songs.

MUSIK-STREAMING

Streaming nimmt mittlerweile den Löwenanteil des Umsatzes der Musikindustrie ein, wie Abbildung 15 zeigt. Beim Streaming werden die Dateien zum Anhören nicht vollständig heruntergeladen, sondern während des Abspielens im Hintergrund. Im Gegensatz dazu wird bei Digital-Downloads das Abspielrecht an einer Datei gekauft, man erwirbt sich praktisch ein Musikstück. Beim Streaming bezahlt man meistens einen monatlichen Betrag (oder akzeptiert Werbeunterbrechungen) und kann auf die gesamte Bibliothek zugreifen.

Am Streaming-Markt hat Spotify, der Musikdienst des Facebook-Konzerns mit 35 Prozent Marktanteil die Vormachtstellung ein. Dahinter folgen Apple Music (19 %), Amazon Music (15 %), das chinesische Tencent Music (11 %) und YouTube Music (6 %). Die restlichen 14 Prozent sind sonstige Anbieter. Also haben auch hier die üblichen Internet-Riesen die Zügel fest in der Hand [35].

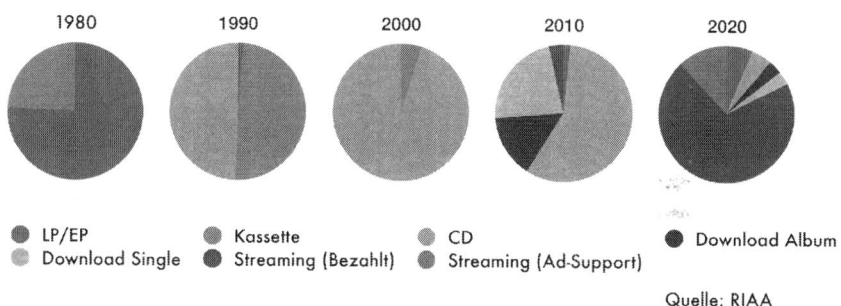

Quelle: RIAA

Abbildung 15: Umsatzentwicklung der Musikindustrie [36]

Die meisten Streaming-Plattformen bieten an, Musik in **Playlists** zu organisieren. Diese kann man entweder selber erstellen oder auch fremd-kuratierten Playlists folgen.

Über dem Rauschen taucht eine Marke bei Musik-Streaming auf, wenn sie beispielsweise eigene Playlists erstellt. Alternativ gibt es etwa bei Spotify auch die Möglichkeit, Werbung zu schalten.

PODCASTS

Neben dem Streamen von Musik haben sich auch Podcasts etabliert. Die Bezeichnung ist eine Wortschöpfung aus *iPod* (Apples MP3-Player, der die Musikbranche Anfang der 2000er aufgewühlt hat) und *broadcast* (*Übertragung*). Dabei handelt es sich um Audioformate, vergleichbar mit einer Radiosendung, die in regelmäßigen Abständen veröffentlicht werden. Podcasts werden von ihren Hörern abonniert, sodass sie bei jeder Neuveröffentlichung automatisch die neueste Folge auf ihrem Audiogerät auf Abruf haben. Sie werden über spezielle Apps auf dem Smartphone, in Spotify oder auf Smart-Speakern gehört.

Podcasts werden mittlerweile extra für das Medium produziert, sowohl von Privatpersonen als auch von Marken oder Medienhäusern. Dementsprechend bieten Radiostationen ihre Radiosendungen als Podcasts an, damit die Hörer dann konsumieren können, wenn sie dafür Zeit haben. Einige Marken nutzen Podcasts als Möglichkeit, eine Art Audio-Blog zu führen. Privatpersonen erstellen sie zu Themen, die sie interessieren, oft in Form von Gesprächen mit Experten.

Der steigende Stellenwert von Podcasts wird dadurch unterstrichen, dass sich große Plattformen, wie Spotify, mittlerweile um Exklusivdeals mit Podcastern bemühen. Der amerikanische Comedian Joe Rogan unterschrieb im Mai 2020 einen Vertrag mit Spotify, der seinen Podcast exklusiv an den Anbieter bindet. Der Deal war angeblich 100 Millionen Dollar schwer [37].

Über dem Rauschen sind Markenpodcasts, die spannende Inhalte liefern, wie Experten-Interviews. Auch Sponsoring oder Kooperationen mit Podcasts sind gute Vermarktungsmöglichkeiten.

INTERNET-RADIO

Während es relativ schwierig ist, eine offizielle Radio-Lizenz zu bekommen, ist das Set-up eines Internet-Radios relativ einfach. Alles, was man braucht, ist eine Software, die das **Broadcasting** ermöglicht. Teilweise kann diese auch in Websites eingebunden werden, sodass der Radiostream einfach über den Browser angehört werden kann.

Fast jeder traditionelle Radiosender bietet seine Inhalte in Form eines Livestreams auch online an. Damit werden sie einem weltweiten Publikum, auch außerhalb ihres Empfangsbereichs, zugänglich. Darüber hinaus werden oft auch Nischensender als reine Internet-Radiokanäle angeboten.

Die wohl größte Datenbank an Internet-Radio-Streams hat wohl der Anbieter TuneIn. Er bietet mehr als 100.000 Streams aus nahezu allen Ländern der Welt [38].

Über dem Rauschen können sich Marken im Internet-Radio vor allem durch Werbung festsetzen. Aber auch die Möglichkeit, einen eigenen Webradio-Sender zu gründen kann überlegt werden.

HÖRBÜCHER

Bücher lassen sich schwer in den Alltag integrieren. Deshalb greifen immer mehr Menschen zu Hörbüchern – im Auto, beim Sport oder in öffentlichen Verkehrsmitteln, eigentlich immer, wenn man einen Podcast hören kann, passt auch ein Hörbuch.

Der größte Anbieter ist wohl der zu Amazon gehörende Dienst Audible. Auch Apple und Google haben eigene Angebote für Hörbücher.

Nahezu alle Anbieter geben Empfehlungen, die auf dem Geschmack des Users beruhen. Unabhängig vom Angebot der Plattform hat sich GoodReads als offener Katalog für Bücher etabliert, auch dieser gehört seit 2013 zu Amazon.

Über dem Rauschen kann eine Marke bei Hörbüchern eigentlich nur erscheinen, wenn sie oder eine repräsentative Person der Marke ein Buch veröffentlicht. So wie ich hier.

CLUBHOUSE

In der Einleitung zu diesem Kapitel habe ich Clubhouse schon erwähnt. Clubhouse brachte eine neue Kategorie in die digitalen Kanäle: eine Audio-Only-Live-Broadcasting-Plattform. Sämtliche Gespräche sind live und flüchtig, also nach der Ausstrahlung nicht mehr verfügbar. Aus den klassischen Medien ist es also mit Talk-Radio vergleichbar.

Zum heutigen Zeitpunkt (2021) ist Clubhouse noch relativ jung (gerade mal ein Jahr alt). Twitter hat bereits einen Klon namens Twitter Spaces gelauncht, andere Plattformen sollen auch schon daran arbeiten. Clubhouse ist durch die Neuartigkeit relevant genug, dass ich es hier erwähne, kann aber auch bis zu dem Zeitpunkt, an dem du das liest schon wieder verschwunden sein (Google mal nach „Meerkat App"). Wer weiß, vielleicht ist es aber auch das neue große Ding.

Über dem Rauschen auf Clubhouse bewegen sich markennahe Personen, die in Rooms aktiv teilnehmen. Sie vertreten die Marke und machen so auf sie aufmerksam.

ENTERTAINMENT > **VIDEO**

„Bewegtbildcontent hat in den letzten Jahren immer mehr an Bedeutung gewonnen." Dieser Satz wird wie eine gesprungene Schallplatte Jahr für Jahr wiederholt. Dabei stimmt er auch immer wieder. Video verändert sich ständig und ermöglicht immer Neues. Durch Videos lassen sich Geschichten unterhaltsamer erzählen, Emotionen aufbauen und komplexe Sachverhalte erklären.

Die technischen Anforderungen, Bewegtbildcontent zu produzieren, waren noch nie so niedrig wie jetzt. Praktisch jedes Smartphone kann Videos aufzeichnen, viele davon in einer Qualität, die vor wenigen Jahren noch unvorstellbar gewesen wäre. Dabei gilt jedoch nach wie vor: Die technische Fähigkeit, Content zu produzieren, reicht noch lange nicht aus. Handwerkliches Know-how (z. B. Bildausschnitt, Ton und Beleuchtung), Storytelling und die richtigen Protagonisten machen aus einer Idee auch guten Videocontent.

Auf der Konsumenten-Seite macht Video etwa die Hälfte des globalen Downstream Internet Traffic aus. Das bedeutet, von jedem Megabyte, das aus dem Internet geladen wird, sind im Durchschnitt 500 Kilobyte für Videocontent [39].

VIDEO-STREAMING-ABONNEMENTS

Als Netflix 1997 gegründet wurde, war es ein Service, über den DVDs direkt nach Hause ausgeliehen werden konnten. Die Kunden bezahlten einen monatlichen Beitrag und bekamen immer dann neue Titel von ihrer Wunschliste zugesandt, wenn sie einen alten zurückgaben. Damit wählte man einen neuen Zugang zum Markt, in dem es sonst üblich war, pro ausgeliehenen Titel zu zahlen und bei zu später Rückgabe mit Verzugskosten belastet zu werden.

Mitte der 2000er, als die Bandbreiten der Internetzugänge in den Haushalten immer schneller wurden, entwickelte Netflix einen Video-on-Demand-Service. Damit war es nicht mehr nötig, die physischen Datenträger zu besitzen, die Rechte konnten mit den Produktionsfirmen ausgehandelt werden und damit beliebig oft gleichzeitig ausgespielt werden. Mit dieser Strategie konnte der Underdog Netflix den absoluten Marktführer Blockbuster (die größte Videotheken-Kette der USA) endgültig vom Markt drängen.

Ein interessanter Schritt von Netflix war es, 2013 erstmals als Produzent aufzutreten, für die Serie *House of Cards* [40]. Damit wurde eine neue Ära eingeläutet, in der der Streaming-Service unabhängiger von anderen Produktionsfirmen wurde. Mittlerweile zählt Netflix zu den größten und erfolgreichsten Film- und Serienproduzenten in der Branche, wie der Rekord von 160 Emmy-Nominierungen 2020 belegt [41].

Der Erfolg von Netflix rief natürlich andere Branchenriesen auf den Plan: Allen voran Amazon, die mit Amazon Prime Video eine ähnliche Marktstrategie wie Netflix verfolgen. Neben einer Flat-Fee kann man bei Amazon Prime Video aber auch Filme mit *pay-per-title* ausleihen. Damit ist das Angebot weitaus größer. Obendrein bietet Amazon auch an, einzelne Channels, themenbezogene Inhalte, kostenpflichtig zu abonnieren.

Gegen Ende der 2010er traten mit Apple (Apple TV+) und Disney (Disney+) zwei weitere Giganten in den Video-Streaming-Markt ein. Disney kann bereits auf ein unglaubliches Arsenal an Inhalten zurückgreifen, beide produzieren jedoch zusätzlich auch Original-Inhalte extra für ihre Plattformen.

Die gebotenen Inhalte sind Ursprünge zahlreicher popkultureller Phänomene. Viele Memes auf Social Media beziehen sich auf Serien und Filme. Aber auch (finanzstarke) Unternehmen wissen um die Macht der Streaming-Services.

Auch wenn Netflix und Co. auf Werbeblöcke verzichten, so sind die Dienste nicht komplett frei von Markenkooperationen. Die Mystery Serie *Stranger Things* hat zum Beispiel Verträge mit 75 Marken, die in Form von Product Placement vorkommen [42].

Neben Filmen, Serien und Dokumentationen sind Sport-Inhalte ein interessanter Markt für Streaming-Services. Anbieter wie DAZN bieten Inhalte aus den unterschiedlichsten Sportarten, sowohl Live als auch *on-demand* an.

Über dem Rauschen sind Marken auf Streaming-Plattformen vor allem dann, wenn Inhalte mit oder über sie produziert wurden. Beispielsweise basiert die Netflix-Serie *Girlboss* [43] auf der Autobiografie von Sophia Amoruso und erzählt die Gründungsgeschichte der Marke Nasty Gal.

Außerdem haben die Inhalte auf Streaming-Plattformen großen Einfluss auf die Popkultur und sind häufiger Ursprung von Memes. Referenzen dazu können auf allen Plattformen stattfinden.

VIDEOPLATTFORMEN

Die beiden Plattformen Vimeo und YouTube wurden etwa zur gleichen Zeit Ende 2004/ Anfang 2005 gelauncht. Während Vimeo ein Seitenprojekt der Humor-Website *College Humor* war, um Videos besser zu teilen, war die erste Idee von YouTube die einer Dating-Website. Beide feierten erste Erfolge mit humoristischen Inhalten.

Während YouTube konstant wuchs, konnte Vimeo anfangs nicht stark an Usern zulegen. 2006 wurden beide Plattformen schließlich gekauft, YouTube von Google und Vimeo von IAC. Von da an machten die beiden sehr unterschiedliche Entwicklungen durch.

Vimeo hat mehrere Male die Strategie geändert, mittlerweile tritt sie als kostenpflichtige Plattform für Videoproduzenten auf. Diese werden mit verschiedenen Services wie werbefreie Einbettung des Players oder native Veröffentlichung von Videos auf anderen Plattformen unterstützt. Der Konsum der Videos ist nach wie vor kostenlos und werbefrei.

YouTube wurde immer mehr in Google integriert und ist mittlerweile ein fixer Bestandteil des Ökosystems. Die Accounts von Content-Produzenten, die Channels, können von Usern abonniert werden. Erscheint ein neuer Inhalt eines abonnierten Channels, werden die Abonnenten in YouTube darüber informiert. Über das Kommentar-Feature können Zuschauer mit den Produzenten in Kontakt treten. Somit entstehen ganze Communities und Fangemeinschaften.

YouTube ermöglicht zahlreiche Videoformate wie 8k-Auflösung, Livestreaming und 360°-Videos. Dadurch und mit der Möglichkeit, den Player auf externen Websites kostenfrei einzubinden, wurde YouTube zur Videoplattform Nummer 1.

In Videos bietet YouTube die Möglichkeit auf andere Videos zu verweisen. Nachdem ein Video zu Ende gespielt wird, versucht der Algorithmus, ähnliche Inhalte vorzuschlagen. Dadurch wird der User konstant bei Laune gehalten und „eingeladen" weiterzuschauen. Mit diesen Features ist es auch möglich, immer neue und weitere Inhalte zu entdecken, was wiederum die View- und Abonnentenzahlen nach oben treibt.

YouTube ist mittlerweile mehr als eine reine Videoplattform. Die Produzenten gelangen zu Ruhm und werden wie Stars gefeiert. Autogrammstunden sorgen regelmäßig für überfüllte Locations. Dieses Phänomen ist sowohl global als auch regional zu beobachten und nicht auf bestimmte Themengebiete eingeschränkt. Deutschsprachige Channels wie *freekickerz* (Fußball), *BibisBeautyPalace* (Beauty und Lifestyle) oder *Julien Bam* (Tanz, Musik und Comedy) haben mehrere Millionen Abonnenten und Videoaufrufe im Milliardenbereich.

Zahlreiche Künstler konnten die Plattform nutzen, um bekannt zu werden. Einer der Ersten war der Kanadier Justin Bieber, der über sein Video 2007 entdeckt wurde. In diesem Zusammenhang auch erwähnenswert ist der südkoreanische KPop-Star Psy. Sein Video zu „Gangnam Style" war 2012 das erste Video, das auf YouTube mehr als eine Milliarde Views erreichte und verhalf damit der Musikrichtung endgültig zum globalen Durchbruch. Damit ist YouTube aus der modernen Popkultur nicht mehr wegzudenken.

Neben Vimeo und YouTube drängen natürlich auch die anderen Big Player darauf, zur Videoplattform zu werden. Allen voran Facebook, das auf der eigenen Plattform mit Facebook Watch direkt in Konkurrenz zu YouTube treten will. Auch auf Instagram versucht man, mit der 2018 eingeführten Funktion IGTV in diesem Bereich eine größere Rolle zu spielen.

Für beide Funktionen ist es jedoch nötig, registriert zu sein, um die Inhalte zu konsumieren. Dies schmälert die Bedeutung als Videoplattform deutlich.

Über dem Rauschen fliegen auf Videoplattformen natürlich hoch-relevante Videos. Videos, die gerne weitergeschickt werden, weil sie besonders informativ, unterhaltsam oder kreativ sind.

LIVESTREAMING-PLATTFORMEN

Liveübertragungen waren in der Fernseh-Ära, vor allem bei sportlichen oder kulturellen Großereignissen, eine wichtige und sehr aufwendige Technologie. Mit der Verbreitung von Smartphones und dem Ausbau des Breitbandinternets kann nun praktisch jeder Mensch jederzeit einen Livestream starten.

Die meisten Social-Media-Plattformen, die die Möglichkeit zu Videocontent anbieten, haben auch eine Funktion für Livestreaming (z. B. YouTube, Facebook, Instagram, TikTok). Eine Plattform, die sich schon früh darauf spezialisiert hat, ist twitch. Der zu Amazon gehörende Dienst ist vor allem für die Livestreams von Computerspielen und e-Sports-Events bekannt. Aber auch abseits von diesen Themen werden immer mehr Inhalte über twitch gestreamt.

Manche Streamer auf Plattformen wie twitch sind Superstars mit mehreren Millionen Followern. Sie bekommen exklusive Verträge mit Plattformen und Werbepartnern, es werden spezielle Events organisiert, die wiederum ein Millionenpublikum anziehen. Dabei können sich die Popularität von Spielen und Streamern gegenseitig beeinflussen. Der Amerikaner Richard Tyler Blevins, besser bekannt als „Ninja", begann beispielsweise bald nach der Veröffentlichung „Fortnite Battle Royale" damit, dieses Spiel zu streamen. Der ansteigende Erfolg des Spiels und die wachsende Followerschaft von Ninja zeigten eine ähnliche Entwicklung.

Eine Besonderheit des Online-Livestreamings ist die Möglichkeit, über Chats direkt mit den Contentproduzenten und den anderen Zuschauern zu kommunizieren. Diese Möglichkeit bietet fast jedes Livestreaming-Tool. Damit die Texteingabe nicht zu lange dauert, wechseln viele zu **Emojis**. Viele Plattformen bieten eine Vorauswahl an Emojis (z. B. *Daumen hoch* oder *Herz*) als schnelle Reaktion an. Abseits der standardisierten Zeichen haben sich vor allem im eSports-Bereich sogenannte **Emotes** zur schnellen Interaktion durchgesetzt.

Dabei handelt es sich um Zeichenfolgen, die im Chatfenster in grafische Darstellungen umgewandelt werden. „Doppelpunkt" und „Klammer zu" werden zum Beispiel zu einem Smiley-Face – die Darstellung davon ist jedoch Plattform- und Emotes-Set abhängig. Jede Plattform bietet eine Unmenge an verschiedenen Emotes an. Die Website twitchemotes.com [43] zeigt zum Beispiel die beliebtesten Emotes des aktuellen Tages an. Zu Emotes zählen auch spezielle Bewegungsabfolgen und Tänze der Spielcharaktere, wie sie etwa nach einem Sieg durchgeführt werden.

Für aufwendigere Interaktion bei Livestreams, wie Voting zu Publikumfragen oder Umfragen unter den Zuschauern, gibt es zahlreiche externe Tools, die über spezielle Streamingsoftware integriert werden können. Diese Tools können spielerisch sein, wie Kahoot! [45], oder auf Fachkonferenzen mit Vorträgen optimiert sein, wie *Sli.do* [46].

Über dem Rauschen können Marken mit spannenden Live-Inhalten sein. Übertragungen von Events, Webinare, Q&A-Sessions. Auch Kooperationen mit Streamern (z. B. auf twitch) sind Möglichkeiten, als Marke Botschaften zu verbreiten.

SMART-TV-APPS UND MEDIATHEKEN

Als Smart TV werden Fernseher bezeichnet, die über einen Internetanschluss verfügen und ein Betriebssystem haben, das es ermöglicht, **Apps** darauf laufen zu lassen. Über spezielle Geräte wie Amazons Fire TV, Apples AppleTV oder Googles Chromecast lassen sich auch Fernseher ohne diese Voraussetzungen nachrüsten. Sie fungieren dann als Bildschirm.

Die meisten der Smart-TV-Apps sind entweder von Streaming- oder Videoplattformen oder es sind Spiele. Eine Besonderheit der Apps stellen dabei sogenannte **Mediatheken** dar. Dabei handelt es sich um Videos, meist von Fernsehsendern, die nach der Ausstrahlung (manchmal auch parallel) abgerufen werden können. Das ermöglicht klassischen Fernsehsendern, in das neue Zeitalter, dem *on-demand* überzutreten. Leider ist es sehr schwer möglich, den Erfolg dieser Mediatheken zu messen, da Zahlen nur sehr selten veröffentlicht werden.

Über dem Rauschen auf Smart-TVs können Marken mit eigenen Apps oder mit Werbung auf bestehenden Apps und in Mediatheken wahrgenommen werden.

PORNOGRAFIE

Es wird vermutet, dass etwa ein Drittel des gesamten Internet-Traffics pornografische Inhalte sind. Alleine die Plattform Pornhub vermeldete, 2019 insgesamt 6.597 Petabyte (ein Petabyte entspricht einer Million Gigabyte) an Daten transferiert zu haben [44]. Unter den 15 meistbesuchten Websites der Welt (Stand: Januar 2021) befinden sich drei Websites mit Erwachsenen-Inhalten: *xvideos.com*, *xnxx.com* und *pornhub.com* [45].

Im Wesentlichen lässt sich Pornografie im Internet
in folgende Kategorien einteilen:

- Foren und textbasierte Inhalte
- Bilddateien
  (meist in einem Thumbnail Gallery Post, kurz TGP, zusammengefasst)
- Videodateien und Videostreaming
- Webcams
- Erwachsenen-Spiele

Die Plattformen beteiligen oft die Content-Produzenten an den Einnahmen. Zusätzlich entstehen auch hohe Kosten für den entsprechenden Traffic-Bedarf. Dies wird durch kostenpflichtige Inhalte, Abonnements oder Werbung finanziert.

Die Verfügbarkeit kostenfreier pornografischer Inhalte stellt die Altersbeschränkung vor eine große Herausforderung. Des Weiteren ist aufgrund der Menge an Inhalten die Überprüfung der illegalen Inhalte (nicht einvernehmlicher Sex, Pädophilie usw.) sehr schwierig, was die Plattformen immer wieder in rechtliche Bedrängnis bringt.

Über dem Rauschen in der Pornografie mag vielleicht absurd klingen. 2020 nutzte die auf Frauenhygiene-Artikel spezialisierte Marke thefemalecompany die Plattform Pornhub jedoch dazu, in einem Video die korrekte Anwendung von Menstruationstassen zu zeigen. Das Video wurde auch auf anderen Plattformen (z. B. Instagram) beworben und sorgte für große Aufmerksamkeit [49].

ENTERTAINMENT > **GAMING**

Seit der Veröffentlichung von Pong 1972 haben sich Computerspiele massiv weiterentwickelt. Nicht nur in der Technologie, auch in der Vielfalt der Spielarten sowie in der Anzahl der Plattformen. Ein besonderes Kunststück gelang dabei dem Spiel „Fortnite", das 2017 veröffentlicht wurde und Cross-Plattform gespielt werden kann. Das bedeutet, dass Spieler gemeinsam spielen können, unabhängig davon, auf welchem Endgerät (Konsole, PC oder Smartphone) sie spielen.

Über dem Rauschen bewegen sich unterhaltsame Werbespiele schon lange. Unvergessen ist der Hype um die Moorhuhnjagd Ende der 1990er. Immer wieder gelingt es Marken, mit derartigen Spielen ihre Botschaften an ihre Zielgruppen zu bringen.

Darüber hinaus haben Spiele auch Einfluss auf die Popkultur und werden in Memes referenziert. Mit geschicktem Einsatz können Marken also in ihrer Zielgruppe punkten.

BEZAHLMODELLE

Das Angebot kann grundsätzlich nach der Art der Bezahlung unterschieden werden:

- Pay-to-Play
- Subscription
- Free-to-Play

Pay-to-Play war lange Zeit der unangefochtene Standard: Computerspiele wurden auf Datenträgern (Disketten, CD-Roms, DVDs oder Cartridges) gekauft, in das Gerät eingelegt, und man konnte uneingeschränkt spielen. Daran änderte sich auch nicht viel, als Spiele (legal) aus dem Internet heruntergeladen werden konnten: Nach der Bezahlung wird man für den Download freigeschaltet und erhält das komplette Spiel.

Ähnlich wie bei Videostreaming-Abonnements gibt es auch Spiele, bei denen man sich über einen regelmäßigen (meist monatlichen) Beitrag das Recht erkauft, das Spiel zu spielen. Diese Form der Bezahlung (**Subscription** genannt) hat sich vor allem für MMPOGs (*Massively multiplayer online role-playing games*, Spiele, bei der sehr viele Spieler gleichzeitig online spielen und längere Storylines verfolgen) wie „World of Warcraft" durchgesetzt.

Schließlich erfreut sich – nicht zuletzt seit Smartphone-Apps – die Variante **Free-to-Play** großer Beliebtheit. Dabei werden die Spiele kostenlos angeboten. Finanziert wird das entweder durch Lizenzierung an die Plattformen, Werbeeinblendungen oder durch die Möglichkeit im Spiel Gegenstände oder Erweiterungen zu kaufen (**In-Game-Purchases**). Letzteres hat sich als äußerst lukratives Geschäftsmodell entpuppt. Es ist dabei aber sehr verpönt, wenn das Spiel nur durch Zukauf von Gegenständen vollständig gespielt werden kann. Gekauft werden unter anderem Ausrüstungen, „Outfits" für die Charaktere oder zusätzliche „Leben".

SPIELERANZAHL

Eine weitere Möglichkeit der Einteilung von Games ist die Anzahl der Spieler. Spiele, die man alleine (etwa gegen eine künstliche Intelligenz oder gegen die Zeit) spielen kann, werden als **Single Player Games** bezeichnet, entsprechend werden Spiele mit mehreren Spielern als **Multiplayer Games** bezeichnet.

Bei den Multiplayer-Spielen gibt es wiederum Unterschiede. So können alle Spieler gegeneinander jeder für sich spielen, wie bei einem Battle Royal, wo der letzte verbleibende Spieler gewinnt. Spieler können auch in Teams zusammengeschlossen werden, etwa bei einem Sportspiel. Schließlich gibt es noch offene Spiele, wo sich die Spieler beliebig zusammenschließen können. Diese Gruppierungen werden je nach Spielvokabular Squads, Clans oder ähnlich genannt und können teilweise in der Größe eingeschränkt werden. Als Beispiel für diese Variante können Rollenspiele mit besonders vielen Teilnehmern stehen.

SPIELGENRES

Es gibt eine unglaublich große Zahl an Spielgenres und -subgenres. Grob können sie in vier Bereiche eingeteilt werden:

- Actionspiele
- Abenteuerspiele
- Strategiespiele
- Simulationen

Bei **Actionspielen** geht es vor allem um Geschwindigkeit und Geschicklich-keit. Die Spieler spielen gegeneinander und/oder gegen die Zeit, um Punkte oder bestimmte Ziele zu erreichen. Häufig enden Actionspiele mit einem klaren Sieger. Ein besonderes beliebtes Subgenre von Actionspielen sind Shooter, also Schießspiele, bei denen der Spieler auf seine Kontrahenten schießen und sie so verletzen oder beseitigen (töten) kann.

Abenteuerspiele haben meist einen oder mehrere Handlungsstränge. Der Spie-ler steuert einen Protagonisten mehr oder weniger frei durch eine Welt und muss dort Aufgaben erfüllen, um in der Geschichte weiter voranzukommen. Besonders beliebt sind hier Rollenspiele, insbesondere Online-Rollenspiele mit vielen Teilnehmern, wobei die Spieler in fremde Welten eintauchen und mit anderen Mitspielern interagieren können.

Bei **Strategiespielen** startet der Spieler vorwiegend aus einer schwachen Aus-gangssituation heraus und muss durch strategisches und taktisches Geschick diese konstant verbessern, bis das vorgegebene Ziel erreicht werden kann. Diese Spiele können rundenbasiert konzipiert sein (die Spieler wechseln sich in den Spielzügen ab) oder in Echtzeit ablaufen (also alle Spieler führen gleich-zeitig ihre Züge durch).

Simulationen versuchen, wie der Name schon sagt, reale Abläufe nachzustellen, zu simulieren. Dabei können unterschiedlichste Situationen, wie Flugsimulatio-nen, Sportsimulationen oder Rennspiele, dargestellt werden. Sie können ent-weder möglichst realistisch sein, um den Spieler in eine Situation zu versetzen, die er sonst nicht oder nur schwer erleben könnte, oder eine vereinfachte oder erweiterte Form der Realität darstellen, um den Spielspaß zu erhöhen.

Als letzte Kategorie könnte man noch „Sonstige" anführen, wie Quiz oder Puzzles. Diese haben sehr unterschiedliche Ziele und Abläufe und lassen sich in keine der oben genannten Kategorie so richtig einordnen.

Die meisten Spiele können schwer eindeutig einem einzigen Genre zugewiesen werden. Immer wieder begründen sie auch eigene Subgenres.

PLATTFORMEN

Computerspiele können auf den unterschiedlichsten Plattformen gespielt werden. Diese Plattformen haben verschiedene Vor- und Nachteile und entwickeln sich auch unterschiedlich schnell.

Wer einen **PC** zum Spielen verwendet, kann diesen relativ einfach aufrüsten. Neue Hardware-Komponenten machen den Computer leistungsstärker. So können ressourcenintensivere Spiele gespielt werden. Spiele wurden lange Zeit auf Datenträgern gekauft, mittlerweile werden sie von Plattformen, wie Steam, heruntergeladen. Das Betriebssystem der Spielecomputer ist meistens Microsoft Windows. Gespielt wird mit Tastatur und Maus oder einem Controller.

Spielkonsolen werden in Generationen gezählt. Mit dem Launch von Sonys PlayStation 5 und Microsofts XBox Series X Ende 2020 wurde der Wechsel zur neunten Generation vollzogen. Manche argumentieren, dass Nintendos Switch auch bereits zu dieser Generation zählen müsste, da der Vorgänger, die Wii U, der achten Generation zugeschrieben wird. Konsolen haben den Vorteil, dass sie mit allen Komponenten *out-of-the-box* kommen. Lediglich ein Fernseher als Bildschirm wird benötigt. Gespielt wird größtenteils mit einem Controller, der ebenfalls mitgeliefert wird.

Eine besondere Variante von Spielkonsolen sind sogenannte **Handheld-Konsolen**. Dabei handelt es sich um tragbare Geräte, die Bildschirm und Controller in einem sind. Diese waren besonders in den 1990ern beliebt, allen voran Nintendos Game Boy. Mittlerweile kämpfen Handhelds mit der Konkurrenz von **Smartphones und Tablets**, die technisch aufschließen und günstigere Spielpreise anbieten.

Schon seit den 1990ern wird **Virtual Reality** (kurz VR) eine große Zukunft auf dem Spielemarkt vorausgesagt. Die Entwicklung nahm in den letzten Jahren wieder Fahrt auf, so hat Sony für die PlayStation eine erweiternde Hardware mit der Bezeichnung PlayStation VR auf den Markt gebracht. Der HTC Vive vom Spielehersteller Valve ist eine VR-Brille für PCs. Der zu Facebook gehörende Hersteller stellte mit Occulus Go sogar eine Stand-alone-Lösung vor, also eine, die keine Verbindung zu einer Recheneinheit wie PC, Konsole oder Smartphone benötigt.

ERWÄHNENSWERTE SPIELE

Jährlich erscheint eine Unzahl an Spielen auf dem Markt, die natürlich unterschiedlich erfolgreich sind. Von außen auf dem aktuellen Stand zu bleiben ist deshalb aufwendig, und in einem statischen Text wie diesem relativ sinnbefreit. Es gibt jedoch ein paar Spiele, die erwähnt werden sollten, da sie in ihrem Erfolg herausstechen.

Das erfolgreichste Computerspiel aller Zeiten (Stand: Anfang 2021) ist **Minecraft**. Es hat sich mehr als 200 Millionen Mal verkauft. Bei dem Spiel handelt es sich um ein sogenanntes Sandbox-Spiel. Die Spieler bewegen sich in einer weitestgehend offenen Welt und können mehr oder weniger selbst bestimmen, wie sie das Spiel spielen. Einen besonders hohen Wiedererkennungswert hat das Spiel aufgrund seiner eigenwilligen Grafik, die aus einfachen Quadern und Flüssigkeiten besteht. Diese Quader können von Spielern „abgebaut" und an beliebiger Stelle zusammengefügt werden. So können ganze Welten entstehen.

Zu den beliebtesten Computerspielen über Jahre hinweg zählt auch **Fortnite**. Besonders in der Spielvariante „Battle Royal". Die Spieler werden dabei über einer Spielwelt abgeworfen, die sich vom Start an konstant verkleinert. Jeder Spieler muss Gegenstände, insbesondere Waffen, sammeln und sich damit gegen die Gegner durchsetzen. Das Besondere an Fortnite ist, dass es über mehrere Plattformen hinweg gegeneinadner gespielt werden kann. Das Spiel ist free-to-play, bietet aber zahlreiche In-App-Purchases, was sich zu einem lukrativen Geschäft für den Hersteller Epic Games entwickelt hat.

Bereits 2004 wurde das Online-Rollenspiel **World of Warcraft** veröffentlicht. Die virtuelle Welt basiert auf der vorangegangenen „Warcraft-Spielereihe". In dem Spiel, das über ein Subscription-Modell auf PCs gespielt werden kann, tauchen die Spieler in eine Fantasy-Welt ein und erleben gemeinsam Abenteuer. Jeder Charakter hat dabei besondere Eigenschaften und die Spieler schließen sich in Gruppen zusammen, um ihren Gegnern gemeinsam verschiedene Stärken entgegensetzen zu können.

Besonders im eSports- und Streaming-Bereich hat **League of Legends** eine große Anhängerschaft. Anders als die meisten Top-Spiele spielt man es nicht in einer freien 3D-Ansicht, sondern aus einer Isometrie-Perspektive. In den Spielen treten zwei Teams gegeneinander an, mit dem Ziel die Basis des anderen Teams, den sogenannten Nexus, zu zerstören. Dabei haben die Spielcharaktere unterschiedliche Fähigkeiten, die im Laufe des Spiels immer mehr verbessert werden können. Die Teams müssen strategisch vorgehen und sich miteinander abstimmen, um ihr Ziel zu erreichen.

Seit 1993 veröffentlicht der Spielehersteller Electronic Arts die jährlich aktualisierte Fußball-Simulation **FIFA** auf einer stetig wachsenden Anzahl an Plattformen. Die Lizenzierung des Fußballverbands FIFA ist dabei besonders reizvoll für Fans, da sie mit den „echten" Stars und Vereinen spielen können. Neben FIFA veröffentlicht Electronic Arts auch noch jährliche andere Sportsimulationen wie „Madden" (American Football, seit 1988), „NBA Live" (Basketball, seit 1994), „NHL" (Eishockey, seit 1991) und „UFC" (Mixed Martial Arts, seit 2014).

Die Mobile-Spiele **Pokémon Go**, **Candy Crush Saga** und **Fruit Ninja** sind seit Jahren die unangefochten erfolgreichsten ihrer Art.

Bei Pokémon Go handelt es sich um ein Augmented-Reality-Spiel, bei dem über die Kamera des Smartphones die Umgebung gefilmt wird und virtuelle Charaktere (die Pokémons) darin platziert werden. Der Spieler muss diese fangen, indem er eine begrenzte Anzahl an Pokébälle auf sie wirft.

Candy Crush Saga ist ein kurzweiliges Actionspiel, bei dem man zeitlich begrenzt möglichst oft mindestens drei gleiche Objekte nebeneinander auf einem Raster platzieren muss. Die Besonderheit am Spiel ist das Handling der „Leben": Wenn man fünf Mal innerhalb einer bestimmten Zeit ein Level nicht schafft, muss man warten, bis die Leben wieder aufgefüllt werden oder sich weitere Leben kaufen.

Fruit Ninja beeindruckte durch simples, innovatives Gameplay. Obst und Früchte „flogen" in einer Parabel über den Bildschirm und durch geschicktes Bewegen der Finger (dem Schwert) musste man versuchen, möglichst viele dieser Lebensmittel zu „zerschneiden".

ESPORTS

Jemand, der sich noch nie mit dem Thema eSports beschäftigt hat, auf den wird diese Welt vielleicht etwas bizarr wirken. Es handelt sich mittlerweile um ein großes Business mit professionellen Vereinen, Sponsoren und Superstars, die, wie im traditionellen Sport, auf einem Transfermarkt gehandelt werden.

Turniere haben weltweit mehrere Millionen Zuschauer und sind mit Millionenbeträgen dotiert.

Im Vergleich zu traditionellem Sport hat eSports einige interessante Eigenheiten. Bei Weltmeisterschaften treten zum Beispiel nicht Vertreter für Länder gegeneinander an, sondern die Teams können multinational sein. So gewannen 2019 der Norweger Emil „Nyrhox" Bergquist Pedersen und der Österreicher David „aqua" Wang das mit drei Millionen Dollar dotierte Weltcup-Finale von „Fortnite" in der Duo-Variante. Spieler treten üblicherweise nicht mit ihrem normalen Namen auf, sondern verwenden ihr Spieler-Pseudonym. Die verschiedenen Spiele sind alle in Besitz von Spieleherstellern, die auch meist die Veranstalter von Turnieren und Ausrichter von Ligen sind. Es gibt somit keinen unabhängigen Verband, der die Interessen von Spielern oder den übertragenden Medien vertreten kann.

Zu den beliebtesten Spielen im eSports zählen die Battlearena-Spiele **Dota 2** und **League of Legends** sowie die Shooter **Counterstrike** und **Fortnite**.

Über dem Rauschen stechen Marken hervor, die eSports-Turniere oder Sportler sponsern oder auch selbst veranstalten.

LET'S PLAY

Eine Art On-Demand-Version von Videospiel-Livestreams sind Let's Plays. Dabei wird der Bildschirm des Spielers aufgezeichnet und dieser kommentiert selbst seine Handlungen (zumeist wird sein Gesicht auch eingeblendet). Der wesentliche Unterschied zu Livestreams (neben dem flexiblen Zugriffszeitpunkt) ist, dass Let's Plays auch geschnitten sein können, etwa um die Dramaturgie zu erhöhen oder Fehlentscheidungen zu überspringen. Die Zuschauer können sich taktische Züge und Problemlösungen abschauen oder die Storyline erleben.

Eine besondere Form von Let's Plays sind Speedruns und Longplays. Während der Spieler bei einem Speedrun versucht, das Spiel so schnell wie möglich durchzuspielen (mit Abkürzungen und der Durchführung der allernötigsten Spielzüge), wird bei Longplays versucht das Spiel möglichst vollständig zu beenden (mit allen Verstecken, Objekten und Gegnern).

Der YouTuber und Gamer Felix Arvid Ulf Kjellberg, besser bekannt als „PewDiePie" wurde vor allem durch Let's Plays von Action- und Horrorspielen bekannt. Der Schwede führte lange Zeit die Rangliste der größten YouTube-Channels an und hat mehr als 100 Millionen Abonnenten.

4.3 SOCIAL-MEDIA-PLATTFORMEN

Man kann wohl ohne Übertreibung behaupten, dass die „Erfindung" von Social Media eine nachhaltig gesellschaftsverändernde Entwicklung war. Die Menschen verbringen mittlerweile mehrere Stunden täglich in sozialen Netzwerken. Social Media ist aus Politik, Entertainment und Marketing nicht mehr wegzudenken.

Die Vielseitigkeit von Social Media erschwert eine eindeutige Definition. Tatsächlich sind die Grenzen verschwommen. Zentraler Bestandteil eines Social Networks sind jedoch interaktive, virtuelle Communities. Jeder Benutzer hat sein eigenes **User Profile** und kann Inhalte beisteuern (**User Generated Content**). Damit unterscheiden sich Social Networks wesentlich von Blogs, da bei diesen die Autoren (Content Creator) vorwiegend eine eingeschränkte Gruppe sind.

Die meisten Social-Media-Plattformen haben eine Form von **Content Stream**, in dem die Inhalte nach einem bestimmten Algorithmus sortiert angezeigt werden. Die Auswahl der Inhalte erfolgt vorwiegend durch den User selbst, sei es durch aktives **Abonnieren** (Follower) oder durch die Interaktion mit Inhalten.

Ein weiteres Merkmal eines Social Networks sind die **Memes**. Memes (hergeleitet vom griechischen *mīmēma*, dt. nachahmen) sind Phänomene soziokultureller Gruppen, die Ideen oder Inhalte weitergeben. Das können Begriffe, Formulierungen, Bilder, Animationen oder Verhalten sein, deren Bedeutung innerhalb einer Gruppe weitergegeben und dadurch wiederkannt wird. Ein Beispiel aus der Offline-Welt könnte ein besonderer Handschlag zur Begrüßung sein. In einem Social Network kann ein Meme eine sich häufig wiederholende humoristische Reaktion auf unterschiedliche Inhalte sein, eine Art „Insiderwitz".

Social-Media-Plattformen ermöglichen es ihren Benutzern, mit Inhalten zu interagieren, zum Beispiel in Form von Kommentaren. Um den Benutzern die Möglichkeit einer schnellen Interaktion zu geben, führte Facebook 2009 den **Like-Button** („Gefällt mir") ein. Damit kann per Klick oder Tap die

Wertschätzung für einen Inhalt ausgedrückt werden. Das Konzept hat sich durchgesetzt, und mittlerweile bieten fast alle Social-Media-Plattformen eine Abwandlung des Like-Buttons (Herz, Stern o. Ä.) für die Inhalte der User an. Manche (z. B. Facebook) bieten auch mehrere unterschiedliche Buttons (sogenannte **Reactions**) an.

Die Verwendung von **Hashtags** (#-Symbol) zur Kategorisierung von Inhalten in Social Media wurde 2007 auf Twitter vom User Chris Messina vorgeschlagen [46]. Durch Klick auf einen Hashtag werden Inhalte angezeigt, die mit dem gleichen Hashtag markiert wurden. Dieses Konzept fand großen Anklang und ist mittlerweile fixer Bestandteil zahlreicher Social-Media-Plattformen. Darüber hinaus sind Hashtags eine wunderbare Möglichkeit, Menschen aufzurufen, Inhalte zu einem Thema zu veröffentlichen, zum Beispiel bei einer Veranstaltung oder einer Marketing-Kampagne.

In jeder Gesellschaft gibt es Menschen, die Meinungen und Stimmen mehr beeinflussen können als andere. In Social Media hat sich die Bezeichnung **Influencer** durchgesetzt. Damit sind User gemeint, die viel Aufmerksamkeit bekommen und dadurch Botschaften leichter verbreiten können als andere.

SOCIAL-MEDIA-PLATTFORMEN > **FACEBOOK**

Facebook ist seit vielen Jahren das mitgliederreichste Social Network. Es wurde 2004 von Mark Zuckerberg mit ein paar seiner Mitbewohner am Campus der Harvard-Universität gegründet. Ursprünglich war Facebook ausschließlich Studenten zugänglich. Zuerst nur Studenten aus Harvard, später wurden andere Universitäten freigeschaltet. 2006 wurde es schließlich für alle Menschen, die mindestens 13 Jahre alt sind und über eine E-Mail-Adresse verfügen, zugänglich gemacht.

Wesentlicher Bestandteil von Facebook ist die Vernetzung von Userprofilen, Seiten und Gruppen. Die Inhalte aus diesen Vernetzungen werden nach einem komplexen Algorithmus, der das individuelle Nutzerverhalten stark miteinbezieht, sortiert und im **Newsfeed** (der Bezeichnung Facebooks für den Content Stream) gereiht angezeigt.

Inhalte können in Facebook multimedial sein, vom einfachen Text-Post (**Status-update**) bis hin zu **3D-Fotos** und **360°-Livestreams**. Die Social-Media-Plattform experimentiert viel mit unterschiedlichen Content-Arten. Benutzer können mit diesen Inhalten interagieren, indem sie eine vorgefertigte **Reaction** (Like, Heart, Sad etc.) absetzen, einen Kommentar hinterlassen oder den Inhalt teilen.

Die unglaubliche Größe Facebooks mit mehreren Milliarden Benutzern täglich bringt das Netzwerk immer wieder in Kritik hinsichtlich seiner gesellschaftlichen Verantwortung. Ein Vorwurf ist beispielsweise, dass durch gezielte Streuung von Falschinformationen, die seitens Facebook nicht reglementiert wurde, die US-Präsidentschafts-Wahl 2016 massiv beeinflusst wurde.

Über dem Rauschen erscheinen Marken auf Facebook, die abwechslungsreiche Inhalte für ihre Follower bieten. Die Medienvielfalt Facebooks bietet dabei enorm viele Chancen, Botschaften immer wieder neu aufzubereiten.

SOCIAL-MEDIA-PLATTFORMEN > **INSTAGRAM**

Facebook hat sich durch geschickte Akquisitionen von aufstrebenden Social Networks und Apps ein langes Überleben gesichert. Eine dieser erfolgreichen Erweiterung des Facebook-Universums war Instagram, das 2012 übernommen wurde.

Instagram (manchmal auch kurz Insta oder geschrieben IG) startete 2010 als Photo-Sharing-App. Es ermöglicht Benutzern, selbst **Fotos** hochzuladen und die von anderen Benutzern anzusehen. Dabei können Benutzer anderen Accounts folgen, um so automatisch deren Inhalte in ihrem Stream zu sehen. Der Stream folgt dabei einem ähnlichen Algorithmus wie dem von Facebook.

Fotos können in Instagram mit **Filtern** (automatisierten Bearbeitungen) versehen werden. Dadurch kann zum Beispiel ein Bild mit dem Filter *1977* den Look eines Bildes aus einer alten Fotofilm-Kamera bekommen. Diese Funktion war vor allem in der Anfangszeit des Social Networks sehr beliebt.

Instagram setzt stark auf **Hashtags** zum Entdecken ähnlicher Inhalte anderer Accounts. Inhalte können mit beliebig vielen Hashtags versehen werden. Darüber hinaus hat Instagram die Funktion **Explore**, in der eine künstliche Intelligenz versucht, Inhalte bisher unbekannter Accounts anzuzeigen, die dem User aufgrund seines bisherigen Verhaltens gefallen könnten.

Instagram ist vor allem durch das erfolgreiche Kopieren von Ideen aufgefallen. 2013 wurde etwa die Möglichkeit eingeführt, 15-sekündige **Videos** zu posten (bis dahin waren nur Fotos erlaubt). Damit trat man in direkte Konkurrenz mit der damals beliebten Kurzvideo-Plattform Vine. 2016 kopierte man das **Story-Format** vom beliebten Messenger SnapChat. 2019 schließlich launchte man mit **Reels** einen direkten Klon von TikTok.

Über dem Rauschen setzen sich Marken auf Instagram vor allem mit schönen Bildwelten fest. Hochqualitative Fotos, Videos und Grafiken ziehen die Aufmerksamkeit auf sich und transportieren die Botschaft der Marke.

SOCIAL-MEDIA-PLATTFORMEN > **YOUTUBE**

YouTube ist das Kunststück gelungen, als Suchmaschine, Videoplattform und auch als Social Network Relevanz zu erlangen. Für Letzteres spielt besonders das 2016 gelaunchte Feature **Community** eine Rolle, dass ab einer bestimmten Anzahl an Abonnenten (Stand: Sommer 2020 – ab 1.000 Abonnenten) freigeschaltet wird. Es ermöglicht den Betreibern eines Channels, Content ähnlich wie auf Facebook oder Twitter zu posten, und so mit den Abonnenten auch abseits vom Video-Content direkt zu kommunizieren.

Wesentliches Kernstück von YouTubes Positionierung als Social-Media-Plattform sind jedoch die **Channels**, die von Usern abonniert werden können. Immer, wenn auf einem abonnierten Kanal ein neues Video veröffentlicht wird, erscheint dies in den Benachrichtigungen und im Stream. Videos können positiv und negativ bewertet oder kommentiert werden.

Videos werden zu **Playlists** zusammengefasst. Somit können sie thematisch gruppiert werden. Dabei muss ein Video in einer Playlist jedoch nicht zwingend auch vom Channel, zu dem die Playlist gehört, erstellt worden sein. Damit ermöglicht YouTube nicht nur das Erschaffen von Content, sondern auch das Kuratieren von Fremdcontent im eigenen Channel.

Über dem Rauschen sind Marken auf YouTube als Social-Media-Plattform durch regelmäßigen, relevanten Content. Dieser wird am besten thematisch oder je nach Format in unterschiedliche Playlists eingepflegt.

SOCIAL-MEDIA-PLATTFORMEN > **TWITTER**

Twitter wurde 2006 gegründet, um die Kommunikation einer Gruppe über SMS zu erleichtern. Die Kurznachrichten waren an das Textnachrichten-System von Mobilfunkanbietern angelehnt, darum auch die anfängliche Beschränkung auf 140 Zeichen. Durch das **Folgen** eines Accounts abonnierte man diese Nachrichten in seinem Stream.

Durch die absolute Reduktion zwang sich die Plattform von Beginn an selbst zu kreativen Lösungen für Interaktionen. So wurde das **@-Zeichen** zum Erwähnen von anderen Accounts eingeführt oder das **#-Zeichen** zur thematischen Zuweisung. Bilder und Videos waren anfänglich nur Links, geteilte Beiträge mussten manuell mit RT (**Retweet**) markiert werden.

Über die Zeit hat Twitter die Oberfläche und Technologie immer mehr aufgebrochen, so wurden zum Beispiel Bilder und Videos ab 2010 direkt auf Twitter angezeigt und schon 2017 wurde die Zeichen-Grenze auf 280 erhöht. Trotzdem bleibt Twitter eine der reduziertesten Plattformen. Durch die eingesetzte Technologie und Datenstruktur bietet Twitter die Möglichkeit, rasch Daten über die „öffentliche" Meinung (natürlich nur der auf Twitter vertretenen) zu sammeln.

Begriffe und Themen, die häufiger als andere verwendet werden, nennt man **Trending Topics**. Diese Trends werden teilweise auch lokal eingeschränkt und helfen den Twitter-Usern, schnell herauszufinden, was in einer bestimmten Region oder auf der Welt passiert. Beispiele für derartige Ereignisse sind politische Aufstände und Naturkatastrophen, aber auch sportliche und kulturelle Großereignisse.

Über dem Rauschen auf Twitter können sich Marken positionieren, indem sie an der Konversation teilnehmen. Diese kann durchaus auch von der Marke selbst initiiert sein (z. B. durch eine Fragestellung oder ein provokantes Statement), doch reines Rausschleudern von Tweets funktioniert nur in den seltensten Fällen.

SOCIAL-MEDIA-PLATTFORMEN > **TIKTOK**

2014 startete die chinesische App Musical.ly einen weltweiten Siegeszug. In der App ging es darum, lippensynchrone Videos zu Musik (Lip-Syncs) zu produzieren und zu teilen. Die App hatte, trotz ihres chinesischen Ursprungs, großen Erfolg in den USA und konnte sich von dort aus weltweit ausbreiten. 2017 hatte Musical.ly über 200 Millionen Benutzer. Zahlreiche User wurden durch die App bekannt, besonders bemerkenswert die beiden deutschen Zwillinge Lisa und Lena, die über 30 Millionen Follower verzeichnen konnten.

Zwei Jahre nach Musical.ly startete in China die App Douyin (抖音), die neben Lip-Syncs auch Tanz, Comedy und Talent-Videos anbot. Um Douyin international unter dem Namen TikTok auszurollen, kaufte das Unternehmen ByteDance, zu dem Douyin gehört, und Musical.ly und führte die beiden Apps zusammen. Damit war der Grundstein für ein rasantes Wachstum gelegt.

In TikTok können die User **Videos** erstellen, die maximal 60 Sekunden lang sind. Sie können mit **Original-Sound** oder **Musik** aus der Bibliothek hinterlegt und mit **Filtern** bearbeitet werden. Die Besonderheit der App ist die Partizipation der User an einem Inhalt. Ein Soundfile kann von jedem User aufgegriffen und in einem eigenen Video selbst interpretiert werden. Dadurch entstehen Trends, die allgemein als **Challenge** bezeichnet werden. Dabei kann es sich um Tanzschritte, Interpretationen oder besondere Herausforderungen handeln. Die Funktion **Duet**, die es bereits in Musical.ly gab, ermöglicht Usern, ihre Videos neben das „Original" zu legen und somit den direkten Vergleich oder eine Reaktion zu zeigen.

Interessanterweise ist bei TikTok der Stream standardmäßig nicht an die Inhalte gefolgter Accounts gebunden, sondern wird durch eine künstliche Intelligenz, basierend auf das User-Verhalten, aus allen Inhalten zusammengestellt. Dieser Stream wird in TikTok **For You Page** bezeichnet.

Über dem Rauschen treten Marken auf TikTok in Erscheinung, die ihre Inhalte in Sprache und Form der Plattform aufbereiten. Kurz, prägnant, kreativ; auch mal einen Trend aufgreifen, eine Challenge mitmachen.

SOCIAL-MEDIA-PLATTFORMEN > **BUSINESS NETWORKS**

Die Möglichkeiten von Social Networks haben natürlich auch einen massiven Einfluss auf die Wirtschaftswelt. Nicht nur im Bereich des Marketings, gerade der Aspekt des Netzwerkens funktioniert online in kürzester Zeit, zielgerichtet und global.

Digitale Lebensläufe helfen Recruitern bei der Personalauswahl, nachgewiesene Zertifikate können Expertise bescheinigen und globale Jobplattformen revolutionieren den Arbeitsmarkt.

LINKEDIN

LinkedIn gehört zu den Urgesteinen unter den Social Networks. 2002 gegründet, zählt das Business Social Network mittlerweile mehrere Hundert Millionen User weltweit. Seit 2016 gehört LinkedIn vollständig dem Software-Giganten Microsoft.

Kernfunktion von LinkedIn sind die User-Profile, die als **digitaler Lebenslauf** und **Nachweis von Expertise** dienen (z. B. durch Zertifikate oder Empfehlungen anderer User). Über den Lebenslauf sind die Profile mit ihren Arbeitgebern verknüpft (selbst wenn diese Unternehmen keinen offiziellen LinkedIn-Account haben).

Besucht ein User das Profil eines anderen, mit dem er noch nicht verbunden ist, so zeigt LinkedIn den Grad der Verbindung an, um gegebenenfalls eine Bekanntmachung zu ermöglichen. Sogenannte **Second Level Connections** haben eine direkte gemeinsame Verbindung, **Third Level Connections** eine indirekte.

Der Austausch zu speziellen Themen, insbesondere im Geschäftsbereich, spielt eine weitere wichtige Rolle auf LinkedIn. In Gruppen tauschen sich Experten mit den unterschiedlichsten Hintergründen aus.

User Generated Content, der in der Funktion ähnlich wie bei Facebook gehandhabt wird, erfüllt bei LinkedIn noch eine weitere Rolle: Inhalt und Interaktion der Community wertet LinkedIn als zusätzlichen Faktor für Expertise. Schreibt also eine Userin viel über das Thema „Sportmarketing" und bekommt dafür Aufmerksamkeit der Community, so erkennt LinkedIn dieser Userin eine gewisse Expertise in diesem Bereich zu. Bei der Suche nach „Sportmarketing" wird deshalb ihr Profil erscheinen.

Über dem Rauschen auf LinkedIn kommen nicht nur die Marken, sondern auch (und vielleicht sogar vor allem) die Menschen, die mit der Marke verknüpft sind hervor. CEOs, die ihr Wissen und ihre Meinungen auf LinkedIn teilen, repräsentieren die Marke und bringen sie so in die Köpfe ihrer Zielgruppen.

XING

Einen ähnlichen Ursprung wie LinkedIn hatte das vor allem im deutschsprachigen Raum beliebte Xing. Die Plattform wurde 2003 unter dem Namen OpenBC (Open Business Club) gegründet, die Umbenennung auf Xing erfolgte 2007. Auch auf Xing können User ihren **Lebenslauf hinterlegen** und sich **in Gruppen austauschen**.

Während sich LinkedIn jedoch immer mehr in Richtung Geschäftswelt entwickelte, wurde Xing immer mehr zur Plattform für Arbeitnehmer und **Employer Branding**. Besonders unterstrichen wurde diese Entwicklung durch den Zukauf der österreichischen Arbeitgeber-Bewertungsplattform kununu im Jahr 2013.

Über dem Rauschen auf Xing sind Marken, die eine starke Employer-Branding-Marke haben. Der Eintrag auf kununu (selbst wenn nicht selbst initiiert) muss beobachtet und gewartet werden.

SOCIAL-MEDIA-PLATTFORMEN >
SPEZIELLE SOCIAL NETWORKS

Neben den großen Plattformen gibt es zahlreiche kleinere oder spezialisierte Social Networks. Zu jedem Zeitpunkt sitzt irgendwo auf der Welt ein Team und bastelt an dem „nächsten großen Ding".

Erwähnenswert ist hier die App **Swarm**, die es ermöglicht, an bestimmten Standorten „einzuchecken" und so seinen aktuellen Aufenthaltsort an seine Community bekannt zu geben. Die App setzt dabei stark auf Gamification: Wer am häufigsten an einem Ort eincheckt, wird Mayor. Für bestimmte Orte bekommt man Auszeichnungen und Ähnliches. Swarm wurde 2014 aus der beliebten App **Foursquare** herausgelöst. Foursquare konzentriert sich seither auf die Bewertung und Empfehlung von Orten (etwa Restaurants oder Hotels), Swarm ist nur für das einchecken konzipiert.

Immer wieder gab es aufkommende Apps für anonymisierte Inhalte. Besonders im deutschsprachigen und skandinavischen Raum hat sich **Jodel** durchgesetzt. Die App verwendet die GPS-Daten des Smartphones, um Inhalte in einem bestimmten Umkreis anonym anzuzeigen. Durch Upvotes und Downvotes kann die Community die Regeleinhaltung (Anonymität und „Good Vibes Only") mitkontrollieren.

Aus vielen speziellen Interessensgebieten entwickeln sich ebenfalls Social Networks, wie **Untappd** für Bierliebhaber, **Dribbble** oder **Behance** für Designer oder **AllTrails** für Wanderer.

Über dem Rauschen auf speziellen Social Networks zu treiben ist oft leichter als auf den großen: Die Konkurrenz ist kleiner, die Zielgruppe spitzer.

SOCIAL-MEDIA-PLATTFORMEN >
WAS KOMMT ALS NÄCHSTES?

Die Ökosysteme des Internets und der Social Networks ist einem ständigen Wandel unterworfen. Neue Netzwerke kommen und gehen, vermeintlich unbezwingbare Riesen, wie MySpace, verschwinden wieder in der Bedeutungslosigkeit. Aufstrebende Netzwerke werden von den Branchenriesen aufgekauft.

In der Marktkommunikation ist es wichtig, einen guten Überblick zu behalten, welche Netzwerke derzeit weit verbreitet sind, und welche die Chance haben, groß zu werden. Eine Möglichkeit, sich darüber ein Bild zu machen, sind die App-Download-Charts. Social Media wird üblicherweise in Smartphone- und Tablet-Apps konsumiert. In der entsprechenden Kategorie des *Google Play Store* oder *Apples AppStore* können neue Trends erkannt werden.

Eine weitere Möglichkeit ist der Blick auf das Verhalten der Jugend. Jüngere Generationen sind eher gewillt, neue Netzwerke und Plattformen auszuprobieren. Sie sind oft der Ursprung neuer Trends, und deshalb macht es auch Sinn, immer wieder zu recherchieren, in welchen Social Networks sie sich am meisten aufhalten.

Seit 2016 veröffentlicht die österreichische Initiative *saferinternet.at* jährlich den „Jugend Internet Monitor" [47]. Dabei werden Jugendliche zwischen 11 und 17 Jahren gefragt, welche Internetplattformen sie benutzen. Abbildung 16 zeigt das Ergebnis dieser Umfrage für 2020 sowie die Entwicklung der letzten fünf Jahre.

JUGEND-INTERNET-MONITOR 2021 ÖSTERREICH

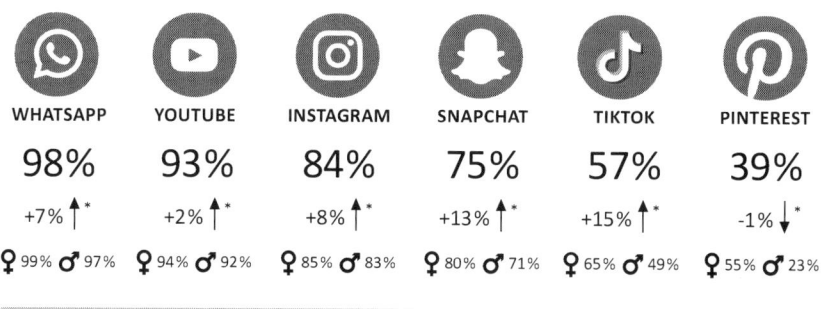

WHATSAPP	YOUTUBE	INSTAGRAM	SNAPCHAT	TIKTOK	PINTEREST
98%	**93%**	**84%**	**75%**	**57%**	**39%**
+7% ↑*	+2% ↑*	+8% ↑*	+13% ↑*	+15% ↑*	-1% ↓*
♀99% ♂97%	♀94% ♂92%	♀85% ♂83%	♀80% ♂71%	♀65% ♂49%	♀55% ♂23%

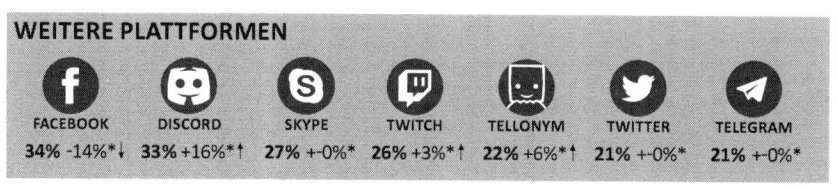

WEITERE PLATTFORMEN

FACEBOOK	DISCORD	SKYPE	TWITCH	TELLONYM	TWITTER	TELEGRAM
34% -14%*↓	**33%** +16%*↑	**27%** +-0%*	**26%** +3%*↑	**22%** +6%*↑	**21%** +-0%*	**21%** +-0%*

*Im Vergleich zum Jugend-Internet-Monitor 2020

Abbildung 16: Jugend-Internet-Monitor 2021 Österreich

4.4 MESSENGER

In den 1960ern wurden die ersten elektronischen Nachrichten verschickt. Damals noch im stark eingeschränkten Zeichensatz ASCII, der nur aus 128 Zeichen besteht. Mittlerweile werden multimediale Nachrichten in kürzester Zeit zu Millionen durchs Netz gejagt.

Messenger haben die Welt ein bisschen kleiner gemacht, aber auch das Zeitgefühl stark beeinflusst. Waren vor vielen Jahre Briefe oft Tage, wenn nicht sogar Wochen unterwegs, sind Nachrichten heute sofort beim Empfänger. Früher überlegte man lange, was in einem Brief stehen muss, und feilte an Formulierungen, jetzt werden mehrere **Kurznachrichten im Sekundentakt** rausgeschickt. Abkürzungen, Symbole und Memes machen die Botschaften noch kürzer, tragen jedoch nicht immer zur besseren Verständlichkeit bei.

Trotz der Schnelligkeit bleiben Messenger jedoch eine asynchrone Kommunikationsmethode. Das bedeutet, dass – anders als etwa beim Telefon – nicht beide Gesprächspartner gleichzeitig aktiv sein müssen.

Du kannst eine Nachricht zwar jetzt erhalten, aber erst später lesen und dich vielleicht erst morgen entscheiden, zu antworten.

Ein wichtiges Thema bei Messengern ist die **Verschlüsselung**, die sicherstellt, dass der Inhalt einer Nachricht nur zwischen Absender und Empfänger bleibt und nicht von außen (etwa durch einen Hack) „abgehört" werden kann. Nicht alle Messenger (etwa SMS) können diese Funktion bieten.

MESSENGER > **E-MAIL**

Die E-Mail ist auch heute noch nicht aus der Geschäftswelt wegzudenken. Viele Prozesse werden durch E-Mail gestützt oder sind erst durch dessen Einsatz möglich. Anfragen, Angebote, Abstimmungen, Freigaben und Ähnliches lassen sich durch das geschriebene Wort einfacher und nachhaltiger erledigen als beispielsweise durch Telefonate.

In der Privatwelt verliert E-Mail immer mehr an Bedeutung. Längst sind andere Messenger an ihre Stelle getreten. Dennoch haben sehr viele Menschen auch eine private E-Mail-Adresse, und sei es nur, um sich bei anderen Diensten zu registrieren.

Eine wichtige Rolle in Bezug auf E-Mail spielt auch nach wie vor der **Newsletter**. Kein anderer Messenger hat es geschafft, nachhaltig in diesem Bereich Fuß zu fassen. Newsletter sind Massensendungen an Empfänger, die sich (mehr oder weniger bewusst) in eine Liste eingetragen haben.

Newsletter sind erfolgreicher, wenn die Empfängerlisten segmentiert sind (z. B. nach Interessen, Alter oder Kundenstatus) und noch mehr, wenn die E-Mails komplett individualisiert sind. Die einfachste Form der Individualisierung ist die direkte Anrede, in der einfach ein Platzhalter mit einer Information gefüllt wird (z. B. „Hallo {NAME}!"). Zudem kann auf individuelle Vorlieben oder Verhaltensweisen eingegangen werden. Ein Kino stellt dann beispielsweise Filme aus dem bevorzugten Genre im Newsletter vor.

Dieses Spiel kann so weit getrieben werden, dass gesamte Entscheidungs- oder Entwicklungsprozesse von E-Mails begleitet werden. Nach einer Anfrage kann zum Beispiel automatisch eine Antwort mit einem Terminvorschlag (abgestimmt mit dem Kalender des Absenders) geschickt werden, oder zwei Wochen nach dem Angebot wird automatisch eine Mail geschickt, in der häufige Fragen beantwortet werden und vieles mehr. Diese Strategie wird in der Marketingwelt als **Marketingautomatisierung** bezeichnet.

Über dem Rauschen bei E-Mails zu stehen ist alles andere als einfach. Zu groß die Konkurrenz, zu überwältigend der Missbrauch (Spam). Wichtig auch hier natürlich der Inhalt, herausstechend ist allerdings schon die Betreffzeile.

MESSENGER > **SMS**

SMS steht für **Short Message Service** und wurde in der zweiten Mobilfunk-Generation GSM in den 1990ern eingeführt. Der Dienst wurde äußerst populär und konnte ein stetiges Wachstum vorweisen (nicht zuletzt auch aufgrund des Erfolgszuges von Mobiltelefonen). Trotz stetig größer werdender Konkurrenz durch andere Messenger bleibt SMS ein beliebtes Kommunikationsmittel.

Die Länge einer SMS ist auf 140 Zeichen begrenzt, auch heute noch. Längere SMS werden einfach in mehreren Paketen versandt und beim Empfänger automatisch wieder zusammengesetzt. Anfang der 2000er wurde mit **MMS** (Multimedia Messaging Service) eine Erweiterung zur SMS eingeführt, die einerseits die Zeilenlänge auf 160 erweiterte und andererseits ermöglichte, auch Medien (z. B. Bilder, kurze Videos oder Audiodateien) zu versenden.

Eine weitere Einschränkung von SMS ist, dass die Nachrichten immer nur an einen Empfänger gesendet werden können, Gruppenchats sind also nicht möglich.

Anfang der 2010er gab es Bestrebungen, mit **RCS** (Rich Communication Services, manchmal auch als Joyn oder Message+ vermarktet) einen mächtigen Nachfolger für SMS zu finden. Diese sollen bedeutend längere Nachrichten, Gruppenchats oder Voicecalls in einem universellen Standard ermöglichen. Die größte Herausforderung für den Service ist jedoch die Unterstützung. Einerseits durch die Mobilfunknetze, aber auch durch die Betriebssysteme und Endgeräte.

Über dem Rauschen sind Marken, die sinnvolle SMS-Services anbieten, zum Beispiel der Zustelldienst, der per SMS ein Statusupdate gibt.

MESSENGER > **WHATSAPP**

Der Name WhatsApp wurde gewählt, damit er so klingt wie *What's up* (dt. „Was geht ab?", im Sinne von „Was machst du gerade?"). Besonders die Einführung von **Push-Notifications** (System-Nachrichten, die bei Smartphones eingeblendet werden) verhalfen dem Messenger zum Durchbruch. 2014 wurde die App von Facebook gekauft.

WhatsApp ermöglicht **Gruppenchats, Multimedia-Nachrichten, Lese-Bestätigungen und Statusnachrichten.** Letztere waren bei der Konzeption der App ein wichtiges Feature: Neben dem Profilbild eines Users erscheint der aktuelle Status, der jederzeit beliebig geändert werden kann.

Obwohl WhatsApp der beliebteste Messenger weltweit ist, hat er bei Weitem nicht die große Vormachtstellung wie Facebook bei den Social Networks. In den USA, Kanada, Frankreich und Australien ist beispielsweise der Facebook Messenger beliebter. In China kann WeChat kein anderer Messenger das Wasser reichen.

Über dem Rauschen von WhatsApp haben Marken nur wenige Möglichkeiten herauszustechen. Einerseits durch die rechtliche Einschränkung (DSGVO), andererseits durch die Plattform selber. Abgesehen davon eignet sich WhatsApp hervorragend für 1-zu-1-Kommunikation zwischen Mensch und Marke.

MESSENGER > **SNAPCHAT**

Das Herzstück von SnapChat sind einerseits **1-zu-1-Multimedia-Nachrichten,** die sich nach dem Ansehen wieder löschen, und andererseits öffentliche **Stories,** die nur bis zu 24 Stunden nach Veröffentlichung sichtbar sind. Das Story-Format wurde mittlerweile von zahlreichen anderen Messengern und auch Social Networks kopiert.

Eine Besonderheit von SnapChat war anfangs auch die Bedienoberfläche, das User Interface. Es war konzipiert, komplett auf die Vorteile der Handhabung von Smartphones zu setzen. So wurde weitgehend auf Buttons verzichtet, die Navigation durch die App erfolgte durch Wischen und andere Gesten. Mittlerweile wurde das Interface jedoch überarbeitet und weist zusätzlich zu den Wischgesten auch die häufig verwendete Navigation über Buttons auf.

SnapChat stellt außerdem den Spaß in den Vordergrund. Nachrichten können mit **Filtern und Stickern** bearbeitet werden. Dabei wird auf die Technologien Augmented Reality und Face Detection gesetzt: Gesichter werden von der Software erkannt und mit künstlich hinzugefügten Elementen (z. B. Brille, Make-up, Special Effects oder Hintergründe) erweitert.

Kleine Symbole neben den Kontakten sollen den „Freundschaftsgrad" darstellen. So bedeutet ein gelbes Emoji-Herz „Besties", also ein Kontakt, mit dem man besonders viel interagiert. Feuer-Emoji sagen aus, dass sich beide Kontakte jeweils mindestens eine Nachricht innerhalb von 24 Stunden geschickt haben, eine Zahl daneben zeigt den „Streak", also wie viele Tage hintereinander das geschafft wurde.

Über dem Rauschen von SnapChat ist vor allem Content, der bequem konsumierbar ist und Spaß macht. Auch für die 1-zu-1-Kommunikation zwischen Mensch und Marke kann SnapChat eingesetzt werden.

MESSENGER > **TEAMCHATS**

So groß der Vorteil von „offenen" Systemen zur Kommunikation ist, so wenig eignen sie sich zur Kommunikation innerhalb von Teams. Um Übersichtlichkeit zu wahren, sind abgeschlossene Gruppenchats nötig, die nur freigegebene Mitglieder erlauben.

Ein besonders weit verbreitetes System für Gruppenchats ist **Slack**. Es wurde vom Unternehmen Tiny Speck entwickelt, um die Kommunikation während der Entwicklung eines Online-Spiels zu erleichtern. Aus dem Seitenprojekt wurde das weitaus erfolgreichere Tool. Slack ermöglicht **1-zu-1-Unterhaltungen**, **Gruppenchats** und sogenannte **Channels**, in denen Unterhaltungen zu bestimmten Themen ermöglicht werden.

Microsoft stellte 2017 **Microsoft Teams** als Teil des Microsoft-365-Softwarepakets vor. Teams wurde als direkter Konkurrent zum ähnlich funktionierenden Slack aufgestellt, jedoch mit tiefer Integration in andere Microsoft-Produkte, wie dem E-Mail- und Kalender-Client Outlook oder der Cloud-Storage-Lösung OneDrive.

Besonders unter Gamern hat sich **Discord** als Teamchat-Lösung durchgesetzt. Der Dienst fokussiert sich auf Kommunikation mittels Text, Video und Audio und wurde entwickelt, um die Kommunikation zwischen Teams bei Online-Computerspielen zu erleichtern. Mittlerweile wird Discord auch bei anderen Communities zu allen möglichen Themen, ähnlich wie Slack oder Microsoft Teams, eingesetzt.

Über dem Rauschen kann sich eine Marke mit Teamchats abheben, indem sie sich und ihre Zielgruppen näher zusammenbringt. Die abgeschlossenen Systeme bilden eigene Communities, die sich untereinander austauschen und mit Markenvertretern interagieren können.

MESSENGER > **VIDEOCALLS**

Mit dem Aufkommen von preiswerten Webcams Anfang der 2000er begann auch der Aufstieg von Videotelefonie. **Skype** war eines der ersten erfolgreichen Tools, die diese Funktion anboten. 2011 wurde Skype von Microsoft gekauft und als Dienst in dessen Produktfamilie integriert, blieb aber weiterhin auch eine Standalone-Lösung als Software auf Desktops und Mobilgeräten.

Die Corona-Pandemie, und damit verbundene Reiseeinschränkungen und Lockdowns, führten Anfang 2020 zum Aufstieg von **Zoom**. Die Software ermöglicht den einfachen Einstieg in Gruppencalls und ist – je nach Anzahl der Teilnehmer und Dauer des Gesprächs – kostenlos.

Die Möglichkeit von Videocalls ist mittlerweile in zahlreichen Systemen wie beispielsweise Facebook Messenger, WhatsApp oder Slack integriert. Apple bietet in ihrem Ökosystem mit **Facetime** einen eigenen Service für Videotelefonie.

Über dem Rauschen können Marken mit Videocalls auftauchen, die diese für 1-zu-1-Kommunikation anbieten. Der Vorteil ist, dass auch Szenarien demonstriert werden können (z. B. Hilfestellung bei handwerklichen Problemen), oder dass es möglich ist, Experten zu Themen hinzuzuziehen.

Der Messenger-Markt ist hart umkämpft. Der Kauf von WhatsApp durch Facebook brachte einen Anstoß für „sicherere" oder „freiere" Alternativen wie **Telegram, Signal** oder **Threema**. Dieser Anstieg von Alternativen wurde Anfang 2021 vor allem durch Änderung der Nutzungsbedingungen von WhatsApp nochmals verstärkt.

Während Google auf RCS setzt, hat sich Apple mit ihrem Dienst **iMessage**, der allerdings rein auf das Apple-Ökosystem begrenzt ist, einen Anteil am Messenger Markt gesichert.

Über dem Rauschen bei alternativen Messengern können Marken sein, die sich damit befassen, welche Messenger von ihren Personas und Zielgruppen verwendet werden. Bieten sie diese als Kommunikationsmöglichkeit an, steigen sie sogleich in der Gunst.

4.5 VIRTUELLE ASSISTENTEN

Computer (und damit auch sämtliche Geräte, in denen Computer verbaut sind), wurden entwickelt, um die Arbeit von Menschen zu erleichtern. Eine bedeutende Rolle spielt dabei die intuitive Interaktion mit den Geräten. Tastatur und Maus sind zwar mit etwas Übung leicht zu bedienen, stellen aber keine Repräsentation menschlicher Interaktion dar.

Mit der Einführung von **Siri** auf Apples iPhone 4s in 2011 begann das Zeitalter der virtuellen Assistenten. Die Spracherkennung sorgt dafür, dass der Benutzer Befehle nicht mehr eintippen muss, sondern einfach in (mehr oder weniger) natürlicher Sprache einsprechen kann. Künstliche Intelligenz versucht, die Befehle zu interpretieren und auszuführen.

Mithilfe von virtuellen Assistenten können Nachrichten verschickt, Termine vereinbart und Wetter oder Sportergebnisse abgefragt werden. Die Funktionalität wird konstant weiterentwickelt und ermöglicht mittlerweile beinahe jeden Befehl, den auch andere Eingabeformen erlauben. Der *hands-free* Einsatz von virtuellen Assistenten ist vor allem für Situationen attraktiv, in denen man mit den Händen anderweitig beschäftigt ist, etwa im Auto oder beim Kochen.

2014 stellte Amazon den Smart Speaker Amazon Echo und damit auch seinen virtuellen Assistenten **Alexa** vor. Die Besonderheit von Alexa war die Möglichkeit für Programmierer, sogenannte Skills zu entwickeln, also dem virtuellen Assistenten neue Fähigkeiten „beizubringen".

Microsofts virtueller Assistent **Cortana** wurde 2015 vorgestellt, als Teil der Betriebssysteme Windows und Windows Phone. Ende 2019 begann Microsoft jedoch, die Technologie mehr und mehr als Integration in Software (beispielsweise Skype), statt als virtueller Assistent zu positionieren.

Google Assistant wurde 2016 für Android Geräte eingeführt und überzeugte von Beginn an durch hohe Genauigkeit beim Erkennen von Befehlen. Darüber hinaus konnte Google auf sein Know-how bei der Websuche zurückgreifen, und ermöglichte von Beginn auch die Entwicklung von weiteren Fähigkeiten, die sie Actions nennen. Google Assistant ist nicht auf allen Android-Geräten verfügbar. So bietet beispielsweise Samsung mit **Bixby** eine eigene Lösung für ihre Galaxy-Produktreihe.

Über dem Rauschen bei virtuellen Assistenten positionieren sich Marken, die entsprechende Anwendungen anbieten. Hier erwarte ich übrigens in Zukunft einen enormen Anstieg an Möglichkeiten. Ich bin mir sicher, dass wir in absehbarer Zeit unsere Pizza über Alexa und Co. bestellen werden.

VIRTUELLE ASSISTENTEN >
SMART SPEAKER UND SMART DISPLAYS

Die ersten virtuellen Assistenten waren an Smartphones gebunden. Mit der Einführung von **Amazon Echo** (und Alexa) endete diese Phase. Weitere weitverbreitete Geräte sind **Google Home** (mit Google Assistant) und Apples **HomePod** (mit Siri). Dabei handelt es sich um Smart Speaker. Geräte, die sowohl Audio aufzeichnen, als auch wiedergeben können. Durch ein sogenanntes **Wakeword** (etwa „Alexa!", „Hey Siri" oder „OK Google") wird die Befehl-Aufnahme aktiviert.

Neben den üblichen Befehlen von virtuellen Assistenten werden Smart Speaker vor allem zur Wiedergabe von Musik, Podcasts und Hörbüchern verwendet. Zusätzlich haben sie sich durch die zentrale Platzierung in Haushalten für die Steuerung von Smart-Devices (z. B. Licht oder Heizung) durchgesetzt.

Mittlerweile werden Smart Speaker auch mit Displays ausgestattet, um visuelle Wiedergaben und Videocalls zu ermöglichen.

Über dem Rauschen sind Marken, die hier am Ball bleiben. Wir werden hier aus meiner Sicht noch eine enorme Entwicklung sehen, die viele Chancen bietet, die heute noch nicht abschätzbar sind.

VIRTUELLE ASSISTENTEN > **CHATBOTS**

Bevor es intelligente virtuelle Assistenten gab, erfüllten Chatbots Teile derer Aufgaben. Ein Chatbot ist eine Software, die Anfragen (meistens durch Texteingabe) interpretiert und entsprechend agiert.

Die Funktionalität dieser Chatbots ist oft stark eingeschränkt und dient meist nur dazu, häufige Handlungen zu automatisieren. So können unter anderem Serviceanfragen bei Unternehmen durch einen Chatbot vorgefiltert werden, in dem er die Standardfragen stellt und gegebenenfalls vorgefertigte Antworten zur Auswahl stellt.

Chatbots können aber auch im Gesundheitssystem eingesetzt werden, um die wichtigsten medizinischen Fragen abzuklären und menschliche Ressourcen zu sparen oder aber eventuell unangenehme Situationen zu vermeiden.

Ein weiterer Einsatz von Chatbots ist die Integration in Messengern, um externe Dienste direkt über das jeweilige Interface anzubinden. So kann etwa ein Outlook Chatbot in Slack den Benutzer an einen Termin erinnern oder der Yahoo Weather Chatbot im Facebook Messenger dazu verwendet werden, Wetterinformationen abzufragen.

Über dem Rauschen erscheinen Chatbots, die so gut funktionieren, dass sie dem User Arbeitsschritte erleichtern. Eine komplexe Eingabe oder endlose Frage-Antwort-Spielchen sind nervig, eine schnelle und intelligente Hilfe ist ein echter Mehrwert.

4.6 MOBILE APPS

Mit der Einführung von Apples **App Store** und **Google Play** (zum Zeitpunkt der Einführung noch unter dem Namen Android Market) im Jahr 2008 begann die Smartphone-Revolution richtig Fahrt aufzunehmen. Entwickler bekamen die Möglichkeit, Software für Mobilgeräte zu entwickeln und zu vertreiben.

Die beliebtesten Apps stellen Social-Media-Apps, Messenger, Spiele oder weitere Unterhaltungsapps dar. Obendrein gibt es noch eine Unmenge an Apps, die den Alltag oder die Interaktion mit Diensten erleichtern. So hat sich etwa Mobile Banking mittlerweile etabliert und in vielen Bereichen das „klassische" Online-Banking (über einen Browser) bereits überholt. Apps ermöglichen das Bestellen von Waren und Dienstleistungen, helfen beim Navigieren oder erleichtern das Bearbeiten von Fotos und Videos.

Es gibt fast nichts mehr, wofür man nicht eine App einsetzen kann. Apple formulierte es nach der Einführung des App Stores treffend in ihrem Slogan: *„There's an app for that."*

Über dem Rauschen liegen Apps, die so gut sind, dass man sie gerne verwendet. Das kann auch eine stabilere oder komfortablere Handhabung als eine mobile Website sein. Meistens macht eine App dann Sinn, wenn auf Hardware-Komponenten wie Kamera oder GPS-Daten zugegriffen wird.

4.7 OFFLINE-KANÄLE

Sämtliche bisher genannten Kanäle beziehen sich auf digitale Medien beziehungsweise Online-Medien. Für eine Kommunikationsstrategie, selbst für eine digitale, ist es jedoch von Vorteil, sich auch mit den Offline-Medien und klassischen Kanälen der Marktkommunikation zu beschäftigen. Menschen sind nicht ständig online, sie bewegen sich in der „realen" Welt, und sie wechseln je nach Situation blitzschnell von einem Medium zum anderen. Eine kluge digitale Strategie bildet Brücken von offline zu online.

Sämtliche Maßnahmen aus der Offline-Welt finden ein Äquivalent online (Tabelle 8). Diese Erkenntnis hilft einerseits beim Einstieg in die digitale Marktkommunikation, aber auch bei der Entwicklung einer Strategie, die online und offline verbindet.

Offline	Online
Print z. B. Katalog, Broschüre	Website und Downloads
TV/Kino z. B. Spots	Videoplattformen und -streamingdienste
Radio z. B. Spots oder Werbe-Sponsoring	Musikstreaming, Podcasts
Plakate/Out-of-Home-Werbung	Display Ads (Bannerwerbung)
Postwurfsendung	Newsletter
Give-aways	Sticker für Messenger
Events	Webinare und Livestreams

Tabelle 8: Vergleich Offline- und Online-Maßnahmen der Marktkommunikation

Damit die Kommunikation online und offline funktioniert, ist durchgehendes Storytelling Voraussetzung (dazu mehr dann in Kapitel 6). Das bedeutet, gleiche Bildsprache, Farben und Textformulierungen (Slogans) einzusetzen. Zur Verknüpfung von offline und online gibt es viele Möglichkeiten:

- Anführung einer Website-URL
- Logos von Social Networks mit Präsenzen der Marke bzw. Kampagne
- Hashtags
- QR-Codes
- Verweis auf Google PlayStore bzw. Apple AppStore

Je nach Kampagnenziel und Persona können diese Brücken funktionieren. Dabei ist zu beachten, dass nicht jeder weiß, was ein Hashtag ist, wie ein QR-Code verwendet wird oder wie die Logos aller Social Networks aussehen. Auch bringt es relativ wenig, wenn man versucht eine Brücke an einem Ort zu schlagen, von dem aus keine Verbindung hergestellt werden kann, wie ein QR-Code auf einem Plakat an der Autobahn, an dem man zu schnell vorbeifährt, um ihn zu scannen.

Andererseits ist es natürlich super, wenn auf einem Filmposter per QR-Code der Link zum Trailer abgerufen werden kann, auf der Produktverpackung ein Verweis auf Video-Anleitungen angebracht wird, oder wenn auf Flugblättern bei Events über Hashtags Communities zusammengebracht werden.

Über dem Rauschen sind Marken, die sowohl online als auch offline denken und die beiden Welten als ergänzend sehen. Die technische Weiterentwicklung wird in diesem Bereich noch viele neue Möglichkeiten eröffnen.

ÜBER DEM RAUSCHEN

Das Rauschen existiert auf allen Kanälen. Jeder Mensch blendet unterbewusst Content aus, um sich auf die relevanten Informationen zu konzentrieren. Um deine Personas zu erreichen, musst du dir zuerst ein Bild davon machen, wo du sie überhaupt erreichen kannst. Du hast in diesem Kapitel einen guten Überblick über verschiedenste Online-Kanäle bekommen und kannst diese deinen Personas zuweisen.

Natürlich habe ich nicht alle Plattformen, die es gibt, aufgezählt. Vielleicht war genau deine Lieblingsplattform nicht dabei. Ich bitte, mir das zu verzeihen. Erstens kenne ich selber nicht alle und zweitens muss ich in dem Buch ein bisschen mit dem Platz haushalten. Nichtsdestotrotz habe ich mich bemüht, die relevantesten Plattformen zu erwähnen und kurz vorzustellen.

Auf das nächste Kapitel kannst du dich auch freuen. Da geht es nämlich darum, wie die Personas Entscheidungen treffen, und welche Kanäle sie dafür nutzen.

WORKSHOP

Anhand der Informationen in diesem Kapitel führt ihr ein **Channel-Mapping** zu jeder Person durch. Hängt dazu die Flipcharts mit den Personas an die Wand. Geht die Kategorien in diesem Kapitel für jede Persona durch:

- Welche Angebote nutzt die Persona für Recherche?
- Wo sucht die Persona Unterhaltung?
- In welchen Social Networks ist sie wie aktiv?
- Welche Messenger verwendet die Persona?
- Spricht die Persona mit virtuellen Assistenten? Wenn ja, mit welchen?
- Welche Mobile Apps hat die Persona in Verwendung (außer den bereits genannten)?
- Wie könnte man die Persona offline erreichen?

Schreibt die Kanäle jeweils auf ein Post-it und klebt sie zu den Personas. Achtet dabei darauf, dass ihr Kanäle einer Kategorie auch beisammen anbringt, um die Übersichtlichkeit zu wahren.

Diese Channel Map werden wir für die Persona Journey brauchen.

5 PERSONA JOURNEY

„The buyer journey is nothing more than a series of questions that must be answered." - Michael Brenner

INTRO

Vielleicht hast du dich jetzt beim Lesen der Bezeichnung dieses Kapitels gewundert, dass da „Persona Journey" und nicht „Customer Journey" steht. Wenn du besonders misstrauisch bist, hast du wahrscheinlich sogar zum ersten Kapitel zurückgeblättert und nachgeschaut, ob da nicht sehr wohl Customer Journey stand.

Ich kann dich beruhigen. Ja, ich habe bisher von der Customer Journey geredet und dieses Kapitel trägt die Überschrift Persona Journey. Grund dafür ist, dass Customer Journey der weitaus geläufigere Begriff ist. Auch ich habe ihn jahrelang verwendet. Ehrlich gesagt ist mir erst während des Schreibens dieses Buches aufgefallen, dass diese Bezeichnung überhaupt nicht zu meiner Methode passt. Eine Marke kommuniziert nicht ausschließlich mit ihren Kunden. Nicht jede Persona ist ein Kunde oder wird zu einem. Deshalb ist es nur konsequent, nicht von einer Customer Journey (auch nicht von einer User Journey) zu sprechen, sondern von einer Persona Journey.

Bereits vor über 100 Jahren wurde das Modell eines Trichters (engl. *funnel*) entwickelt, um den Fortschritt von Marketingaktivitäten zu visualisieren. Der Trichter, der sich üblicherweise von oben nach unten verjüngt, zählt oben (ToFu: Top of Funnel) Interessenten, die auf die Marke, das Produkt oder die Dienstleistung aufmerksam geworden sind. In der Mitte des Trichters (MoFu: Middle of Funnel) finden sich jene Interessenten, die erweitertes Interesse entwickelt haben und sich intensiver damit beschäftigen. Am unteren Ende (BoFu: Bottom of Funnel) schließlich finden sich jene Menschen, die die gewünschte Aktion ausführen, also zu Kunden, Mitarbeitern, Investoren oder Ähnlichem werden – diese „Verwandlung" wird als **Conversion** bezeichnet.

Die Reise einer einzelnen Persona durch diesen **Funnel** ist durch die Persona Journey beschrieben. Diese gliedert sich in die Phasen:

- Awareness-Phase (Aufmerksamkeit, Problembewusstsein),
- Consideration-Phase (Überlegung, Recherche),
- Decision-Phase (Entscheidung, Abschluss),
- Delight-Phase (Überzeugung, Kundenbindung).

In jeder dieser Phasen stellt sich die Persona eine Reihe von Fragen, die jeweils einer großen Frage untergeordnet sind. Dazu gibt es eine Reihe von Marketing-Maßnahmen, über die diese Fragen beantwortet werden können (Abbildung 17).

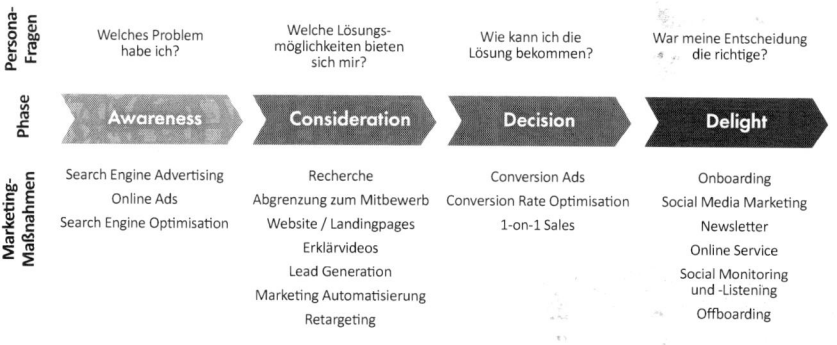

Abbildung 17: Persona Journey mit Hauptfragen der Persona und Marketing Maßnahmen

Vor der Awareness-Phase sind die Menschen und die Marke einander unbekannt (Stranger). In manchen Modellen wird dies als Pre-Awareness-Phase bezeichnet.

Ich möchte hier etwas Wichtiges zur Struktur dieses Kapitels und zu den angeführten Marketing-Maßnahmen in Abbildung 17 anmerken: Es gibt keine eindeutige Zuweisung von Maßnahmen zu bestimmten Phasen. Aus Gründen der vereinfachten Darstellung habe ich sie jeweils der Phase zugewiesen, in der ich sie am stärksten im Einsatz sehe.

5.1 PRE-AWARENESS-PHASE

Streng genommen ist diese Phase kein Teil der Journey. In vielen Modellen kommt sie deshalb auch nicht vor. In der Persona Journey ist das die Phase, bevor die eigentliche Reise beginnt: Die Persona hatte noch keinen Kontakt mit der Marke, dem Produkt oder der Dienstleistung. Sie weiß noch nicht einmal, dass es ein Bedürfnis gibt, das durch den Konsum befriedigt werden kann.

Manche Menschen sind keine potenziellen Kandidaten für ein Angebot, etwa ein Kind für medizinische Produkte, ein verschuldeter Mensch für Glücksspiel oder ein pensionierter Mensch für eine offene Arbeitsstelle. Es wäre moralisch, strategisch und manchmal auch wirtschaftlich besser, wenn diese Menschen, die Anti-Personas, gar nicht erst auf die Persona Reise gehen. Jegliche Kommunikation wäre eine Verschwendung von Ressourcen. Allerdings lässt sich die Kommunikation schwer vermeiden. Ich habe Paul Watzlawick zuvor schon (leicht abgewandelt) zitiert, aber es passt einfach hier auch noch mal zu gut: „Man kann nicht nicht kommunizieren." [48]

Wir wollen uns aber nicht auf die Menschen konzentrieren, die unsere Ressourcen verschwenden, sondern auf unsere Personas. Darum schauen wir uns an, wen wir erreichen können und wollen.

PRE-AWARENESS-PHASE > MAXIMUM AUDIENCE SIZE

In Abschnitt 2.3 haben wir uns schon mit der Maximum Audience Size beschäftigt. Ging es dort um die maximal erreichbare Anzahl an Menschen im Targeting, wollen wir sie an dieser Stelle weiter gefasst einsetzen. Es können in einem Land nicht mehr Personen erreicht werden, als in jenem Land leben. Handelt es sich um eine digitale Kommunikation, können nur die erreicht werden, die auch online sind. Zudem müssen die Benutzer auch auf dem Kanal online sein, auf dem die Botschaft ausgespielt wird. Eine weitere technische Einschränkung gibt die verwendete Sprache vor. Aus diesen Voraussetzungen ergibt sich eine theoretische maximale Reichweite.

Damit die Kommunikation zielgerichtet ist und nur die Menschen erreicht, die der Absender erreichen will, muss diese Gruppe noch weiter eingeschränkt werden. Netzwerke verfügen über unterschiedliche Daten, über die die Maximum Audience weiter ausgesiebt werden können.

Anhand der Personas (aus Kapitel 3) werden Merkmale festgestellt, die ein Benutzer erfüllen muss, um eine relevante Ansprechperson zu sein.

Dabei werden die demografischen Merkmale einer Persona weiter gefasst, um eine relevante Größe zu erreichen. Ist die Persona einer deutschen Tageszeitung beispielsweise ein 45-jähriger Mann, der in einem kleinen Ort in Bayern lebt, wird die Einschränkung wohl auf ganz Deutschland und sämtliche Geschlechter im Alter zwischen 35 und 55 festgelegt.

Somit wird eine Zahl errechnet, die im Idealzustand erreicht werden kann. Diese Zahl hat einerseits Auswirkungen auf die Erwartungshaltung und andererseits auf die Dimensionierung von Maßnahmen.

Eine News-Aggregator-App möchte ihre Maximum Audience Size berechnen. Dazu nimmt sie Folgendes an:

- Menschen, die im Zielmarkt leben und die angebotene Sprache sprechen (um die App zu verstehen).
- Menschen, die ein Smartphone besitzen (um die App starten zu können).
- Menschen, die News konsumieren (um Interesse an der App zu haben).

Diese Zahlen können durch Recherchen evaluiert und somit die Maximum Audience Size errechnet werden.

BEISPIEL

PRE-AWARENESS-PHASE > **AUDIENCE-LISTEN**

Eine Liste an möglichen Empfängern der Kommunikation wird als Audience-Liste bezeichnet. Diese können auf unterschiedliche Arten zustande kommen. Eine Postwurfsendung – um einen Vergleich aus der klassischen Werbung zu bemühen – wird meistens regional eingeschränkt. Sämtliche Haushalte in einem Gebiet bekommen das Werbematerial zugestellt. Die Post verkauft also die Liste (und übernimmt praktischerweise gleich die Zustellung).

Um zu digitalen Audience-Listen zu kommen gibt es im Wesentlichen drei Möglichkeiten:

- Vorhandene Daten
- Targeting
- Digitale Zwillinge (Lookalikes)

Audience-Listen spielen nicht nur am Beginn der Persona Journey eine Rolle. Durch Retargeting können sie durch den ganzen Funnel begleitet werden.

VORHANDENE DATEN

Früher konnten Kontaktdaten einfach zugekauft werden, der Handel mit Daten war ein lukratives Geschäft. Dieses Vorgehen wurde jedoch nicht zuletzt aufgrund von DSGVO in der Europäischen Union stark eingeschränkt. Auch in anderen Märkten gibt es ähnliche gesetzliche Regulierungen. Es kann aber durchaus noch vorkommen, dass der Zukauf von Daten innerhalb eines gesetzlichen Rahmens möglich ist, zum Beispiel wenn die Daten innerhalb eines Netzwerks verwendet werden und der Verkäufer die Zustimmung hat, diese zu verwenden.

Darüber hinaus können Daten auch im Unternehmen vorhanden sein, etwa durch eine andere Marke. Auch bei der Verwendung dieser Daten sind jedoch gesetzliche Rahmenbedingungen einzuhalten. Selbst wenn man im Besitz von Daten ist, darf man diese nicht beliebig in der Marktkommunikation einsetzen. Bei Unsicherheit ist in jedem Fall juristische Beratung hinzuzuziehen.

TARGETING

Wenn Merkmale einer Zielgruppe herangezogen werden, um sie direkt anzusprechen, spricht man vom Targeting. Klassischerweise können beim Targeting demografische Daten (Ort bzw. Region, Geschlecht, Alter etc.) verwendet werden. Je nach vorhandenen Daten einer (Werbe-)Plattform kann diese Definition noch weiter verfeinert werden (z. B. Interessen, Lebensereignisse oder Beziehungsstatus).

Bei der Definition des Targeting wird je nach Genauigkeit zwischen **broad** und **narrow** (oder **specific**) unterschieden. Broad bedeutet, dass wenig bis keine Einschränkung vorgenommen wird, narrow entsprechend das Gegenteil. Je nach Ziel können beide Strategien sinnvoll sein: Beim Ziel *Markenbekanntheit* soll eine große Reichweite erzielt werden, also ist ein broad Targeting empfehlenswert. Soll eine hohe Performance erreicht werden, wird man genau eingrenzen, welche Zielgruppe am wahrscheinlichsten einen Abschluss tätigen und entsprechend narrow in die Definition gehen.

Eine besondere Form des Targeting stellt das **Geofencing** dar. Dabei wird die Audience-Liste basierend auf einem bestimmten Ort zu einer bestimmten Zeit erstellt, meist ohne weitere Einschränkungen. Das ist besonders effektiv, wenn beispielsweise eine Fachkonferenz stattfindet. Dabei kann man davon ausgehen, dass sämtliche Personen, die sich zum Zeitpunkt der Konferenz auf dem Gelände aufhalten, brancheninteressiert sind und deshalb für ein entsprechendes Angebot empfänglich sind. Eine Audience-Liste mit den Besuchern eines Konzerts kann mit Merchandise-Artikeln oder Tickets für ähnliche Konzerte bespielt werden und Ähnliches mehr.

Es kann zielführend sein, diese Definitionen zu segmentieren, um Zielgruppen unterschiedlich anzusprechen. Das macht vor allem bei der Sprache Sinn, kann aber auch strategische Relevanz haben, wenn beispielsweise einem jüngeren Segment ein schneller geschnittenes Video ausgespielt wird als einem älteren.

DIGITALE ZWILLINGE (LOOKALIKES)

Manche Plattformen ermöglichen die Zielgruppenauswahl per Digitale Zwillinge (Lookalikes). Dabei handelt es sich um User, die ähnliche Daten haben oder ähnlich auf einer Plattform agieren wie andere. Für die Zielgruppenauswahl wird also eine Liste an Usern eingespielt und der Algorithmus sucht nach digitalen Zwillingen, die dann eine eigene Zielgruppe darstellen. Dies macht vor allem Sinn, wenn du eine Liste mit Usern hast, die einen Kaufabschluss bereits getätigt haben. User, die generell ähnlich agieren, weisen somit eine höhere Wahrscheinlichkeit auf, ebenfalls eine Conversion auszulösen.

PRE-AWARENESS-PHASE > **STREUVERLUST**

Selbst die beste Definition von Zielgruppen und ausgetüfteltes Targeting werden es nicht schaffen, ausschließlich jene Personen zu erreichen, die tatsächlich zu Kunden werden wollen und können. Erstellt beispielsweise ein Autohersteller eine Audience-Liste mit Personen ab 18 Jahren im Zielmarkt, sind in der Gruppe auch jene Menschen, die keinen Führerschein haben, sich kein Auto leisten können oder sich gerade eines gekauft haben.

Man spricht dabei von Streuverlust, also Maßnahmen, die auf taube Ohren, oder um in der Metapher zu bleiben, auf unfruchtbaren Boden fallen. Ziel eines Marketers ist es, den Streuverlust möglichst gering zu halten. Dabei ist die Schwierigkeit, dass sich der Streuverlust nicht als fixe Größe messen lässt. Wäre dies möglich, könnte man diese Gruppe ja aus dem Targeting ausschließen, und dadurch auch den Streuverlust vermeiden.

Es geht also darum, die Personas möglichst genau zu treffen. Dabei kann nach einem Aussiebeverfahren vorgegangen werden. Zuerst wird das Targeting relativ broad gefasst. Mittels Retargeting wird dann in weiterer Folge nur noch an jene User ausgespielt, die ein Interesse am Angebot gezeigt haben.

5.2 **AWARENESS-PHASE**

Die erste Phase der Persona Journey ist die Awareness- oder Aufmerksamkeits-Phase. In dieser Phase wird sich die Persona eines Problems oder eines Bedürfnisses bewusst. Jedes Produkt, jede Dienstleistung löst ein Problem oder befriedigt ein Bedürfnis: Sei es Hunger, Transport, Kleidung, Obdach, Anerkennung et cetera.

Dein Ziel in der Awareness-Phase ist, dass die Persona erfährt, dass es dein Angebot gibt, und sie es als mögliche Lösung in Betracht zieht. Grundsätzlich unterscheidet man zwei verschiedene Lösungsarten:

- bedarfsdeckende Lösungen
- bedarfsweckende Lösungen

Bedarfsdeckende Lösungen befriedigen ein Bedürfnis, dessen sich die Persona bewusst ist, wie Essen befriedigt Hunger oder ein Regenschirm schützt vor Regen.

Bei bedarfsweckenden Lösungen ist sich die Persona des Problems nicht bewusst. In diesem Fall wird das Bedürfnis von der Lösung „erzeugt", zum Beispiel weckt eine Reise Fernweh oder eine Süßigkeit stärkt das Verlangen nach Zucker.

Der Vorteil bedarfsdeckender Lösungen ist, dass die Persona das Problem bereits kennt, dieses also nicht mehr beschrieben werden muss. Der Nachteil ist, dass sie wahrscheinlich auch schon Lösungen kennt, und vielleicht sogar eine bevorzugte Lösung hat.

Bedarfsweckende Lösungen sind für die Persona weitgehend neuartig. Es müssen Strangers gefunden werden, die das Problem haben. Sie müssen allerdings noch davon überzeugt werden, dass sie das Problem auch tatsächlich lösen wollen. Meistens kennen sie aber noch keine Alternativen zum Angebot.

Eine Mischform der beiden Ansätze tritt dann auf, wenn sich die Persona schon den Symptomen eines Problems bewusst ist, aber erst in der Recherche die möglichen Lösungen entdeckt. Klassische Beispiele sind Lösungen aus dem Medizinbereich, können aber in allen Bereichen auftreten.

Deutlicher werden die Unterschiede, wenn man sich die verschiedenen Kommunikationskanäle zur Erfüllung ansieht, wie in Tabelle 9 dargestellt.

Art der Lösung	Kommunikationskanal	Szenario
Bedarfsdeckend	Search Engine Advertising	Die Persona sucht aktiv nach der konkreten Lösung eines Problems.
Bedarfsweckend	Online Ads	Die Persona surft eigentlich aus anderen Gründen im Internet, ein Content löst ein Bedürfnis aus.
Symptombekämpfung	Search Engine Optimization	Die Persona gibt das Symptom in einer Suchmaschine ein, um eine Lösung zu finden.

Tabelle 9: Vergleich der verschiedenen Lösungsarten hinsichtlich der Kommunikationskanäle und Szenarien

AWARENESS-PHASE > **SEARCH ENGINE ADVERTISING**

Als Google Anfang der 2000er die Möglichkeit einführte, sich die ersten Plätze in den Suchergebnissen gegen Bezahlung zu sichern, legten sie damit den Grundstein für ihren wirtschaftlichen Erfolg. Anders als bis zu dem Zeitpunkt üblich, war die Werbung nicht in Form von Bannern. Die Anzeigen unterschieden sich optisch nur minimal von den anderen Suchanzeigen. Dem durchschnittlichen Benutzer war nicht einmal bewusst, dass es sich um ein bezahltes Suchergebnis handelt.

Search Engine Advertising (kurz SEA) funktioniert – auch abseits von Google – meistens nach dem Bietverfahren. Werbetreibende bieten auf einen bestimmten Suchbegriff, das **Keyword** oder den **Search Term**. Grundsätzlich gilt: Der Höchstbietende bekommt den ersten Platz, dahinter folgt das zweithöchste Gebot und so weiter. Dabei bezahlt jeder immer nur einen Cent mehr als das Gebot des Nachfolgenden. Über ein eingestelltes maximales Budget wird verhindert, dass ein Werbetreibender mehr Geld ausgibt, als er möchte.

Damit aber finanzstarke Werber nicht die Werbeplätze überfluten, haben die Suchmaschinen einen Qualitätsfaktor eingeführt. Grob gesagt: Wenn der Inhalt auf der Landingpage nicht zum Suchbegriff passt, wird die Anzeige nicht angezeigt, unabhängig vom gebotenen Preis.

BEISPIEL

Drei Marken wollen auf den Suchbegriff *blaue Sportschuhe* bieten. Marke 1 bietet 1 Euro, Marke 2 bietet 2 Euro und Marke 3 bietet 3 Euro. Die Reihung nach dem Bietverfahren mit entsprechendem Betrag würde also wie folgt aussehen:

- Platz 1: Marke 3 (bezahlt € 2,01).
- Platz 2: Marke 2 (bezahlt € 1,01).
- Platz 3: Marke 1 (bezahlt € 1,00).

Die Suchmaschine analysiert jedoch die Landingpages der Anzeigen und stellt fest, dass es auf der Seite von Marke 3 um rote Hausschuhe geht. Deshalb wertet sie die Anzeige ab. Da es sich dennoch um einen suchbegriffnahen Inhalt handelt, wird die Anzeige auf Platz 3 angezeigt.

Suchmaschinen lassen sich immer neue Werbeformen einfallen, um einerseits den Benutzer schneller zum Ziel zu bringen, andererseits auch dem Werbetreibenden mehr Geld aus der Tasche zu locken. Ein gutes Beispiel für eine solche Werbeform sind **Shopping Ads**. Viele Benutzer suchen häufig nach Produkten. Die Suchmaschine liest automatisch von mehreren Anbietern (die diese Informationen zur Verfügung stellen und für diese Werbeform bezahlen) das Produktangebot von der Website aus (samt Bild und Preis) und stellt diese im Suchergebnis dar.

AWARENESS-PHASE > **ONLINE ADS**

Wenn ein Angebot die Aufmerksamkeit der Persona gewinnen soll, ohne dass diese danach sucht, eignen sich Online Ads am besten. Dabei stellen Website-Betreiber und Plattformen Flächen in ihrem Interface zur Verfügung und Werbetreibende „buchen" ihre Werbemittel dort ein. Dieses Geschäft kann auf unterschiedliche Weise zustande kommen:

- Direktbuchung
- Vermarktungs-Netzwerk
- Programmatic Advertising

Wenn beide Parteien direkt die Zusammenarbeit vereinbaren, wird von **Direktbuchung** gesprochen. Das war die ursprüngliche Form, wie Werbepartner miteinander interagiert haben, und kommt auch heute noch vereinzelt vor.

Da es bei größeren Kampagnen oft sehr aufwendig wäre, sämtliche Werbemittel auf unterschiedlichen Websites zu schalten, haben sich viele Betreiber zu **Vermarktungs-Netzwerken** zusammengeschlossen. Gemeinsam bieten sie ihre Werbeflächen an, oft unter der Verwaltung eines dritten Unternehmens. Will also ein Werbetreibender sein Werbemittel auf den verschiedenen Werbeflächen schalten, bucht er eine bestimmte Fläche nur noch im Netzwerk und erspart sich so administrativen Aufwand. Diese Netzwerke werden oft in thematischen Bündeln (Sport, Lifestyle, Society etc.) zusammengefasst.

Mit wachsendem Angebot an Werbeflächen und Netzwerken wurde die Verwaltung immer aufwendiger. Das System des **Programmatic Advertising** ermöglicht es Anbietern, ihre Werbefläche auf einer Plattform anzubieten, und Werbetreibenden, diese zu erwerben. Dabei werden zentrale Daten verwaltet und analysiert, sodass Werbetreibende ihre Zielgruppe besser auswählen können, unabhängig davon, wo letztlich ihr Werbemittel geschaltet wird.

Das Programmatic-Advertising-Ökosystem besteht also aus drei Komponenten, die zusammenspielen:

- Website Betreiber benutzen die **Supplier-Side Platform** (SSP), um ihre Werbeflächen anzubieten.
- Werbetreibende geben auf der **Demand-Side Platform** (DSP) an, wen sie mit welchen Werbemitteln erreichen wollen.
- Ein Algorithmus versucht, auf der **Data Management Platform** (DMP) die richtigen User zu finden, die von den Werbetreibenden erreicht werden sollen.

Die DMP arbeitet dabei mit unterschiedlichsten Daten, wie demografischen Informationen, Cookies oder Nutzerverhalten. Der Werbetreibende entscheidet also nicht mehr zwingend, bei welchem Werbeflächen-Anbieter die Werbemittel angezeigt werden sollen.

Das Geschäft kann dabei im Wesentlichen auf vier verschiedene Arten zustande kommen:

- Realtime Bidding
- Private Marketplace
- Preferred Deals
- Programmatic Guaranteed

Die häufigste Form ist **Realtime Bidding**. Dabei werden in einer offenen Auktion im Bietverfahren (ähnlich dem System von Search Engine Advertising) die Werbeplätze verteilt. Dabei „kennen" einander die beiden Parteien nicht, das Werbemittel kann also auf jeder Werbefläche im System (mit Ausnahme von extra ausgeschlossenen Anbietern, die auf einer sogenannten Blacklist stehen) geschaltet werden. Diese Form ist so geläufig, dass sie oft als Synonym für Programmatic Advertising genutzt wird.

Findet diese Auktion in geschlossener Runde, *invite only*, statt, so spricht man von **Private Marketplace**. Dabei werden exklusive Werbeplätze (beispielsweise von sehr reichweitenstarken Websites) angeboten. Durch die Eingrenzung von Werbeflächen-Anbietern und Werbetreibenden „kennen" die Parteien einander.

Verbleibende Werbeplätze, die nicht in Private Marketplaces verkauft werden, werden meistens im Anschluss daran in einer offenen Auktion angeboten.

Bei **Preferred Deals** dürfen die Werbetreibenden aus dem Portfolio des Werbeflächen-Anbieters zu einem Fixpreis auswählen, bevor diese in einer Auktion versteigert wird. Der Werbetreibende ist dabei nicht verpflichtet, das Angebot anzunehmen. Manchmal werden diese Deals auch an besondere Rahmenbedingungen, wie das Targeting gebunden.

Programmatic Guaranteed ist praktisch das gleiche wie eine Direktbuchung. Werbetreibender und Werbeflächen-Anbieter treffen sich auf der Plattform, um gemeinsam einen Deal auszuhandeln.

Egal ob Direktbuchung, Vermarktungs-Netzwerk oder Programmatic Advertising, Online Ads kommen in den unterschiedlichsten Formen daher. Die häufigsten sind Folgende:

- Display Ads (Banner)
- Video Ads
- Audio Ads
- Native Ads
- Social Media Ads
- Digital Out-of-Home (DOOH)

DISPLAY ADS

Das erste Banner wurde 1994 geschaltet. Der amerikanische Kommunikationskonzern AT&T schaltete auf *HotWired.com* eine Anzeige als Teil ihrer „You Will"-Kampagne (Abbildung 18). Banner wurden schnell zu einem beliebten Werbemittel der Marketingbranche und zu einer möglichen Einnahmequelle für Website-Betreiber.

Abbildung 18: Das erste Online-Banner der Welt von AT&T
im Zuge der „You Will"-Kampagne

Seither hat sich viel getan. Nach wie vor werden Banner auf Websites geschaltet und haben die unterschiedlichsten Formen und Funktionen, können Inhalte umrahmen oder sogar überlappen. Manche Banner „interagieren" sogar mit dem Inhalt. Wenn man beispielsweise auf einer Immobilienseite surft, wird die aktuell ausgewählte Immobilie im Banner einer Bank mit Finanzierungsangeboten dargestellt. Im Prinzip ist alles möglich, was sich Websitebetreiber und Anzeigenschalter vorstellen können.

Damit der Austausch von Bannern vereinfacht wird, hat das Interactive Advertising Bureau (IAB) im Universal Ad Package (UAP) vier Standard-Bannergrößen definiert, die international anerkannt sind (Tabelle 10).

Bezeichung	Format (in Pixel)	Verhältnis
Superbanner/Leaderboard	728x90	728x90
Medium Rectangle	300x250	6:5
Rectangle	180x150	6:5
Wide Skyscraper	160x600	1:3,75

Tabelle 10: Die Bannerformate des Universal Ad Package

Display Ads sind größtenteils animiert, um die Aufmerksamkeit der Persona zu gewinnen. Da sie für den User ein Störelement auf der Seite darstellen, werden sie häufig nach der guten alten AIDA-Formel aufgebaut:

- Attention
- Interest
- Desire
- Action

Zuerst wird Aufmerksamkeit (Attention) gewonnen, etwa durch ein ansprechendes Bild, eine Person oder ein animiertes Element. Dann das Interesse (Interest) geweckt, indem das Angebot gezeigt wird. Ein paar Details lösen das Verlangen (Desire) nach dem Produkt aus. Schließlich zeigt ein Call To Action, was die gewünschte Handlung (Action) des Users ist. Das alles passiert in wenigen Sekunden, damit der Betrachter keine Zeit hat, rational über die Ablenkung nachzudenken, und seine Aufmerksamkeit wieder dem eigentlichen Inhalt der Seite widmet.

VIDEO ADS

Bei Video Ads wird vor allem unterschieden, ob sie im Player eines Videos eingespielt (**In-Stream**), eigenständig abgespielt (**Out-Stream**) oder in einer Videogruppe (**In-Display**) dargestellt werden.

In-Stream Ads werden dabei vor (*pre-roll*), während (*mid-roll*) oder nach dem eigentlichen Video (*post-roll*) abgespielt. Es handelt sich also um Werbeeinblendungen, die den Zuschauer zu ihrem gewählten Video „beigemischt" werden. Dabei gibt es wiederum Formen, die übersprungen werden können (*skippable*) oder auch nicht (*non-skippable*).

Out-Stream Ads sind mehr wie Werbebanner, die im Content eingeblendet werden. Sie werden in einem eigenständigen Player angezeigt und vorwiegend automatisch abgespielt (*autoplay*). Diese Videos sind meist standardmäßig ohne Ton, der User muss den Ton aktiv einschalten.

In-Display Ads werden in einer Gruppe von Videos dargestellt. Klassische Beispiele sind Suchergebnisse oder Video-Empfehlungen. Sie werden eher nicht automatisch abgespielt, sondern „verführen" den User dazu, aktiv darauf zu klicken, um sie abzuspielen.

AUDIO ADS

Audio Ads sind im Prinzip das Audio-Pendant zu In-Stream Video Ads. Sie werden im Allgemeinen als Werbeunterbrechungen in Audiostreams (Musikstreaming oder Internet-Radio) geschaltet.

Eine besondere Version der Audio Ads gibt es bei Podcast Ads. Diese werden meist vom Gastgeber des Podcasts direkt vorgelesen (**Host-read Ads**), sind also direkt in die Sendung integriert. Dabei wird die Werbung entweder am Beginn, während oder am Ende der Sendung eingebaut. Oft in folgender oder ähnlicher Form: „Diese Folge wird/wurde Ihnen präsentiert von ..."

Dies hat den Vorteil, dass die Werbung sich schön in das Format einfügt und nicht als störend wahrgenommen wird. Die Aufmerksamkeit des Zuhörers ist dadurch höher. Der Nachteil ist, dass jeder die gleiche Werbung hört. Decken sich also Zielgruppe von Podcast und Angebot nicht exakt, entsteht Streuverlust.

Deshalb gibt es auch bei Podcasts zielgruppenabhängige Werbeeinblendungen, die durch **Streaming Ad Insertion** (SAI) Technologie ermöglicht wird.

NATIVE ADS

Unter Native Advertising wird im Wesentlichen die Darstellung von Werbung im gleichen *look and feel* der Website, auf der sie eingeblendet wird, verstanden. Damit fallen auch Search Engine Ads in diese Kategorie. Diese Form der Werbung ist nicht neu, schon in Zeitungen gab und gibt es Advertorials, die im gleichen Design und Layout wie die restliche Zeitung gesetzt sind.

Dadurch wird die **User Experience** (UX) nicht gestört. Nicht selten merken die User gar nicht, dass sie eine Werbung sehen. Der Kreativität der Betreiber ist im Prinzip keine Grenze gesetzt. Es wird versucht, die Werbeform so zu gestalten, dass sie möglichst unterschwellig daherkommt, und dadurch den User am wenigsten stört.

SOCIAL MEDIA ADVERTISING

Technisch gesehen sind Social Media Ads keine eigene Kategorie. Sie treten in den Formen Display Ads, Video Ads oder Native Ads auf. Die Besonderheit dieser Kategorie ist jedoch die riesige Menge an Daten, die Social-Media-Plattformen zur Verfügung stehen. Damit der Algorithmus einer Social-Media-Plattform „funktioniert", also die relevanten Inhalte für einen User zur Verfügung stellt, müssen viele Daten, wie Interessen, Demografien oder Nutzerverhalten ausgewertet werden. Diese Informationen bieten auch eine wertvolle Basis für die Ausspielung von Werbemitteln.

Durch die starke Verbreitung der Verwendung von Smartphones für Social Media lassen sich Social Media Ads oft auch auf die aktuelle Position, basierend auf den GPS-Daten des Smartphones, ausspielen. Diese als **Geotargeting** bezeichnete Technologie ermöglicht es beispielsweise, die Besucher eines Einkaufszentrums auf ein Angebot in einem der Geschäfte hinzuweisen.

DIGITAL OUT-OF-HOME (DOOH)

Unter Out-of-Home (oder Außenwerbung) versteht man in der Marketingwelt sämtliche Werbeformen, die in der „Außenwelt" positioniert sind, wie Plakate oder Aufsteller. Wenn diese digital bespielt werden können, spricht man von Digial Out-of-Home. Ein paar Beispiele für DOOH sind:

- ein großer Bildschirm auf einem öffentlichen Platz,
- ein Display in einer Hotellobby, einer Apotheke oder einem anderen Geschäft,
- Bildschirme in einem öffentlichen Verkehrsmittel,
- digital bespielbare Plakatwände (oftmals City Lights genannt).

Diese Werbeflächen können – meist ohne Ton – mit animierten Inhalten bespielt werden. Die Animationen können aber rechtlich eingeschränkt werden, wenn sie in der Nähe von Verkehr zu sehen sind. Die Aufmerksamkeit zu erzeugen ist zwar aus Sicht des Werbetreibenden erwünscht, für Autofahrer jedoch gefährlich.

Besonders auf Bushaltestellen gibt es immer wieder ein paar kreative Einsätze von DOOH-Werbungen, die damit spielen, dass die Wartenden nicht mit einer animierten Anzeige rechnen. Die plötzliche Bewegung löst deshalb erhöhte Aufmerksamkeit (und durchaus Belustigung der Passanten) aus.

AWARENESS-PHASE > **SEARCH ENGINE OPTIMIZATION**

Seit es Suchmaschinen gibt, gibt es Algorithmen, die Websites analysieren und versuchen, die besten Suchergebnisse zu den Anfragen in geordneter Reihenfolge zu finden. Genauso lange versuchen Websitebetreiber, ihre Inhalte möglichst weit oben in den Suchergebnissen (**SERPs = Search Engine Result Pages**) zu bringen. Dies geschieht, indem man versucht, die Inhalte so aufzubereiten, dass sie von der Analyse-Software der Suchmaschinen, den sogenannten **Bots**, ideal ausgelesen werden können.

Mittlerweile ist Search Engine Optimization (kurz SEO) aber nicht mehr rein auf textbasierte Suchmaschinen beschränkt. Jeder Inhalt, der durchsucht werden kann, sei es auf einer Videoplattform oder in einem Online-Store kann so optimiert werden, dass er möglichst weit oben aufscheint.

Im ständigen Wettbewerb um die besten Platzierungen in den Suchergebnissen wird immer wieder nach Abkürzungen gesucht. Das führt zu einem Wechsel-spiel aus Tricks und Algorithmus. Früher galt es zum Beispiel als wichtig, mög-lichst oft das wichtigste Keyword auf einer Webpage zu haben, mittlerweile analysiert eine künstliche Intelligenz eine Vielzahl von Faktoren.

Ein paar Tipps, wie du dich SEO am besten annäherst:

- **Keine dubiosen Tricks**
  Dieses Verhalten wird in den meisten Fällen abgestraft und kann im Extremfall zum Rauswurf (Sperrung) führen. Wenn jemand verspricht, die Seite „auf Platz 1 bei Google" zu bringen, ist also allerhöchste Vor-sicht geboten. Immer unbedingt erklären lassen, wie die Person dabei vorgehen will.
- **Technisch „sauber" arbeiten**
  Websites, die für Bots einfach zu lesen sind, können auch besser ana-lysiert werden. Ein sauberer Quellcode ist deshalb wichtig. Bilder und Videos können (noch) nicht ideal gelesen werden, deshalb immer Alternativtext anbieten. Bei Content-Plattformen immer sinnvolle In-formationen zum Inhalt angeben, damit die Suchmaschine die richtige Zuweisung macht.
- **Mit dem Algorithmus beschäftigen**
  Zu den meisten Suchmaschinen gibt es Erklärungen, wie sie ungefähr arbeiten und wie man Inhalte am besten aufbereitet. Google bietet beispielsweise in der Search Console Help [49] wertvolle Informatio-nen, wie man seine Seite für die Suchmaschine optimieren kann.
- **Testen, Messen, Lernen**
  Empfehlungen von „Experten" und solchen, die sich so nennen, sind nur dann gut, wenn sie auch funktionieren. Einfach umsetzen und da-mit belassen ist keine gute Strategie. Jede Maßnahme gehört gemes-sen und analysiert. Bei Erfolg kann die Maßnahme skaliert werden, bei Misserfolg müssen Lehren daraus gezogen werden.
- **Geduld haben**
  SEO ist kein Sprint, SEO ist ein Marathon, der nie endet. Ergebnis-se sind auch nicht von heute auf morgen sichtbar, der Algorithmus braucht Zeit für die Analyse und es kann Tage oder sogar Wochen dauern, bis Auswirkungen der Maßnahmen zu erkennen sind. Wer SEO macht, braucht also sehr viel Geduld.

5.3 CONSIDERATION-PHASE

Hast du geschafft, dass sich die Persona des Problems bewusst geworden ist, eruiert sie anschließend die Lösungsmöglichkeiten. Diese Phase der Persona Journey wird Consideration-Phase genannt. Mehrere Faktoren haben einen Einfluss darauf, dass du in dieser Phase erfolgreich bist, also dein Angebot tatsächlich ausgewählt wird.

Eine wichtige Frage, die du dir stellen solltest, ist, wer letztlich die Entscheidung trifft. Das kann zum einen die Persona selbst sein oder jemand, den die Persona berät. Zusätzlich kann es noch Personen geben, die entweder auf die Persona selbst oder den Entscheider zusätzlich Einfluss nehmen.

Ein Beispiel ist die Wahl der Schulbildung. Der Jugendliche steht vor einer schwierigen Entscheidung, die sein Leben maßgeblich beeinflussen wird. Aufgrund von Vorlieben wird vielleicht eine Vorauswahl getroffen, aber auf die finale Entscheidung haben viele Mitmenschen Einfluss: Eltern, Lehrer, Freunde und bekannte Absolventen. Nicht jeder von dieser Gruppe ist auch unbedingt eine Persona.

CONSIDERATION-PHASE > **RECHERCHE**

Eine entscheidende Rolle in der Consideration-Phase spielt die Art, wie die Persona recherchiert. Dieser Vorgang kann je nach Art des Produkts oder der Dienstleistung unterschiedlich intensiv ausfallen. Die Wahl eines Kaugummis im Supermarkt ist zum Beispiel auf das dort vorhandene Angebot beschränkt und wahrscheinlich in Sekunden abgeschlossen. Der Kauf eines Autos hingegen dauert wohl etwas länger.

Eine wichtige Rolle spielen in diesem Bereich definitiv Suchmaschinen, entsprechend wichtig ist also Search Engine Optimization. Wer dies vernachlässigt, dem kann es passieren, dass man in dieser Phase ausscheidet, weil nur die Mitbewerber gefunden werden und die eigene Marke deshalb subjektiv als weniger wertvoll wahrgenommen wird.

Es kann aber auch gelingen, erst in dieser Phase einzusteigen. Hier kommen Produktvergleiche zum Tragen. Viele Menschen recherchieren, indem sie Vergleiche lesen oder ansehen.

Sie suchen etwa nach „Beste Lösung zum automatischen Bewässern des Gartens" und finden ein Video, in dem sieben verschiedene Angebote miteinander verglichen werden. Produkte, die in diesem Vergleichen auftauchen und bisher noch nicht in Betracht gezogen wurden, können plötzlich das Feld vergrößern.

Ein besonderes Augenmerk ist darauf zu legen, welche Merkmale des Angebots der Persona bei der Entscheidung wichtig sind. Das können beispielsweise Preis, Qualität, Ausstattung, Lebensdauer oder auch Prestige sein. Diese Merkmale gilt es, für die unterschiedlichen Personas unterschiedlich hervorzuheben.

CONSIDERATION-PHASE > **MITBEWERBER**

Sofern du kein Monopol hast, wird die Persona in der Consideration-Phase auf deine Mitbewerber stoßen. Auch wenn die nicht der maßgebliche Treiber einer Strategie sein sollten, schadet es dennoch nicht, einen Blick auf das Auftreten und die Kommunikation zu werfen. Dies gilt insbesondere dann, wenn du davon ausgehen kannst, dass der Konkurrent die gleiche Persona erreichen möchte.

Online-Kommunikation ist uneingeschränkt und frei, das bedeutet, ein Mitbewerber hat genau die gleichen Möglichkeiten wie du, um mit potenziellen Kunden in Kontakt zu treten. Deshalb ist es wichtig, sich in einem ersten Schritt auf die Kanäle zu konzentrieren, in denen du auch selber aktiv bist (oder vorhast, aktiv zu werden).

Eine solide erste Anlaufstelle ist die **Website**. Folgende Fragen geben einen Anhaltspunkt bei der Analyse der Website des Mitbewerbers:

- Wie wird das Angebot präsentiert?
- Welche Merkmale werden hervorgehoben?
- Wie ist die Aufmachung/das Storytelling?
- Welche Möglichkeiten zum Kaufabschluss werden geboten?

Diese Analyse hat einerseits zum Ziel, sich zur Konkurrenz gezielt abzugrenzen, aber auch von der Benutzerfreundlichkeit zu lernen.

Besonders in **Suchmaschinen** tritt man in direkte Konkurrenz mit den Mitbewerbern. Diese gestalten ihre Suchergebnisse mittlerweile individuell auf den

Benutzer zugeschnitten. Person A kann also auf den gleichen Suchbegriff unterschiedliche Suchergebnisse bekommen wie Person B. Deshalb ist es notwendig, den Vergleich in einer „anonymen" Suchanfrage zu ziehen. Eine einfache Form dafür ist das Verwenden des Private-Browsing-Modus des Browsers. Effizienter ist es jedoch, auf Tools, wie sistrix [50] oder andere, zurückzugreifen. Diese helfen dabei, das eigene Ranking im Vergleich zu den Mitbewerbern und bezogen auf mehrere Suchbegriffe zu überwachen.

Ebenfalls in direkter Konkurrenz steht man bei **Social Media**. Lass dich jedoch nicht dazu verleiten, den Vergleich der Vanity KPIs zu ziehen, dieser ist nicht zielführend! Viel interessanter ist die Social-Media-Strategie: Welche Inhalte werden gepostet? Wie häufig? Wie wird mit der Community interagiert? Wie ist die Ads-Strategie? Auch hier können Tools hilfreiche Insights geben, zum Beispiel Socialbakers [51].

Insgesamt empfiehlt es sich, einen kleinen Einblick in die Marktkommunikation der Konkurrenz zu erhaschen: Abonnieren des Newsletters und des Podcasts, regelmäßiges Lesen des Blogs und gelegentliches Mystery Shopping (sofern möglich/sinnvoll).

CONSIDERATION-PHASE > **LANDINGPAGES**

Früher oder später in der Persona Journey wird die Persona – je nach Strategie – auf der Website der Marke landen. Die Landingpage ist die Seite, die den Einstiegspunkt in die Website bedeutet. Dabei ist zu vernachlässigen, ob diese Seite auch in der Navigation der Website zu finden ist oder nicht, eine Landingpage muss lediglich aufrufbar sein. Beispiele für Landingpages sind:

- die **Homepage**, wenn die Persona die Marke bereits kennt und gezielt auf die Website geht oder danach in einer Suchmaschine sucht.
- die **Produkt-** oder **Dienstleistungsseite**, wenn die Persona über Suchmaschinen oder Social Media auf die Website kommt.
- der **Blogpost**, von dem die Persona beispielsweise im Newsletter gelesen hat.
- die **Kampagnenseite**, wenn die Persona über eine Werbeanzeige auf die Website gelockt wurde.

Wichtig auf diesen Landingpages ist, dass die Persona schnell findet, wonach sie sucht UND ihr klar ist, was sie als Nächstes machen soll oder kann. Eine Landingpage ist nicht nur da, um Informationen zur Verfügung zu stellen, sondern auch um den Besucher an die Hand zu nehmen, und bei den Entscheidungen zu unterstützen. Das sollte von Anfang an für jede Landingpage klar definiert und erkennbar sein.

Beim Aufruf einer Landingpage beginnt der Besucher zuerst nur oberflächlich die Seite abzusuchen. Dieser Vorgang wird auf Englisch *skimming* bezeichnet. Dabei fallen vor allem Bilder oder Animationen (Eyecatcher), große Überschriften, Aufzählungen und Buttons (Call To Action, kurz CTA oder auch C2A) ins Auge. Nicht umsonst sind die meisten Landingpages mit genau diesen Elementen sichtbar ausgestattet.

Während des Skimmings will der Besucher auch nicht oder nur sehr wenig scrollen, weshalb diese Elemente alle sofort sichtbar sein sollten. Der Bereich, der ohne Scrolling sichtbar ist, wird **Above The Fold** genannt. Dieser Begriff kommt aus dem Zeitungswesen, wo formatgroße Zeitungen gefaltet werden. Liegt eine Zeitung also gefaltet auf einer Oberfläche, sieht man nur, was oberhalb dieser Faltlinie sichtbar ist. Die große Herausforderung für diesen Bereich ist, dass man nicht klar festlegen kann, auf welchem Gerät der Besucher die Seite betrachtet. Die Fläche *above the fold* ist auf einem Desktop-Bildschirm viel größer als auf einem Smartphone.

EYECATCHER

Der erste Blick fällt unvermeidbar auf visuelle Elemente einer Landingpage. Dies gilt umso mehr, wenn dieses Element animiert ist. Landingpages ohne Bilder oder Grafiken sind schwer zu verarbeiten, da der Besucher erst lesen muss, bevor er entscheiden kann, ob die gebotene Information für ihn wertvoll ist. Unter Umständen kann es passieren, dass die Website wieder verlassen wird, weil der Aufwand als zu hoch eingeschätzt wird.

Ein Eyecatcher sollte deshalb den Besucher **emotional** abholen. Auf zu generische Bilder ist nach Möglichkeit zu verzichten. Wenn es sich bei der Landingpage um eine Kampagnenseite handelt, sollte der visuelle Stil des Werbemittels fortgeführt werden. Dadurch wird das **Storytelling** nicht unterbrochen und der Besucher weiß, dass er auf der richtigen Seite gelandet ist.

Bewegtbilder sind als Eyecatcher besonders effektiv, aber auch dabei ist Vorsicht geboten. Automatisch ablaufende Animationen und Videos können sehr stark ablenken, besonders wenn sie nichts zur Verständlichkeit beitragen. Erklärvideos hingegen unterstützen den Besucher, aber bei Autoplay kann die Auffassungsfähigkeit noch nicht voll da sein und somit wichtige Informationen „ins Leere" gehen.

Videos sollten daher am besten mit einem Play-Button versehen werden, der leicht als solcher zu erkennen ist. Ist es für die Ästhetik der Seite unerlässlich, dass Animationen automatisch abgespielt werden, so sollte dies für den Besucher auch sofort ersichtlich sein. Überblendungen von Inhalten sind zwar eine einfache Möglichkeit, viele Informationen auf wenig Platz unterzubringen, sind aber für den Besucher nicht so leicht zu erfassen.

ÜBERSCHRIFTEN

Jede Seite sollte nur eine große Überschrift haben. Diese sollte klar verständlich aussagen, worum es auf der Seite geht. Deshalb ist ein Werbeslogan oder Claim zwar oft die gewünschte, aber nicht immer die sinnvollste Wahl. Besonders generische Begriffe – wie Innovation, modern, vielseitig – sind nicht aussagekräftig und werden vom Besucher als unwichtige Information ausgeblendet.

Eine mögliche Subheadline dient zur Unterstützung oder Spezifizierung der Aussage der Überschrift. Auch sie sollte kurz und knackig formuliert sein.

Weitere Überschriften sollten klar in ihrer niedrigen Priorität erkennbar sein (z. B. durch kleinere Schriftart) und lediglich dazu dienen, den restlichen Inhalt zu strukturieren.

AUFZÄHLUNGEN

Aufzählungen und Nummerierungen bieten strukturierte Informationen und sind deshalb im Gehirn leicht zu verarbeiten. Dabei ist jedoch darauf zu achten, dass die Anzahl der Punkte überschaubar bleibt und der jeweilige Text eine ähnliche Struktur hat. Kurze Texte sind wiederum deutlich einfacher zu erfassen als lange.

Eine Nummerierung sollte nur dann verwendet werden, wenn sie im Inhalt logisch ist, also eine Reihenfolge darstellt, wie „Das sind die nächsten drei Schritte". Richtig eingesetzt hat sie jedoch eine starke Überzeugungskraft gegenüber Besuchern. Eine Reihenfolge symbolisiert immer einen klar definierten Plan. Das bedeutet, es gibt wenige Überraschungen und der Besucher kann somit leicht eine fundierte Entscheidung treffen.

CALL TO ACTION

Jede Landingpage sollte einen klaren Call To Action haben.
Das ist die nächste Aktion, die ein Besucher ausführen soll, deshalb wird er auch oft mit dem Adverb „jetzt" versehen, wie:

- Jetzt kaufen!
- Jetzt registrieren!
- Jetzt Termin vereinbaren!
- Jetzt herunterladen!

Nach Möglichkeit soll es auch nur einen Call To Action pro Seite geben. Ist dies nicht möglich, sollte einer der beiden klar als der bevorzugte hervorgehoben werden. Dem Besucher einer Software-Seite könnte zum Beispiel die Gelegenheit geboten werden, das Tool kostenlos zu testen oder einen Beratungstermin zu vereinbaren. Wenn aus Erfahrung die Testphase der Software zu mehr Kaufabschlüssen mit weniger Aufwand führt, dann sollte diese Option als „die bessere" präsentiert werden.

Ein Call To Action kann und soll sich auch mehrfach auf einer Landingpage wiederholen, beispielsweise einmal *above the fold* und einmal am unteren Ende der Landingpage.

SOCIAL PROOF

Social Proof zielt darauf ab, das Vertrauen in die Marke zu stärken. Das Versprechen des Produkts oder der Dienstleistung wird von (scheinbar) unabhängigen Dritten bestätigt. Dabei gibt es verschiedene Variationen, unter anderem:

- Zertifikate und Auszeichnungen
- Bewertungen
- Persönliche Testimonials
- Kundenlogos
- Pressespiegel

Zertifikate und Auszeichnungen unterstreichen die Qualität. Je offizieller der Charakter oder bekannter die Auszeichnung, desto stärker das Gewicht. So tun Industrieunternehmen gut daran, ihre TÜV-Zertifizierungen aufzulisten. Eine Filmproduktionsfirma, die mit einem Golden Globe oder gar einem Oscar ausgezeichnet wurde, wird dies auch nicht verstecken.

Besonders im B2C-Bereich spielen **Bewertungen** eine wichtige Rolle. Selbst wenn die Aussagekraft einer durchschnittlichen Bewertung durchaus eine Diskussion wert ist, hat sie doch einen psychologisch wertvollen Effekt. Kann ein Produkt mit „4,8 von 5 Punkten" bei Amazon aufwarten, sieht dies auf jeden Fall vielversprechend aus. Die Anzahl der Bewertungen und auch die Relevanz sind dabei für den Besucher oft zweitrangig.

Eine psychologisch besonders starke Aussagekraft haben **persönliche Testimonials**. Sie stehen so stark hinter dem Produkt, dass sie ihren Namen (oder sogar ihr Gesicht) dafür zur Verfügung stellen. Diese Testimonials wirken noch stärker, wenn die Person dem Besucher bekannt ist und sein Vertrauen genießt (z. B. Prominente).

Im B2B-Bereich sind oft **Firmenlogos** von Kunden starke Vertrauensbildner. Das trifft natürlich nur dann zu, wenn die Logos dem Besucher bekannt sind.

Ebenfalls sehr häufig wird die Erwähnung in der **Presse** als Social Proof herangezogen. Früher stand auf Consumer-Produkten häufig der Verweis auf „Bekannt aus Funk und Fernsehen". Mittlerweile ist jedem klar, dass diese Aussage nur bedeutet, dass die Marke ein Werbebudget hat, das groß genug ist, um in diesen Medien Werbung zu schalten. Hat jedoch eine Zeitung oder ein Blog über die Marke berichtet, steht dies für eine gewisse Relevanz auf dem Markt.

CONSIDERATION-PHASE > **ERKLÄRVIDEOS**

Wenn ein Bild mehr als tausend Worte sagt, was sagt dann ein Video? Videos eignen sich hervorragend dafür, das Produkt oder die Dienstleistung zu erklä-ren. Damit sind sie ideale Werkzeuge für die Consideration-Phase. Anstatt viele Seiten durchzulesen und Grafiken zu interpretieren, kann ein Video Informationen kompakt aufbereitet vermitteln.

Erklärvideos sollten nicht zu lange dauern, maximal 90 Sekunden. Vier Bestandteile machen ein gutes Erklärvideo aus:

- ein Problem
- die Lösung/Ergebnisse
- das Wie oder Warum
- ein Call To Action

Optional kann mit Social Proof die Vertrauenswürdigkeit noch verstärkt werden.

Das **Problem** muss in einem Erklärvideo immer aus der Sicht der Persona dargestellt werden. Wenn die Persona das Problem nicht kennt, ist auch das Angebot uninteressant für sie. Die Darstellung muss klar, präzise und vor allem kurz sein. Wenn sich ein Video zu lange mit dem Problem beschäftigt, ist die Aufmerksamkeit des Zuschauers weg.

Jedes Angebot ist die **Lösung** zu einem Problem, ansonsten hätte es keine Daseinsberechtigung. Die simple Erwähnung der Marke als Lösung ist jedoch wenig überzeugend, sie muss mit **Ergebnissen** unterstrichen werden. Die Persona muss den eigenen Mehrwert erkennen können und sich schon vorstellen, um wie viel besser die Welt für sie ist, wenn sie das Angebot annimmt.

Würde ein Erklärvideo nicht erklären, **warum bzw. wie die Lösung funktioniert**, wäre es per Definition kein Erklärvideo, sondern eher ein Werbespot. Dabei muss nicht das Geheimrezept verraten werden, aber der Persona nachvollziehbar geschildert werden, dass die versprochene Lösung auch hält, was sie verspricht. Es kann auch sinnvoll sein, alternative Lösungswege (z. B. von Mitbewerbern) zu erwähnen und warum diese nicht gewählt wurden. Damit können mögliche Vorbehalte der Persona vorweggenommen werden.

Schließlich soll jedes Erklärvideo einen **Call To Action** haben. Dieser soll ähnlich wie bei Landingpages die Persona an die Hand nehmen und zum nächsten Schritt führen. Wenn eine Frage offengeblieben ist, wo bekommt die Persona mehr Informationen? Wenn sie überzeugt ist, was ist der nächste Schritt zum Kaufabschluss?

CONSIDERATION-PHASE > **LEADGENERIERUNG**

Der gesamte Ansatz der Persona Journey zielt darauf ab, die Persona beim Entscheidungsprozess zu unterstützen. Dafür gibt es unzählige Möglichkeiten, der Fantasie sind keine Grenzen gesetzt: E-Books, Whitepapers, Checklisten, Kalkulatoren, Tools und so weiter.

Diese Angebote sind jedoch meist mit viel Aufwand entstanden. In den meisten Fällen wird deshalb als Gegenleistung für das Zurverfügungstellen eine Kontaktmöglichkeit, beispielsweise die E-Mail-Adresse, verlangt. Über diese kann dann in weiterer Folge der Kontakt mit dem potenziellen Kunden gehalten werden, um ihn so nach und nach zu überzeugen.

Man spricht dabei von Leadgenerierung. Der Lead, also Kontakt zu einem potenziellen Kunden, wird dabei aber nicht aus dem Nichts generiert, im Normalfall hat diese Person tatsächliches Interesse an dem Angebot. Spielt beispielsweise jemand mit dem Konfigurator eines Autos herum, macht er das sicher zum Teil zum Spaß, aber irgendwo im Inneren schlummert bestimmt auch der Wunsch, dieses konfigurierte Auto zu besitzen.

MQLS VS SQLS

Bei Lead-Generatoren ist immer zwischen **Marketing Qualified Leads** (MQLs) und **Sales Qualified Leads** (MQLs) zu unterscheiden. MQLs haben ein Interesse am Produkt, ohne dieses tatsächlich erwerben zu wollen (oder zu können). SQLs hingegen haben ein tatsächliches Kaufinteresse und sind auch für den Kauf qualifiziert (also keine Anti-Persona). Ein klassisches Beispiel sind Luxusartikel, wie Sportwagen. Viele träumen davon, so ein Auto zu fahren, können es sich aber nicht leisten, sind also lediglich MQLs.

Die Qualifizierung ist oft nicht einfach zu automatisieren. In einer Vorselektion kann auf Selbstauskunft des Users zurückgegriffen werden, aber mit einer einfachen „Notlüge" (z. B. beim Alter) ist so eine Qualifikation schnell umgangen. Angebote, die örtlich begrenzt sind (z. B. Versorgungsgebiete), können über Adressabfragen bestätigt werden. Nach dieser Vorselektion führt jedoch bei komplexeren Angeboten, wie Krediten, an der manuellen Qualifikation erfahrungsgemäß kein Weg vorbei um 100-prozentige Gewissheit zu haben.

GEWINNSPIELE

Gewinnspiele sind häufig nur bedingt für die Leadgenerierung geeignet. Durch die unglaubliche Menge an Gewinnspielen, die es zu jeder Zeit auf Social Media gibt, haben viele Menschen bereits eine Abstumpfung dagegen entwickelt. Sie nehmen zwar nach wie vor daran teil, aber in der Regel nur, um den Hauptpreis abzustauben. Schon Momente nach dem Absenden des Formulars haben sie wieder vergessen, wer die Marke hinter dem Gewinnspiel war. Für die Teilnahme werden oft auch nicht die richtigen E-Mail-Adressen verwendet, sondern Fake-Adressen, die nur zum Zweck der Teilnahme an Gewinnspielen eingerichtet wurden.

Um dem entgegenzuwirken, empfiehlt es sich, den Preis des Gewinnspiels sehr nahe am Produkt oder am Produktnutzen zu wählen, beispielsweise Gutscheine oder Upgrades. Teilnehmer am Gewinnspiel zeigen dann ein echtes Interesse am Angebot und sind deshalb wertvolle Leads.

LEAD GENERATION ADS

Es gibt auch Werbeformen, die eine Conversion direkt in der Ad ermöglichen. Diese sogenannten Lead Generation Ads (oder kurz Lead Ads) treten vor allem in Social Networks auf. Der User ist eingeloggt und hat seine Daten hinterlegt. In Lead Ads werden diese dem Werbetreibenden praktischerweise per Klick zur Verfügung gestellt.

Dies hat zum einen den Vorteil, dass man als Werbetreibender keine Website haben muss oder eine Landingpage für eine Leadgenerierung erstellen muss. Zum anderen ist es auch für interessierte User mit wenig Aufwand möglich, ihre Daten zu hinterlassen und so zu gewünschten Informationen zu kommen.

CONSIDERATION-PHASE > **MARKETING-AUTOMATISIERUNG**

Für erfolgreiche, zeitgemäße Marktkommunikation müssen Marketing und Vertrieb zusammenwachsen. Sie müssen das gleiche Angebot verkaufen, die gleichen Botschaften aussenden, die gleichen Geschichten erzählen. Die Akzeptanz dieses Fakts ist Voraussetzung für den Einsatz von Marketing-Automatisierung. Dabei handelt es sich, wie der Name schon sagt um die automatisierte Anwendung von Marketingmaßnahmen.

Diese finden üblicherweise auf individueller Ebene statt und können die Individuen über die gesamte Persona Journey hinweg begleiten. Dabei wird das Verhalten der User analysiert und durch gezielte Maßnahmen (bspw. E-Mails oder individualisierte Darstellungen auf der Website) gesteuert. Sobald ein User vom Marketing-Automatisierungssystem erfasst werden kann, wird ein Eintrag in der Datenbank angelegt und mit Daten gefüttert. Dies passiert vorwiegend durch das Setzen eines **Cookies** auf der eigenen Website.

In weiterer Folge wird versucht, den User automatisiert zu begleiten und ihn mit Informationen zu versorgen, die er für seine Entscheidung voraussichtlich benötigt. Hat beispielsweise ein Besucher der Website einen Konfigurator ausgefüllt, wird vorgeschlagen, dass er diesen speichert, um ihn mit seiner E-Mail-Adresse wieder abzurufen. An diese E-Mail-Adresse wird nach einer bestimmten Anzahl von Tagen automatisch ein Download-Link für ein Produktdatenblatt geschickt. Wenn der User den Download durchführt, wird er nach weiteren Tagen gefragt, ob er mit einem Vertriebsmitarbeiter sprechen möchte. Ein Link führt zu einem Kalender, der der E-Mail beigefügt ist und in dem er selbst einen passenden Termin eintragen kann.

Ein Punktesystem, genannt **Leadscoring**, bewertet die User beziehungsweise die Leads, um zu eruieren, wie wertvoll sie für das Unternehmen als potenzielle Kunden sind. Die Punkte stammen dabei nicht von einer standardisierten Liste, sondern werden von Unternehmen individuell festgelegt.

DEMOGRAPHIC LEADSCORING

Unmittelbar nach der Erfassung im System handelt es sich zuerst noch um eine unbekannte Person. Eines der wichtigen Ziele in der Marketing-Automatisierung ist deshalb, den Besucher zu identifizieren, beispielsweise durch ein Formular zur Leadgenerierung.

Hat diese Identifikation stattgefunden, kann das Leadscoring aufgrund demografischer Werte durchgeführt werden. Dementsprechend können etwa Anti-Personas mit einem negativen Leadscore schnell ausgeschlossen werden.

Vor allem im B2B-Bereich kann zusätzlich durch (teil-)automatisiertes Abfragen von Wirtschaftsdaten das Scoring beeinflusst werden, wie:

- Branche des Unternehmens
- Größe (Mitarbeiter und Umsatz) des Unternehmens
- Rolle und Position des Users im Unternehmen

BEHAVIORAL LEADSCORING

Die Interaktion eines Leads mit der Marke kann Aufschluss darüber geben, wie wahrscheinlich ein Kaufabschluss ist. Man geht von Folgendem aus: Je mehr sich ein Lead mit dem Angebot beschäftigt, desto wertvoller ist er. Spontankäufe werden dabei natürlich außer Acht gelassen, weshalb sich Behavioral Leadscoring eher für komplexere Produkte mit längerer Entscheidungsphase eignet.

Für bestimmte Aktionen werden positive oder negative Punktwerte vergeben. Jede ausgeführte Aktion führt entsprechend zu einer Veränderung des Scores.

Beispiele für Leadscoring:

- Lesen eines Blogposts: +3 Punkte
- Download eines Produkt-Datenblatts: +5 Punkte
- Download der Preisliste: +10 Punkte
- Besuch der Karriereseite: -10 Punkte
- Unsubscribe vom Newsletter: -20 Punkte

In dem Beispiel gibt es einen Abzug für den Besuch der Karriereseite. Damit soll verhindert werden, dass Bewerber, die sich vorab intensiv mit dem Unternehmen auseinandergesetzt haben, als „heiße Leads" bewertet werden. Allerdings soll der Besuch auch nicht zum völligen Ausscheiden des Leads führen, da es sich um einen Irrtum oder simples Interesse an offenen Stellen handeln kann.

CONSIDERATION-PHASE > **RETARGETING**

Einfach ausgedrückt ist Retargeting eine Marketing-Technologie, bei der Internet-User infolge einer Interaktion mit der Marke markiert werden und dadurch im Nachhinein gezielt angesprochen werden können. Die Markierung erfolgt entweder über einen Cookie (z. B. bei Website-Besuchen) oder durch Markierung des Userprofils (z. B. beim Anschauen eines Videos in einem Social Network). Nicht jede Interaktion kann für das Retargeting herangezogen werden, die Einschränkung erfolgt durch den Anbieter, der die Technologie zur Verfügung stellt.

Die Idee hinter dem Retargeting ist, dass der User (unbewusst) Interesse gezeigt hat und durch gezielte Werbung überzeugt werden kann. Deshalb macht es nur Sinn, Retargeting dann anzuwenden, wenn das Interesse gerechtfertigt angenommen werden kann (z. B. mindestens 10 Sekunden langes Anschauen eines Videos). Ebenso ist es sinnvoll, verkaufsfördernde Maßnahmen nach Kaufabschluss einzustellen. Du kennst das bestimmt, nachdem du eine Reise gebucht oder dir bestimmte Schuhe gekauft hast, verfolgt dich die Werbung immer noch. In diesem Fall hat der Werbetreibende übersehen, das Retargeting zu beenden.

Retargeting Ads eignen sich sehr gut dazu, die Persona durch die Persona Journey zu begleiten. Sie können unter anderem verwendet werden, um der Persona in mehreren Häppchen die verschiedenen Vorteile des Angebots näherzubringen. Eine andere Strategie nutzt das Retargeting zum Storytelling. Zuerst wird beispielsweise eine Problemstellung gezeigt und dann in einer Folge-Werbung die Auflösung.

Retargeting Ads können zusätzlich mit Informationen, wie betrachteten Produkten oder den Produkten im Warenkorb versehen werden. Letzteres wird als **Abandoned Cart** bezeichnet und ist eine besonders effektive Methode, Kunden noch zu überzeugen.

5.4 DECISION-PHASE

Hat die Persona sich für dein Angebot entschieden, beginnt die Conversion. Die Persona führt die gewünschte Aktion aus, wird also zum Kunden, zum Mitarbeiter, zum Investor oder Ähnlichem. Dieser Phase sei besondere Aufmerksamkeit gewidmet, da du in den letzten Metern nichts mehr falsch machen willst. Sonst ist aller Aufwand umsonst gewesen.

Es ist in jedem Fall zielführend, zu analysieren, wie der Abschluss aus Persona-Sicht am komfortabelsten wäre. Dies kann und soll durch Befragung gestützt werden. Gleichermaßen ist auch wichtig herauszufinden, welche Abwicklung aus Unternehmenssicht überhaupt möglich ist (wirtschaftlich, organisatorisch, logistisch oder rechtlich).

Digitale Produkte, Dienstleistungen oder Conversions (z. B. Registrierungen) können fast immer direkt online abgeschlossen werden. Bei finanzieller Gegenleistung sind die Angabe einer Rechnungsadresse und eine Bezahlabwicklung notwendig. Physische Produkte brauchen zusätzlich eine Lieferadresse. Komplexere Angebote können in Konfiguratoren zusammengestellt werden, und möglicherweise ist eine Beratung notwendig oder sogar gesetzlich vorgeschrieben. Diese wiederum kann sowohl online als auch offline stattfinden. Die Terminvereinbarung kann über einen Kalender online gemacht oder nach Hinterlassen von Kontaktdaten persönlich vereinbart werden.

Im Falle von Verkäufen eignet sich die Decision-Phase ideal, den Kaufabschluss noch zu „erweitern". Die Entscheidung für die Marke ist im Kopf bereits gefallen, das Vertrauen wurde praktisch ausgesprochen. Jetzt ist es wesentlich leichter, noch Upgrades (**Upselling**) oder Zusatzartikel (**Cross-Selling**) anzubieten. Bei einem legal bindenden Kaufabschluss kann es sich schließlich um eine einmalige Bezahlung, ein Abonnement, eine Bestellung oder eine Buchung handeln. Hier muss klar sein, wann das Konto des Kunden belastet wird.

Grundsätzlich gilt: Die Verunsicherung der Persona in der Decision-Phase ist eine Todsünde. Es werden vorwiegend sensible Daten ausgetauscht, wie Anschrift, Kontaktmöglichkeit und in vielen Fällen auch Bezahldaten. Die Persona fühlt sich in dieser Zeit verletzlich und muss deshalb absolutes Vertrauen haben. Zu jedem Zeitpunkt muss sie wissen, was gerade passiert und auch nachvollziehen können, warum dieser Schritt notwendig ist.

In vielen Fällen ist es zudem sinnvoll, die Persona zu informieren, wie der gesamte Prozess ablaufen wird, welche Schritte notwendig sind und wie viel Zeit das in Anspruch nehmen wird.

DECISION-PHASE > **CONVERSION ADS**

Conversion Ads sind Werbemittel, die den „letzten Push" geben, sodass der potenzielle Kunde zum Kaufabschluss geführt wird. Dabei können sie in allen beliebigen Formen (Banner, Videos o. Ä.) in Erscheinung treten. Wichtiges Erscheinungsmerkmal ist dabei immer der Call To Action, der direkt und ohne unnötige Umwege zur Conversion führt.

AD SEQUENCING

Werden mehrere unterschiedliche Werbemittel verwendet, die in einer bestimmten Abfolge ausgespielt werden, spricht man von Ad Sequencing. Meist wird das mittels Retargeting gemacht. Am Ende dieser Ausspiel-Sequenz kommt häufig eine Conversion Ad.

Wenn du diesen einführenden Absatz gelesen hast und dir war alles gleich klar, dann gratuliere ich dir, du bist schon ziemlich tief drin in der Materie, die ja nur so von Fachbegriffen strotzt! Deshalb zur besseren Erklärung hier ein Beispiel.

BEISPIEL

Eine Automarke bringt ein neues Modell auf den Markt. Das Design ist revolutionär, einige Features sind bahnbrechend. In kurzen Clips werden diese Teilaspekte gezeigt, ohne dass jemals das ganze Auto zu sehen ist. Am Ende dieser kurzen Clips steht immer die Ankündigung: „Weltpremiere am 31.03."

Am 31.03. schließlich beginnt die zweite Phase. Das Auto wird präsentiert und die bereits gezeigten Features erneut hervorgehoben. Der Wiedererkennungswert ist gegeben, jetzt kann der gesamte Zusammenhang hergestellt werden.

Allen, die sich das Video vollständig angeschaut haben, wird nach ein paar Wochen eine Werbung ausgespielt, in der sie eingeladen werden, eine Probefahrt zu vereinbaren. Sie haben bereits großes Interesse gezeigt (das ganze Video betrachtet) und sind deshalb mit hoher Wahrscheinlichkeit empfänglich für eine Probefahrt.

Besonders geeignet für Ad Sequencing sind **Video Ads**. Die meisten Netzwerke bieten die Möglichkeit, User zu retargeten, die ein Video eine bestimmte Zeit lang angesehen haben. Diese Investition von Zeit seitens des Users kann als Interesse am Angebot interpretiert werden. User, die sich also ein Video angesehen haben, werden mit höherer Wahrscheinlichkeit einen Abschluss tätigen.

Der YouTube-Mutterkonzern Google nennt fünf **Sequencing Strategien** und hat analysiert, wie effektiv diese als Werbeform sind [52]. Durchweg performten diese Strategien hinsichtlich Brand Awareness, Ad Recall und Kaufintention besser als herkömmliche Ads:

- Tease, Amplify, Echo
- Mini Serie
- Direct Shot
- Follow Up
- Lead In

Bei der Abfolge **Tease, Ampflify, Echo** wird zuerst mit einem kurzen Content Aufmerksamkeit generiert und Neugierde geweckt (Tease). Dabei kann das Storytelling, etwa Charaktere, Szenarien oder auch visuelle Stile eingeführt werden. In der zweiten, der Amplify-Phase, wird ein längeres Video ausgespielt, das mehr Informationen bietet. User, die sich dieses Video zumindest bis zur Hälfte angesehen haben, bekommen schließlich das Echo, eine Conversion Ad, ausgespielt.

Bei der **Mini Serie** werden mehrere Folgen produziert, die jeweils in sich abgeschlossene Geschichten erzählen. Über Retargeting werden Betrachter der Videos mit einer Conversion Ad erreicht.

Direct Shot zeigt eine Botschaft aus mehreren Sichtweisen. Dabei ist die Reihenfolge, in der sie betrachtet werden, meistens egal. Hat ein User alle Sichtweisen gesehen, wird die Conversion Ad ausgespielt.

Beim **Follow Up** folgt auf ein längeres Video eine kürzere Version als eine Art Erinnerung. In dieser Version kann auch ein zusätzlicher Aspekt, eine „Auflösung" zum Storytelling hinzugefügt werden, bevor die Conversion Ad gezeigt wird. Diese kann auch direkt im Kurzvideo als Call To Action integriert sein.

Umgekehrt wird beim **Lead In** zuerst ein kurzes Video gezeigt. Die Conversion Ad ist in diesem Fall das längere Video mit einem abschließenden integrierten Call To Action (ohne Echo).

SHOPPING ADS

Shopping Ads sind Werbeanzeigen, die Informationen, wie Preis oder Verfügbarkeit, über das Produkt beinhalten und direkt zu einer Kaufseite führen. Diese können sowohl in Suchmaschinen, wie Google, als auch auf Einkaufsplattformen, wie Amazon, ausgespielt werden. Voraussetzung ist natürlich die Online-Verfügbarkeit der Produkte sowie eine technische Schnittstelle, die die entsprechenden Informationen zur Verfügung stellt.

Wird beispielsweise in einer Suchmaschine nach einem konkreten Produkt gesucht (was zumeist ein Indiz für einen unmittelbar beabsichtigten Kaufabschluss ist), werden in den Shopping Ads sämtliche Anbieter des Produkts angezeigt, die dafür bezahlen. Der User hat den Vorteil, dass er die Preise und Verfügbarkeit direkt vergleichen kann.

Auf einer Shoppingplattform wird ähnlich wie bei Suchmaschinenwerbung auf Suchbegriffe geboten. Sucht beispielsweise jemand nach „Kinderbücher" kann ein Herausgeber so ein neues Buch bewerben.

SOCIAL COMMERCE

Immer mehr Social-Media-Plattformen bieten E-Commerce-Features an, sodass man Produkte direkt über die Plattform kaufen kann. Größtenteils übernehmen sie dabei auch die Bezahlabwicklung und erheben dafür eine prozentuelle Gebühr.

Dieses Social Commerce (manchmal auch **Social Shopping** bezeichnet) kann entweder als organischer Post oder als Ad in Erscheinung treten. Ein Beispiel sind Produkte, die in einem Bild oder Video vorkommen, und per Klick in einen Warenkorb gelegt werden können. Die Bestellung wird dann an den Shop-Betreiber weitergegeben.

DECISION-PHASE > **CONVERSION RATE OPTIMIZATION**

Ein interessanter Fakt an der Conversion Rate Optimization (kurz CRO) ist, dass diese allgemein gängige Bezeichnung per Definition falsch ist. CRO als Fachgebiet beschäftigt sich mit der Optimierung von Darstellungen, Formulierungen und Abläufen, die den Besucher dazu bringen sollen, eine gewünschte Handlung durchzuführen. Die Conversion Rate gibt an, welcher Anteil der Besucher, dieses Ziel umsetzt. Eine Optimierung der Conversion Rate wäre also zum Beispiel, weniger Besucher auf die Seite zu locken, bei gleichbleibender Anzahl der Conversions. Das Paradoxon wird besonders plakativ, wenn sich die Conversion Rate erhöht, obwohl weniger Conversions erzielt wurden.

BEISPIEL

Eine Website hat 1.000 Besucher und 100 Conversions pro Tag. Die Conversion Rate ist somit 10 Prozent.

Durch Veränderung von Maßnahmen landen plötzlich nur noch 100 Besucher auf der Website, aus denen 15 Conversions erzielt werden können. Die Conversion Rate ist dann 15 Prozent.

Somit wurde die Conversion Rate durch die Veränderung der Maßnahmen zwar optimiert (von 10 % auf 15 % erhöht), aber insgesamt wurden 85 weniger Conversions erzielt.

Dieses Szenario ist in den seltensten Fällen gewünscht, meistens möchte man die Anzahl der Conversions erhöhen. Die korrekte Bezeichnung wäre also eigentlich **Conversion Optimization**, hat sich aber interessanterweise nie durchgesetzt.

DRIVERS, BARRIERS UND HOOKS

Drei wesentliche Ansätze beeinflussen die Conversion auf einer Website:

- Drivers: Was treibt einen Besucher auf die Website?
- Barriers: Was hindert einen Besucher auf der Website daran, eine Conversion abzuschließen?
- Hooks: Was überzeugt den Besucher davon, tatsächlich eine Conversion abzuschließen?

Die **Drivers** setzen schon vor dem Besuch der Website an: Bei der Darstellung der Website in Suchergebnissen von Suchmaschinen oder auch bei Werbeanzeigen, also Maßnahmen der Awareness- und Consideration-Phase. Hier geht es darum, den Streuverlust zu reduzieren, also möglichst nur solche User auf die Website zu locken, die auch einen Abschluss tätigen können und wollen.

Barriers können relativ leicht zu identifizieren sein, wenn es sich beispielsweise um einen technischen Fehler, einen **Bug**, handelt, der eine Conversion unmöglich macht. Allerdings beeinflussen zahlreiche Faktoren die Entscheidung negativ. Eine Designentscheidung kann zum Beispiel negative Auswirkungen auf das subjektive Vertrauen des Besuchers haben und somit eine Conversion verhindern.

Hooks hingegen sind positive Stimulatoren für die Conversion. Auch diese können rein subjektiv sein, treten sie jedoch signifikant häufig auf, kann man versuchen, die Wirkung zu verstärken.

ABLAUF DER OPTIMIERUNG

Conversion-Optimierung läuft in drei sich ständig wiederholenden Phasen ab:

1. Recherche
2. Hypothese
3. Testen

Zur **Recherche** gehört das Befassen mit Ansätzen von Conversion-Optimierung, User Interface (UI) und User Experience (UX) sowie psychologischen Aspekten. Damit Conversion-Optimierung aber überhaupt funktionieren kann, müssen Daten gesammelt werden. Daten sind die Grundlage und Bestätigung oder Widerlegung jeder Entscheidung. Mithilfe der erhaltenen Zahlen müssen Problemfelder identifiziert werden. Hier ein paar Beispiele:

- Ein Formular wird von zu wenigen Besuchern ausgefüllt.
- Viele Besucher verlassen die Seite kurz nach dem Aufruf.
- Traffic von Social Media hat zum Vormonat immens abgenommen.

Diese Fakten werden dann in Fragen umformuliert, wie: „Warum füllen so wenig Besucher das Formular aus?" Als nächster Schritt ist eine detailliertere Analyse der Problemfelder nötig. Zum Beispiel:

- Wird das Formular überhaupt nicht ausgefüllt oder nur nicht abgesendet?
- Gibt es eine Quelle, von der besonders viele Besucher kommen, die kurz nach dem Aufruf die Seite wieder verlassen?
- Gab es im Vormonat eine spezielle Aktivität auf Social Media, die besonders viel Traffic gebracht hat?

Aus den Ergebnissen dieser Recherche werden mögliche Antworten auf die Fragen gesammelt, die **Hypothesen**. Beispielhypothesen für die erste Problemstellung könnten sein:

- Wenn das Formular auf ein paar wenige, wirklich nötige Formularfelder reduziert wird, dann werden es mehr Besucher ausfüllen, weil sie nicht so viele Daten von sich angeben müssen.
- Wenn das Formular auf mehrere Teilschritte aufgeteilt wird, dann werden es mehr Leute ausfüllen, weil das Formular übersichtlicher wird.
- Wenn vor dem Formular eine Erklärung steht, warum die Daten gebraucht werden und was nach dem Absenden passiert, dann werden es mehr Besucher ausfüllen, weil ihre Bedenken vorweggenommen werden.

Beispielhypothesen für die zweite Problemstellung von oben:

- Wenn ein ansprechender Eyecatcher eingebaut wird, dann werden die Besucher länger auf der Seite bleiben, weil sie sofort erkennen, worum es auf der Seite geht.
- Wenn wir *above the fold* eine Aufzählung der Inhalte auf der Seite anbieten, dann werden die Besucher länger auf der Seite bleiben, weil sie mit wenig Aufwand erkennen können, welche Inhalte geboten werden.
- Wenn wir ein Video auf der Seite einbauen, das einen Teilaspekt des gebotenen Inhalts visuell darstellt, dann werden die Besucher länger auf der Seite bleiben, weil sie das Video anschauen.

Für die dritte Problemstellung könnten Hypothesen folgendermaßen lauten:

- Wenn bei Posts auf Social Media ein Teaser verwendet wird, worum es auf der Landingpage geht, dann werden mehr Besucher auf die Seite kommen, weil sie wissen wollen, wie das Storytelling weitergeht.
- Wenn auf Social Media ein Gewinnspiel promotet wird, für dessen Teilnahme man auf die Website kommen muss, dann werden mehr Besucher auf die Seite kommen, weil sie am Gewinnspiel teilnehmen möchten.
- Wenn wir exklusive Vorteile auf Social Media für Follower anbieten, dann werden mehr Besucher auf die Seite kommen, weil sie diese Vorteile für sich nutzen möchten.

Jede dieser Hypothesen ist nach der gleichen Formel aufgebaut:

„Wenn X, dann Y, weil Z"

Wobei X für eine Änderung an der bestehenden Lösung steht, Y für die Auswirkung (als direkte Antwort auf die Frage) und Z für die Begründung. Ohne Begründung ist der Änderungsvorschlag nicht ausreichend durchdacht worden. Die gefundenen Hypothesen werden anschließend priorisiert und für die Umsetzung ausgewählt. Diese Priorisierung kann nach mehreren Gesichtspunkten erfolgen, etwa benötigter Ressourceneinsatz, strategische Entscheidung oder einfach die am logischsten erscheinende Erklärung.

Schließlich werden eine oder mehrere Hypothesen umgesetzt und getestet. Dabei ist die Formulierung **Testen** ausschlaggebend. Eine Hypothese ist noch nicht bestätigt und muss sich erst im Realeinsatz bewähren. Üblicherweise wird dabei auf **Split-Testing** (auch A/B-Testing) gesetzt. Das bedeutet, dass die Umsetzung der Hypothese nur einem Teil der Besucher ausgespielt wird. Dadurch wird in einem realen Wettbewerb eruiert, welche Version die bessere Performance liefert. Zum Beispiel wird tausend Besuchern der Website die bisherige Version angezeigt (Version A), und weitere tausend Besucher sehen eine neue Variante (Version B). Die Auswahl erfolgt rein zufällig über ein Tool, sodass beide Gruppen möglichst ähnlich sind. Hat Version B signifikant bessere Ergebnisse erzielt als Version A, wird fortan jene verwendet.

Selbst wenn die neue Variante nicht besser performt, konnten dadurch zumindest Erkenntnisse erzielt werden. Die Testgruppe kann zum Beispiel – sofern möglich –segmentiert werden und die Ergebnisse separiert betrachtet werden. Erkenntnisse, die daraus gewonnen werden können, können für neue Problemfelder oder Hypothesen herangezogen werden und das Spiel beginnt von vorne.

MESSMETHODEN

Zur Datensammlung können zahlreiche Tools herangezogen werden. Google Analytics [9] bietet beispielsweise viele Möglichkeiten, um die Besucher einer Website zu analysieren. Tools wie HotJar [53] helfen bei der genaueren Analyse des Userverhaltens.

Um das Verhalten von Usergruppen zu analysieren, haben sich **Heatmaps** durchgesetzt. Dabei wird in der Auswertung über den Screenshot einer Website ein Layer gelegt, der die Aufmerksamkeit des Users darstellt: Rot bedeutet hohe, Gelb mittlere und Grün geringe Aufmerksamkeit. Dazwischen wird farblich abgestuft. Die Daten werden aus der Bewegung der Mauszeiger oder der Finger auf Touchscreens oder mittels **Eyetracking** in einem Labor erfasst.

Einzelne Userverhalten können in **Screenrecordings** analysiert werden. Dabei wird die Bewegung vom Mauszeiger, das Scrolling sowie jede Eingabe mitprotokolliert und kann in einem Player „nachgespielt" werden. Aus Datenschutzgründen werden Dateneingaben an dieser Stelle üblicherweise anonymisiert. Durch das Nachspielen lassen sich oft Fehlinterpretationen des User Interface ausfindig machen, zum Beispiel wenn ein Button nicht als solcher erkannt wird oder auf ein nicht klickbares Element mehrmals geklickt wird.

Eine weitere Methode der Analyse für Conversion-Optimierung ist die sogenannte **Funnel-Analyse**. Dabei wird der gewünschte Prozess dargestellt, und es wird gemessen, wie viele User bis zu welchem Schritt voranschreiten. Da sich diese Menge immer mehr ausdünnt, entsteht die Form eines Trichters. Ein Beispiel für so einen Prozess sieht so aus:

1. Homepage
2. Webshop
3. Warenkorb
4. Checkout-Prozess
5. Bezahlung

In jedem Schritt wird der Anteil derer gemessen, die „aussteigen", dieser Wert wird als *drop-off* bezeichnet. Dadurch kann systematisch analysiert und im Weiteren optimiert werden.

Schließlich gibt es noch die Analyse durch **Befragung** (etwa in einem Popup-Formular oder per Messenger, z. B. E-Mail). Dadurch lassen sich Informationen erfassen, die maschinell nicht messbar sind, wie Zufriedenheit, Vertrauen oder Weiterempfehlung.

Alternativ zur Analyse des Userverhaltens kann auch auf eine Expertengruppe im Zuge einer **heuristischen Evaluierung** zurückgegriffen werden. Eine Gruppe aus Experten (üblicherweise drei bis fünf) wird darauf angesetzt, ein Design oder eine Anwendung hinsichtlich UI und/oder UX zu analysieren. Im Zuge dessen werden zuerst sämtliche erkannte Problemfelder festgehalten. Nach der Evaluierung werden diese Problemfelder gewichtet (von *kosmetisches Problem* bis *Usability-Katastrophe*), priorisiert und behoben.

DECISION-PHASE > 1-ON-1 SALES

Viele Produkte und Dienstleistungen lassen sich online und in automatisierten Prozessen verkaufen. Bei wahrscheinlich ebenso vielen ist das nicht möglich. Sie benötigen Beratung oder individuelle Betreuung. Die Conversion ist in diesem Fall eine Kontaktaufnahme mit eindeutiger Kaufabsicht (z. B. Besichtigungstermin bei Immobilien oder Probefahrt bei Autos).

Eine komfortable Möglichkeit, auch diesen Schritt noch automatisiert zu ermöglichen, ist eine **Online-Terminvereinbarung**. Tools wie calendly [54] bieten Möglichkeiten für unkomplizierte Terminfindung, indem nur verfügbare Termine angezeigt und ausgewählte Slots automatisch in den Kalender eingetragen werden.

Eine besonders charmante Art, diese Phase in 1-zu-1-Gespräche zu unterstreichen, sind **individuell erstellte Videos** vom Verkäufer für den potenziellen Kunden. Dabei werden mit einfachem Equipment (z. B. Webcam des Rechners) kurze Videos aufgenommen, in denen konkret auf die persönlichen Herausforderungen und Fragen der Anfrage eingegangen wird. In einer E-Mail wird ein gesicherter Link zu diesem Video verschickt (meist mit einem Screenshot in der E-Mail, auf dem der Absender ein Namensschild des Empfängers hochhält).

Tools wie vidyard [55] oder Wistia [56] bieten Funktionalitäten für diese Art der Kontaktaufnahme. Gegenüber einem Telefonat hat das den Vorteil, dass die Empfängerin sich das Video genau dann ansehen kann, wenn sie dafür Zeit und Lust hat. Außerdem kann es mehrfach abgespielt werden, wodurch das Versäumnis von Informationen reduziert wird.

Gerade die Corona-Krise hat mit ihren Lockdowns und Reisebeschränkungen viele Unternehmen dazu gezwungen, ihre Verkaufsgespräche und Beratungen digital durchzuführen. Videocall-Software macht dies absolut problemlos möglich.

5.5 DELIGHT-PHASE

Nachdem der Kaufabschluss getätigt und damit der Kunde gewonnen wurde, kannst du dich entspannt zurücklehnen und dir selbst auf die Schulter klopfen, oder? In klassischen Sales-Funnel-Darstellungen endet dieser tatsächlich mit der Conversion. Moderne Zugänge führen den Funnel aber zumindest noch in eine Post-Sale-Phase. In der Persona Journey wird diese Phase als Delight-Phase bezeichnet.

In dieser Phase soll die Persona in ihrer Entscheidung bestärkt werden. Ultimatives Ziel wäre es, den Kunden zum Markenbotschafter zu machen, der die Marke weiterempfiehlt. Eine alte Marketing-Regel besagt, dass es zehn zufriedene Kunden braucht, um einen neuen zu gewinnen, aber nur einen unzufriedenen, um zehn potenzielle Kunden zu verscheuchen.

Im Wesentlichen teilt sich diese Phase in drei Bereiche ein:

- Onboarding: unmittelbar nach der Conversion
- Service: bei Problemen oder Instandhaltung
- Identifikation und dauerhafte Bindung: durch regelmäßigen Kontakt

DELIGHT-PHASE > ONBOARDING

Neue Mitarbeiter werden im Onboarding-Prozess in das neue Unternehmen eingeführt. So lernen sie die Prozesse, Hierarchien, Kultur und Qualitätsstandards kennen. Wenn sich dieser Prozess nur auf die Highlights konzentriert und eine einzige Selbstbeweihräucherung ist, werden die neuen Mitarbeiter das schnell durchschauen. Hilft es jedoch den Mitarbeitern, Hintergründe zu verstehen und sich schneller zurechtzufinden, werden sie sich von Minute eins an mit dem neuen Unternehmen identifizieren.

Gleiches gilt für das Onboarding neuer Kunden. Egal, ob es sich um ein materielles Produkt, eine digitale Lösung oder eine Dienstleistung handelt, der Kunde hat bestimmte Erwartungshaltungen an das Angebot und möchte diese befriedigt sehen. Dieser Prozess wird immer mit Kommunikation begleitet, auch wenn das vielleicht auf den ersten Blick nicht sichtbar ist. Beispiele können sein:

- die Produktübergabe,
- die Verpackung,
- die Beschriftung des Produkts (wenn auch durch Symbole),
- die Gebrauchsanweisung,
- die Anzeige von Systemstatus bei Verwendung
  (z. B. eine Leuchtdiode, die anzeigt, ob das Produkt eingeschaltet ist).

Eine Marke sollte sich gut überlegen, wie dieser Prozess optimal begleitet wird. Dabei ist enorm wichtig, ihn nicht aus der Sicht des Unternehmens („Schauen Sie, was wir hier Aufwendiges gemacht haben!"), sondern aus der Sicht des Kunden, der Persona zu sehen („Mit diesem Produkt können Sie ...!"). Am besten konstruierst du ein Narrativ, wie der Kunde das Produkt vom ersten Moment an wahrnehmen soll, welche Schritte in welcher Reihenfolge zur richtigen Anwendung führen, und wie diese zur Problemlösung für den Kunden beitragen.

Ein plakatives Beispiel hierfür sind Computerspiele, die beim ersten Öffnen oft mit einem Tutorial („Erste Schritte") beginnen. Einblendungen oder kurze Animationen erklären die Handhabe des Spiels, Erfolgsmeldungen motivieren zum Weitermachen, bis schließlich der User auf das Spiel „losgelassen" wird.

Oder du stellst dir den Onboarding-Prozess bei einem Autokauf vor. Die Verkäuferin hat fast immer eine genaue Abfolge, in der sie die einzelnen Funktionen erklärt, von der wichtigsten („Wie starte ich das Auto?") bis zu seltener wichtigen („Wie stelle ich die Uhr auf Sommer-/Winterzeit um?").

PROZESSBEGLEITUNG

In der digitalen Marktkommunikation kann der Prozess sowohl von Online- als auch Offline-Produkten begleitet werden. Dies kann etwa durch genau getimte, automatisierte E-Mails erfolgen, oder durch Videos, die online angeboten werden, um den Einstieg zu erleichtern.

Folgende Elemente sollten bei jedem Content, der zum Onboarding angeboten wird, unbedingt dabei sein:

- **Identität des Produkts**: Das Markenbild muss mit jedem Content unterstrichen werden, das gilt ganz besonders beim Onboarding. So, wie in den vorangegangenen Phasen kommuniziert wurde, muss das auch in der ersten Phase der Anwendung passieren, um das aufgebaute Vertrauen nicht zu zerstören.
- **Problemdarstellung**: Welches Problem wird gelöst (nicht nur mithilfe des gesamten Produkts, sondern auch durch die aktuell dargestellte Facette bzw. Funktion)?
- **Nutzerversprechen**: Was wird durch den Einsatz erreicht, was hat der Kunde davon?
- **Gebrauchsanleitung**: Welche Schritte müssen durchgeführt werden, um das Angebot richtig zu verwenden? Dabei sollte der Persona auch klar gemacht werden, warum welcher Schritt gemacht werden muss, ohne sie mit Informationen zu überfordern.

DER AHA-MOMENT

Viele Tech-Unternehmen definieren einen Aha-Moment als Schlüssel zum Wachstum und Erfolg. Gemeint ist damit ein Erlebnis auf Userseite, das dafür sorgt, dass der Produktnutzen verstanden wird. Es ist der Moment, an dem statistisch gesehen ein Kunde beziehungsweise User sehr wahrscheinlich das Produkt weiterhin benutzen wird und es nicht in einem (virtuellen oder realen) Regal verstauben wird. Im Folgenden vier Beispiele hierzu:

- Facebook: „7 Friends in 10 Days"
- Twitter: „Follow at least 30 users"
- Dropbox: „Save 1 file in 1 folder on 1 device"
- Slack: „2.000 messages sent within a team"

Wenn du schon einmal Golf gespielt hast, kannst du dich vielleicht an den Moment erinnern, an dem du den Ball zum ersten Mal „richtig" getroffen hast und er viel weiter flog als die vorangegangenen Male. Wer bis zu diesem Moment durchgehalten hat, wird wahrscheinlich noch ein paar weitere Bälle schlagen.

Eine Marke tut gut daran, diesen Aha-Moment zu entdecken. Die Formulierung „entdecken" ist dabei entscheidend. Es handelt sich nämlich nicht um eine Definition aus Markensicht, sondern eine Erkenntnis aus dem Personaverhalten. Entsprechend lässt sich der Aha-Moment auch nur durch Kundenbefragung und -analyse entdecken.

Dabei werden sowohl Personas analysiert, die das Produkt überdurchschnittlich häufig benutzen (Heavy Users), als auch solche, die es überhaupt nicht mehr nutzen (Churned Users). Die One-Million-Dollar-Question, die es zu klären gilt, ist diese:

Was haben Heavy Users gemacht, was Churned Users nicht gemacht haben?

Bei dieser Gelegenheit sollte der Fokus auf elementare Funktionen gelegt werden, der wesentliche Unterschied kann aber auch im Detail liegen. Der Aha-Moment sollte klar und deutlich formuliert sein und sich auf einen einzigen klaren Moment konzentrieren. Je komplexer dieser ist, desto schwieriger ist es, ihn im Onboarding zu nutzen.

Schließlich wird der Onboarding-Prozess um diesen Aha-Moment herum konstruiert:

- Welche Schritte sind nötig, um zum Aha-Moment zu gelangen?
- Wie kann die Persona motiviert werden, diese Schritte zu machen?
- Welche Informationen müssen der Persona zur Verfügung gestellt werden, damit die Schritte durchgeführt werden können?
- Wie können diese Informationen am besten transportiert werden?

Als Ergebnis können Hinweise am Produkt selbst angebracht, Videos erstellt oder Botschaften geschickt werden.

An dieser Stelle noch mal zur Erinnerung: Wir reden noch immer von der Persona als Ansprechperson, nicht ausschließlich von Kunden. Diesen Aha-Moment kann es auch für Mitarbeiter und andere Stakeholder geben!

DELIGHT-PHASE > **IDENTIFIKATION UND BINDUNG**

Nach dem Onboarding kann die Aufmerksamkeit darauf gelenkt werden, die Persona an sich zu binden. Damit ist in der Marktkommunikation jedoch nicht gemeint, dass die Persona vertraglich oder aus Ressourcengründen (z. B. weil das Produkt nur mit Rohstoffen des Unternehmens verwendbar ist) der Marke ausgeliefert ist. Es gilt vielmehr, eine intrinsische Motivation aufseiten der Persona zu schaffen, der Marke treu zu bleiben.

Warum die Bindung einer Persona an die Marke so wichtig ist, hat gleich mehrere Gründe. Zum einen ist es immer einfacher, jemandem etwas zu verkaufen, der bereits der Marke das Vertrauen ausgesprochen hat (Stichwort Upselling). Zum anderen können zufriedene Personas gut als Multiplikatoren dienen: Ein zufriedener Kunde empfiehlt das Angebot anderen Kunden weiter, ein glücklicher Mitarbeiter bringt neue Bewerber und Ähnliches. Dazu ist eine gewisse Identifikation mit der Marke notwendig.

Dies geschieht vor allem durch regelmäßige Kommunikation mit der Persona. Hierbei ist auch wieder ganz besonders wichtig, dass der Content, der ausgespielt wird, einen Mehrwert sowohl für Empfänger als auch für die Marke hat.

SOCIAL MEDIA MARKETING

Mit dem Aufstieg von Social Media in den 2000ern und 2010ern hat sich eine ganz neue Disziplin des Marketings entwickelt. Wie bei allem, was neu ist, musste die Marketingwelt erst lernen, damit umzugehen. Ein Wechselspiel zwischen Content Produzenten, Plattformen und Community legte nach und nach geschriebene und undefinierte Regeln fest.

Unter Social Media Marketing versteht man die Verwendung von Social Networks zur Vermarktung. Durch die Vielseitigkeit, die sich über die Jahre entwickelt hat, gibt es mittlerweile zahlreiche Unterkategorien im Social Media Marketing.

Das besondere an Social Media Marketing im Vergleich zu anderen Marketing-instrumenten ist die multidirektionale Kommunikation. Es ist essenziell, diesen Fakt zu verstehen, wenn man Social Media Marketing macht.

Unidirektioniale Kommunikation geht nur in eine Richtung. Zahlreiche Beispiele finden sich hierfür in „klassischer" Werbung: das Werbeplakat, der Fernseh-spot, die Postwurfsendung. Sie bieten keinerlei Rückkanal. Ein Zuschauer kann zwar nickend einem Fernsehspot zustimmen, diese Botschaft kann jedoch nicht von der Marke wahrgenommen werden.

Bidirektioniale Kommunikation findet zwischen zwei Parteien in beide Rich-tungen statt. Die Sender- und Empfänger-Rolle wechseln einander ab. Ein Bei-spiel hierfür ist das Telefonat oder ein Verkaufsgespräch. Selbst wenn auf einer Seite mehr als eine Person an der Konversation beteiligt sind, stellen sie immer noch eine einzelne Partei dar.

In der **multidirektionalen Kommunikation** schließlich sind beliebig viele Parteien beteiligt und können untereinander kommunizieren. In der „realen" Welt wäre das zum Beispiel eine Party: Jeder Gast kann sich mit jedem beliebi-gen anderen unterhalten.

Im Social Media Marketing geht es also nicht darum, einfach Inhalte nach draußen zu ballern und zu hoffen, dass es die richtigen Menschen erreicht. Ein nicht unwesentlicher Teil ist das Zuhören, dem eigenen „Publikum" und dem der Mitbewerber, den Fans genauso wie den Kritikern. Social Media kann **passiv** hervorragend für **Marktforschung** verwendet werden.

Proaktiv kann mit Social Media gut **Public Relations** gemacht werden. Durch guten Content kann eine direkte Verbindung zu den Personas aufgebaut werden. Ein weiterer riesiger Vorteil ist die unmittelbare Messbarkeit von Social Media. Jeder Sichtkontakt wird gezählt, jede Interaktion gemessen. Man kann gut testen, was „funktioniert" und was nicht, zum Beispiel welcher Zeit-punkt der ideale zum Veröffentlichen und welche Frequenz die beste ist. Gut funktionierender Content kann wiederum die Aufmerksamkeit neuer poten-zieller Kunden auf die Marke ziehen.

Reaktiv kann auf das Feedback und die Gespräche der Community eingegangen werden. Auf einer Party sitzt ein guter Gastgeber auch nicht auf einer Empore und blickt gönnerhaft auf das Treiben der Meute. Gute Gastgeber unterhalten sich, schütteln Hände, klopfen auf Schultern, lachen über Anekdoten. Genau so funktioniert **Community Management.**

NEWSLETTER-MARKETING

Ein Newsletter ist ein regelmäßig gesendeter Inhalt, kann also technisch gesehen neben E-Mail auch über jeden anderen Messenger versandt werden. In den meisten Fällen ist aber (derzeit noch) der Versand mittels E-Mail gemeint.

Newsletter Marketing wurde schon mehrmals totgesagt. Nicht zuletzt mit Einführung der DSGVO 2018 gab es definitiv einen schweren Dämpfer im „Wilden Westen des E-Mail-Marketings". Spam gibt der Disziplin einen schlechten Ruf. Doch wie sagt man so schön: Totgesagte leben länger.

Tatsächlich gibt es beim Newsletter-Marketing bereits deutlich mehr gesetzliche Definitionen als bei Social Media Marketing. Wichtige Vorgaben und Begriffe, die man beim Newsletter-Marketing kennen und befolgen sollte, sind Folgende:

- **Double-Opt-In**: Empfänger von Newslettern müssen nachweislich und ausdrücklich der Aufnahme in den Verteiler zugestimmt haben. Damit dies gewährleistet ist, wird nach dem manuellen Eintragen in die Liste durch den Empfänger ein Bestätigungslink an die angegebene E-Mail-Adresse geschickt. Erst wenn dieser Link geklickt wurde, ist der Eintrag auch „aktiviert" und der Empfänger darf bis auf Widerruf Newsletter erhalten. Das hat für den Versender den Vorteil, dass die Empfänger-Adresse auch tatsächlich eine gültige E-Mail-Adresse ist und somit nicht als Datenleiche in der Datenbank verkümmert.
- **Datenschutzerklärung**: Bei Anmeldung (und ggf. im Newsletter selbst) muss auf eine Datenschutzerklärung verwiesen werden. Darin wird erklärt, wie die Daten gespeichert und verarbeitet werden. Auch wenn das in manchen Ländern nicht verpflichtend ist, gibt es der Marke dennoch einen zusätzlichen Vertrauensbonus.
- **Abmeldelink im Newsletter**: In jedem Newsletter muss ein Abmeldelink enthalten sein. Dieser muss sicherstellen, dass sich der Empfänger mit einem Klick aus dem Verteiler austragen kann. Auch dieses scheinbar kontraproduktive Element hat den Vorteil, dass ein vielleicht unzufriedener Empfänger aufgrund unnötiger Hürden nicht noch unglücklicher wird.

- **Impressum**: Für alle beteiligten ist es von Vorteil, wenn der Absender des Newsletters klar ersichtlich und erkennbar ist. Wer nicht hinter dem Inhalt eines Newsletters stehen kann, sollte ihn auch nicht verschicken.

Sind diese Vorgaben (und ggf. andere gesetzliche Vorgaben des Zielmarktes) erfüllt, steht erfolgreichem Newsletter-Marketing nichts im Wege.

Newsletter sind super! Sie sind relativ einfach zu erstellen, kosten im Versand praktisch nichts und landen direkt im Postfach von Kunden, die sich noch dazu freiwillig damit einverstanden erklärt haben. Dieses Einverständnis kann jedoch jederzeit wieder entzogen werden, wenn der Empfänger das Gefühl hat, keinen Vorteil aus dem Newsletter zu ziehen, oder schlicht und ergreifend kein Interesse mehr hat. Deshalb ist es wichtig, sparsam mit Newsletter-Versendungen umzugehen und auf die Qualität zu achten. Überlege einfach mal, wie viele Newsletter in deinem Posteingang landen und wie viele du davon regelmäßig liest.

Damit der Mehrwert für den Empfänger gesteigert wird, empfiehlt es sich, die Empfängerlisten zu segmentieren. Ein Kino kann beispielsweise Segmente nach Filmgenres festlegen und die Empfänger mit Informationen zu Neustarts aus ihrem Lieblingsgenre versorgen. Ein börsennotierter Konzern hat vielleicht einen eigenen Newsletter für Aktionäre, einen für Kunden und einen für Mitarbeiter. Hier kann wieder auf Personas zurückgegriffen werden.

Natürlich sind auch die Inhaltselemente selbst ausschlaggebend für gutes Newsletter-Marketing. Das beginnt bereits bei der **Betreffzeile**, schließlich ist das das Erste, was der Empfänger von der E-Mail sieht. Deshalb sollte dabei schon klar der Mehrwert des Inhalts angekündigt werden.

In vielen **E-Mail-Clients** (Software zum Versenden und Empfangen von E-Mails) werden auch die ersten paar Wörter aus dem Inhalt in einer **Vorschau** eingeblendet. Sind diese der Verweis auf eine Online-Version oder der obligatorische Abmeldelink, ist damit eine gute Chance vertan. Stattdessen kann hier die Empfängerin direkt angesprochen werden.

Jeder Newsletter sollte einen klaren **Call To Action** haben. Dieser unterstreicht nochmals den Mehrwert für den Kunden, erleichtert die Messbarkeit und führt den Kunden zu weiterer Interaktion mit der Marke.

Sofern sinnvoll, sollte auch eine direkte **Ansprechperson** angeboten werden. E-Mail hat nach wie vor das Gefühl von 1-zu-1-Kommunikation, deshalb ist eine Personifizierung des Absenders manchmal besser als der bloße Markenname. Ein Beispiel: Welchen Newsletter würdest du eher öffnen, einen mit dem Absender „Pulpmedia" oder einen mit „Paul von Pulpmedia"?

Newsletter-Systeme bieten meistens auch die Möglichkeit der **Personalisierung**. Eine einfache Form davon ist die direkte Anrede des Empfängers, beispielsweise „Hallo {Vorname}!". Mit ausgeklügelten Systemen und Anbindung an das **Customer Relationship Management** (kurz CRM) kann diese Personalisierung aber auch raffinierter sein und sogar Nutzerverhalten miteinbeziehen. Als Beispiel kann der Newsletter eines Pflanzenversands zur Winterpflege konkret auf die Pflanzen eingehen, die der Empfänger auch tatsächlich gekauft hat, und dafür noch andere Informationen auslassen.

DELIGHT-PHASE > **SERVICE**

Es gibt ein interessantes psychologisches Phänomen, das sich **Service Recovery Paradox** nennt. Es besagt, dass ein Kunde die Zufriedenheit mit einer Marke höher bewertet, wenn sie ein aufgetretenes Problem mit dem Produkt behoben hat, als wenn überhaupt kein Problem aufgetreten wäre. Der Grund dafür ist wohl, dass dieses Erlebnis das Vertrauen in die Marke stärkt, dass auch bei zukünftigen Problemen eine Lösung gefunden wird. Solange kein Problem aufgetreten ist, besteht immer die Unsicherheit, was dann passieren wird.

Ein Beispiel: Ein reserviertes Hotelzimmer ist aus irgendwelchen Gründen nicht mehr verfügbar. Der Gast wird beim Check-in informiert und bekommt ein Zimmer aus einer höheren Kategorie zum gleichen Preis. Der Gast ist nun zufriedener, als hätte er das gebuchte Zimmer erhalten und wird sehr wahrscheinlich auch in Zukunft das Hotel buchen.

Schlechter Service, vor allem bei Problemen mit dem Produkt, gilt als einer der Hauptgründe von Kunden, zur Konkurrenz zu wechseln. Es gibt hier also viel zu verlieren.

Eine Strategie zur Kundenunterstützung ist also genauso essenziell für den langfristigen Erfolg eines Produkts wie die Bewerbung für den Verkauf.

In diesem Zusammenhang macht es Sinn, wenn wir uns mit dem **Kano-Modell** von Noriaki Kano aus den 1980ern auseinandersetzen. Dieses unterscheidet fünf Qualitätsebenen:

- **Basis-Merkmale** werden vorausgesetzt. Sie fallen eigentlich nur dann auf, wenn sie nicht erfüllt werden, z. B. dass ein Hotelzimmer sauber ist, wenn man es betritt.
- **Leistungs-Merkmale** werden bewusst wahrgenommen. Sie steigern Zufriedenheit oder verhindern Unzufriedenheit, z. B. die Größe eines Hotelzimmers.
- **Begeisterungs-Merkmale** werden nicht vorausgesetzt, führen aber – wie der Name schon sagt – zu Begeisterung, z. B. ein extra großer Fernseher mit kostenlosem Pay-TV im Hotelzimmer.
- **Unerhebliche Merkmale** werden nicht wahrgenommen und führen weder zu Zufriedenheit oder Unzufriedenheit, z. B. eine besonders gute Entlohnung des Hotelpersonals.
- **Rückweisungs-Merkmale** führen zu Ablehnung, wenn sie vorhanden sind und zur Zufriedenheit, wenn sie nicht vorhanden sind, z. B. wenn das Hotelzimmer nicht den Fotos auf der Website entspricht.

Das Modell kommt eigentlich aus der Produktentwicklung, kann aber auch für den Service angewendet werden. Du kannst dir anhand dieses Modells überlegen, wie du den Service rund um dein Angebot gestalten kannst oder musst, um die Zufriedenheit der Persona auszulösen.

Kundenservice ist nicht nur bei Problemen notwendig. Auch der laufende Produktgebrauch sowie Instandhaltung benötigen unter Umständen Begleitung durch die Marke. Grob kann in vier Arten des Service-Contents unterschieden werden:

- Häufig gestellte Fragen (**Frequently Asked Questions**)
- Hilfestellungen und Anwendungsbeispiele (**Help Content**)
- Individuelle Fragen (**1-on-1 Service**)
- Indirekte Problembekundungen (**Bewertungen**)

FREQUENTLY ASKED QUESTIONS

Kein Produkt kann so gestaltet werden, dass es völlig ohne Erklärung auskommt. Selbst bei etwas Alltäglichem wie einem Trinkglas oder Teller stellt sich zum Beispiel die Frage, ob es spülmaschinenfest ist. Üblicherweise werden diese Fragen in der Bedienungsanleitung oder – bei digitalen Produkten – in der „Hilfe" geklärt. Abgesehen davon, dass auch das Content ist, den jemand verfassen muss, reicht geschriebener Text oft nicht aus und es sind selten alle Fragestellungen vorherzusehen.

Das Sammeln von FAQs ist ein wichtiger Teil der Service-Gestaltung. Der große Vorteil ist, dass Antworten und Hilfestellungen gleich mehreren Kunden helfen und somit viel Zeit und Ressourcen gespart werden können. Zusätzlich sollte der gebotene Content immer wieder überprüft werden: Hat dieser Inhalt geholfen, das Problem zu beheben oder die Frage zu beantworten?

HELP CONTENT

Komplexere Fragen werden sehr häufig mit Bewegtbild beantwortet, weil sich Problem und Lösungsweg so am besten darstellen lassen. Auch Anwendungsbeispiele lassen sich gut in Videos erklären. Das macht dem Kunden deutlich, wie die korrekte Handhabung des Produkts funktioniert.

Ein interessanter Nebeneffekt kann sein, dass das Angebot von Help Content auch Aufmerksamkeit auf die Marke ziehen kann. Angenommen, du möchtest ein Hochbeet bauen. Um herauszufinden, wie das geht und was du dafür benötigst, suchst du auf YouTube danach. Das Video eines Baumarktes gibt nicht nur Hilfestellung, sondern verweist auch auf eine Landingpage, auf der ein Bauplan und eine Einkaufsliste heruntergeladen werden können. Wo wirst du wahrscheinlich das Material kaufen?

1-ON-1 SERVICE

Nicht jeder Kunde möchte lange nach einer Lösung suchen. Manche Problemstellungen sind auch zu individuell, um eine allgemeingültige Antwort zu finden. In diesem Fall ist der Kunde auf Hilfe angewiesen. Diese wird häufig in Foren und auf Plattformen gesucht, aber auch immer wieder direkt bei der Marke.

In jedem Fall sollte die Marke eine Hilfestellung anbieten. Ideal eignen sich dafür Messenger-Dienste. Dabei wird dem Kunden ein direkter Kommunikationskanal angeboten, um die Problemstellung zu erläutern und eine Lösung zu finden. Dabei ist es durchaus üblich, den Wechsel des Kanals anzubieten, durch Formulierungen, wie „Senden Sie uns bitte eine E-Mail" oder „Wenden Sie sich bitte über den Messenger an unseren Support".

ONLINE-BEWERTUNGEN

Nicht immer sucht ein Kunde eine Lösung. Oder anders gesagt: Wenn die Suche erfolglos verlief, bleibt der Frust. Diesem machen sich viele Menschen mithilfe von Online-Bewertungen Luft. Eine negative Bewertung ist in den meisten Fällen ein „letzter" Hilfeschrei eines Kunden. Hier hast du als Marke praktisch die letzte Chance, aus einem unzufriedenen Kunden doch noch ein positives Ergebnis zu schlagen.

Natürlich gibt es auch positive Bewertungen und diese sind für jedes Unternehmen sehr erfreulich. In den seltensten Fällen lernt man aber davon. Sie sorgen lediglich für eine schöne Optik im Außenauftritt und können das Vertrauen in die Marke vorab stärken.

Egal ob positive oder negative Bewertungen, man sollte hier auf jeden Fall nicht versuchen, eine „Abkürzung" zu nehmen. Gefälschte positive Bewertungen können bis hin zur Sperre des Accounts führen. Auch der Versuch, eine negative Bewertung zu entfernen, kann negativ enden:

2003 verklagte die Schauspielerin Barbra Streisand einen Fotografen, weil dieser im Zuge einer Analyse von Küstenerosion ihr Anwesen fotografiert hatte. Das entsprechende Foto war eines von über 12.000 und war vor der Klage nur sechsmal heruntergeladen worden, davon zweimal von Streisands Anwälten. Die Klage zog jedoch eine breite Aufmerksamkeit auf sich, und so wurden alleine im Monat nach der Einreichung über 420.000 Zugriffe verzeichnet. Zu allem Überfluss wurde die Klage übrigens auch noch abgewiesen, und Streisand musste die Gerichtskosten des Fotografen bezahlen. Der Versuch, eine Information zu verstecken, zu löschen oder zu zensieren, kann also zu mehr Aufmerksamkeit führen, als dies ohne Eingriff passiert wäre. Dieser Effekt wird seither als **Streisand-Effekt** bezeichnet.

DELIGHT-PHASE > SOCIAL MONITORING UND SOCIAL LISTENING

Social Monitoring ist der Prozess, Erwähnungen einer Marke im Internet zu identifizieren und als Marke darauf zu reagieren. Es ist also ein Tool für Public Relations und Community Management. Social Listening ist die Verwertung der dabei gesammelten Daten, um Entscheidungen aus Kundensicht zu treffen, und ist damit also ein Tool für die Marktforschung und Produktentwicklung.

Jedes Jahr tauchen neue beeindruckende Statistiken auf, wie viel Content auf welcher Plattform in nur einer Minute veröffentlicht wird. Es ist unmöglich, dabei den Überblick zu behalten. In jedem dieser Inhalte kann die eigene Marke erwähnt werden, selbst wenn sie selbst nicht auf dem Kanal aktiv ist. Wenn es eine Marke dann schafft, darauf zu reagieren, nutzt sie einen entscheidenden Vorteil in der Kundengewinnung und -bindung.

Damit dies gelingt, muss man auf Tools zurückgreifen, die diese Kanäle beobachten und auf bestimmte Erwähnungen (Mentions) reagieren. Die meisten Tools führen auch automatisch eine **Sentiment-Analyse** durch und markieren die Erwähnungen mit *positiv*, *negativ* oder *neutral*. Dabei ist zu beachten, dass dieser Algorithmus zwar immer besser wird, aber unter anderem Sarkasmus (noch) nicht erkennen kann. Dennoch hilft es bei der schnellen Analyse der aktuellen Stimmung und der Identifizierung eines Shitstorms.

SHITSTORMS

Ein Shitstorm ist eine abrupt ansteigende Anhäufung negativer Kritik. Jedes Unternehmen und jede Marke kann in diese Situation kommen und sollte deshalb eine entsprechende Krisenkommunikation vorbereitet haben.

Ein Shitstorm kann vorhergesehen werden, wenn ein Unternehmen eine unpopuläre Entscheidung treffen muss (z. B. Stellenabbau). In diesem Fall ist es gut, wenn man schnell mit einer vorbereiteten Stellungnahme reagieren kann.

Meistens tritt der Shitstorm jedoch plötzlich und unvorbereitet auf. Dabei kann es sich um einen einflussreichen, unzufriedenen Kunden handeln oder ein unvorhergesehenes Ereignis. In diesem Fall gilt es, Maßnahmen zwar vorzubereiten, die Situation aber zu beobachten und abzuwarten. In vielen Fällen flachen plötzlich aufflammende Shitstorms ebenso schnell wieder ab, wie sie aufgetreten sind.

Eine weitere Art des Shitstorms sind solche, die vorher anschwellen und schließlich „ausbrechen". Dies kann ein gesellschaftliches Fokusthema (Umweltschutz, Diversität etc.) sein, das früher oder später die Marke betreffen wird. In diesem Fall hat das Unternehmen länger Zeit, die Krisenkommunikation vorzubereiten.

Oberste Grundregel bei Shitstorms ist es, nicht überhastet zu reagieren. Ein Beantworten jeder einzelnen Kritik ist in der Regel nicht möglich, deshalb ist in den meisten Fällen ein geschlossenes Statement die beste Strategie. Dieses Statement sollte jedoch offen auf die Kritikpunkte eingehen und nach Möglichkeit keine neue Angriffsfläche bieten. Eine Abstimmung mit mehreren Abteilungen (z. B. Geschäftsführung, Rechtsabteilung, Presse) ist in diesem Fall unbedingt zu empfehlen.

Eine glückliche Community, die der Marke die Treue hält, kann einen Shitstorm auch zum Abklingen bringen. Sie verteidigen die Marke und bringen Gegenargumente ein, die überdies auch noch glaubwürdiger sind, als wenn sie von der Marke selbst kommen. Ein starkes Community Management kann dafür die entscheidende Vorarbeit liefern.

In manchen Fällen kann der Shitstorm auch beabsichtigt sein. Dies trifft vor allem auf Marken zu, die mit Provokation arbeiten. Diese Strategie ist äußerst riskant, bringt aber viel Reichweite und Interaktion.

NEVER FEED THE TROLL

Nicht jede Kritik ist berechtigt und nicht jede Kritik möchte auch tatsächlich beantwortet werden. Im Batman-Film „The Dark Knight" [57] stellt der von Michael Caine verkörperte Butler Alfred resignierend über den Bösewicht Joker fest: *„Some men just want to watch the world burn."* (Manche Menschen möchten einfach nur die Welt brennen sehen.) Ebenso nutzen manche Menschen den Schutz der Anonymität im Internet, um „Bösewicht" zu spielen.

Sie posten meist provozierende Kritik und erfreuen sich dann an der aufkeimenden Diskussion. Üblicherweise warten sie nur darauf, dass jemand auf ihren Content reagiert und sie weiter sticheln können. Fruchtet ihre Provokation nicht, ist dies die einzige Form der „Niederlage". In diesem Fall kann es sogar vorkommen, dass sie den Content wieder löschen.

Die einzige richtige Vorgehensweise für Marken, wenn ein Kritiker als Troll identifiziert worden ist, ist also Ignoranz, oder mit anderen Worten: *„Never feed the
Troll."* (Füttere niemals den Troll.) Durch die multidirektionale Kommunikation
wird dies jedoch meist erschwert. Selbst wenn die Marke selber nicht reagiert,
können andere User reagieren und so einen Shitstorm aufkeimen lassen.

DELIGHT-PHASE > **OFFBOARDING**

Manchmal soll es einfach nicht sein. Jede Marke hat Kunden verloren. Bei jedem Unternehmen haben schon Mitarbeiter gekündigt. Manche Angebote sind
auch nur dazu gemacht, sie eine bestimmte Zeit zu nutzen (z. B. in der Ausbildung). In den seltensten Fällen kann die Entscheidung, eine Marke zu „verlassen", wieder umgekehrt werden. Gratis-Angebote (oder z. B. eine Gehalts-
erhöhung für Mitarbeiter) können zwar den Prozess oft hinauszögern, ist eine
Persona aber unzufrieden, wird dies tatsächlich nur temporär funktionieren.

Jeder verlorene Kunde ist jedoch die Möglichkeit, etwas dazuzulernen. Das gelingt aber nur, wenn die Beziehung auf einer positiven Note endet. Daniel Kahn-
eman weist in seinem Buch „Thinking Fast and Slow" [58] sogar nach, dass die
Emotion am Ende einer Erfahrung die gesamte Wahrnehmung in der Erinnerung beeinflusst. Endet sie entsprechend positiv, wird die Erfahrung insgesamt
positiver in Erinnerung bleiben und umgekehrt.

Deshalb sollte das Beenden auch nicht unnötig schwer gemacht werden. Wenn
etwa das Löschen eines Accounts mit viel Aufwand verbunden ist, hinterlässt
dies einen bitteren Beigeschmack beim User. Zusätzlich kann der scheidende
User informiert werden, was beim Offboarding alles passiert, und ihm die Möglichkeit der Steuerung geben: Werden die Daten gespeichert? Wenn ja, warum
und wie lange? Hat der User die Möglichkeit, die Löschung vorzeitig zu bean-
tragen?

Schließlich kann die Persona auch verabschiedet werden. Beispielsweise in einer E-Mail, in der bedauert wird, dass die Zusammenarbeit beendet wird, man
sich aber für das bisherige Vertrauen bedankt. Diese Gelegenheit kann genutzt
werden, um Feedback zu bekommen: Was ist der Grund der Beendung? Was
müsste sich ändern, damit eine Rückkehr in Betracht gezogen wird?

Wenn es gelingt, diesen letzten Kontakt positiv zu gestalten, vielleicht sogar mit einem Lächeln auf dem Gesicht des scheidenden Kunden, sind viele der vorangegangenen Probleme wieder vergessen oder zumindest gemildert.

ÜBER DEM RAUSCHEN

Ist die Persona sich einem Problem erst einmal bewusst, wird das Rauschen für sie zur Belastung. Gesucht wird der schnellstmögliche Weg zu einer Lösung, und auf diesem Weg sind viele Fragen zu beantworten. Unnötiger Content ist dabei Zeitverschwendung.

Da kannst du mit deiner Marke punkten. Wenn du Content lieferst, der die Fragen der Persona in den verschiedenen Phasen der Persona Journey beantwortet, bist du ein Begleiter auf ihrer Reise. So wird Vertrauen aufgebaut, in die Marke und das Angebot. Du holst dir also einen Vorsprung gegenüber deinen Mitbewerbern heraus.

Wenn du schon auf das Kapitel über den Content hingefiebert hast, kann ich dir sagen: Es ist soweit!

WORKSHOP

Beginnt mit der Definition der Zielgruppen und versucht, für jede Persona eine möglichst genaue Festlegung zu finden, zum Beispiel mittels Demografien und Interessen. Hier ist es von Vorteil, wenn jemand Input dazu liefern kann, welche Targeting-Möglichkeiten es gibt. Recherchiert zu jeder Persona eine Maximum Audience Size.

Nimm vier Flipcharts und zeichne eine Tabelle mit vier Spalten auf. Jede Zeile steht für eine Persona, jede Spalte für eine Phase in der Persona Journey.

Das erste Flipchart trägt die Überschrift „Erwartungen", oder auch „Die Persona soll ...". Trage in jedes Feld ein, was ihr gerne hättet, dass eine Persona in dieser Phase macht oder denkt. Ein Beispiel dafür siehst du in Tabelle 11.

Persona	Awareness	Consideration	Decision	Delight
Karin Kundin	... unser Angebot als Lösungsoption erkennen.	... unsere Website erkunden. ... sich unsere Videos anschauen.	... in unserem Webshop einkaufen.	... eine loyale Kundin bleiben. ... uns weiterempfehlen.
Michael Mitarbeiter	... uns als guten Arbeitgeber wahrnehmen.	... die Stellenausschreibungen auf der Website durchlesen.	... eine Bewerbung über unsere Plattform einreichen.	... ein glücklicher Mitarbeiter werden. ... unsere Marke nach draußen tragen.
Ingrid Investorin	... unsere Marke als aufstrebendes Unternehmen registrieren.	... sich auf unserer Website über unser Unternehmen informieren.	... einen Termin mit uns wahrnehmen.	... investieren. ... ihr Netzwerk zur Verfügung stellen.

Tabelle 11: Beispiel Persona Journey: Erwartungen

Das zweite Flipchart trägt die Überschrift „Persona Journeys". Geht dazu die Möglichkeiten durch, die wir uns in diesem Kapitel angeschaut haben, und gleiche sie mit der Channel-Map aus dem vorigen Kapitel ab. Arbeitet euch Phase für Phase und Persona für Persona durch. Auch wenn es nicht leicht ist, versucht, euch von der Realisierbarkeit loszulösen. Denkt an eine „ideale", aber realistische Reise aus Sicht der Persona. Wenn ihr kein Budget für TV-Werbung habt, die Persona aber viel fernsieht, schreibt es dennoch auf!

- **Awareness-Phase**
  - Wie wird die Persona auf das Angebot aufmerksam?
  - Wenn sie in Suchmaschinen sucht, welche Suchbegriffe gibt sie ein?
  - Welche Online Ads haben die Chance, ihre Aufmerksamkeit zu gewinnen?

- **Consideration-Phase**
  - Wie recherchiert oder evaluiert die Persona Lösungsmöglichkeiten?
  - Welche Merkmale sind der Persona besonders wichtig?
  - Welche Informationen lassen sich wie am komfortabelsten für die Persona erfassen (z. B. Erklärvideos, Downloads, Konfiguratoren)?
  - Wer beeinflusst die Entscheidung der Persona?
  - Was macht die Konkurrenz und was hindert die Persona daran, sich ihnen hinzuwenden?
- **Decision-Phase**
  - Wie wäre der einfachste Conversion-Ablauf für die Persona?
  - Welche Informationen sind für die Marke und ihr Angebot notwendig?
  - Wie beratungsintensiv ist die Conversion?
  - Wo kann die Conversion überall stattfinden?
- **Delight-Phase**
  - Wie wäre der ideale Onboarding-Prozess für die Persona?
  - Was ist der Aha-Moment des Angebots für die Persona?
  - Welche Fragen wird sich die Persona bei der Benutzung stellen?
  - Auf welchen Kanälen (Social Media, Newsletter usw.) würde die Persona der Marke folgen?

Das dritte Flipchart bekommt die Überschrift „Fragen der Personas". Sammelt dort (z. B. mit Post-ist) die Fragen, die sich die Personas in jeder Phase stellen könnten. Dieses Chart wird besonders wertvoll, wenn es um den Content geht.

Das vierte Flipchart ist schließlich die „Channel-Strategie". Hier werden alle Überlegungen zusammengeführt und in jeder Phase ein realistischer Channel angegeben (auch hier funktionieren Post-its am besten). Bedenkt dabei, dass man auf einem Channel auch mehrere Präsenzen haben kann, beispielsweise einen eigenen Twitter-Account zusätzlich zur Brand für „Service" oder unterschiedliche Newsletter für jede Persona.

6 CONTENT

**„Einer plagt sich immer.
Entweder der Autor
oder der Leser."**- Wolf Schneider

INTRO

Als ich klein war, wollte ich Autor werden. Schon kurz nachdem ich Schreiben gelernt hatte, begann ich, Geschichten zu schreiben. Die beste Geschichte, die ich damals kannte, war Michael Endes „Die unendliche Geschichte" [59]. So begann ich, eine Geschichte über einen jungen, tapferen Krieger in einer Fantasiewelt zu schreiben. Als ich fertig war, gab ich sie einem Nachbarkind zu lesen. Er gab sie mir am nächsten Tag zurück und sagte, dass ich nicht so viele Fehler machen soll, wenn ich irgendwo abschreibe. Ich war todtraurig und begrub meinen Traum vom Autorendasein – schon cool, dass ich jetzt doch noch einer geworden bin.

Jedenfalls ließ mich die Faszination von Geschichten nie los. Ich liebe Bücher, Filme und Adventure Spiele wie „Monkey Island" [60]. Die Erkenntnis, dass Marken und Werbung ebenfalls Geschichten erzählen, hat meinen Berufswunsch besiegelt.

Guter Content verbindet Marken und Menschen. Wenn du die Core Story deiner Marke kennst, wird es dir leicht fallen, guten Content für deine Personas zu finden.

1996 veröffentlichte Bill Gates auf der Website von Microsoft einen Essay mit dem Titel „Content is King" [59]. Er zeichnete darin seine Vision der Zukunft des Internets und hielt fest, dass sie den Content-Produzenten gehören wird. Dieser Artikel beschrieb mit bemerkenswerter Genauigkeit, wie sich die Online-Welt entwickelt hat.

20 Jahre später ging Online-Marketing-Guru Gary Vaynerchuck einen Schritt weiter und rief dazu auf, dass jede Marke wie ein Medienhaus denken und

Inhalte produzieren soll [60]. Auch er sieht den großen Vorteil darin, dass jedes Unternehmen, egal welcher Größe, potenziell die ganze Welt erreichen kann. Zusätzlich ist mit den modernen Tools der Aufwand, unterschiedlichsten Content zu erstellen, auf ein Minimum gesunken.

Schon in den 1990ern fasste Bill Gates den Begriff Content weiter und schloss auch Softwarecode mit ein. Allerdings sparte er Werbung dezidiert aus. Aus Markenkommunikationssicht gibt es jedoch keinen Unterschied. Content ist eine in Form gebrachte Botschaft. Ob dies nun ein Blogpost, ein Video, eine Podcast-Folge oder ein Werbebanner ist, ist einerlei.

6.1 GUTER CONTENT

Gates' „Content is King" wurde zum geflügelten Wort in der Marketingwelt. Vaynerchuck ergänzte es später mit „Content is King, but Context is God" [61]. Content um des Contents Willen macht wenig Sinn. Er muss immer abgestimmt sein mit der Persona, dem Kanal, der Persona Journey.

Die Möglichkeit für jeden, Content ins Internet zu stellen, sorgt aber auch für eine Flut – ein Rauschen. Die Konkurrenz um die Aufmerksamkeit der User ist also gigantisch. Allerdings wird sich auf lange Sicht gesehen guter Content immer durchsetzen. Vielleicht gehen einzelne Content-Perlen unter, aber wenn ein Produzent konsequent guten Content erschafft, wird er damit Erfolg haben.

Hier ein paar Beispiele für guten Content:

POWER OUT?
Als beim Superbowl 2013 für ein paar Minuten der Strom ausfiel, twitterte die Keks-Marke Oreos ein Bild eines ihrer Kekse vor schwarzem Hintergrund mit dem Text: *Power out? No problem. You can still dunk in the dark* [62]. Während andere Marken mehrere Millionen Dollar für eine Präsenz beim größten Sportereignis der Welt ausgeben, konnte Oreos mit einem spontan erstellten Tweet allen die Schau stehlen.

BEISPIELE

ICE BUCKET CHALLENGE

Die Nervenkrankheit Amyotrophe Lateralsklerose (ALS) führt bei Betroffenen zu starken Schmerzen, die zu spastischer Lähmung führen können. Um auf die Krankheit aufmerksam zu machen, und Spenden für die Forschung zu sammeln, rief die ALS Association in den USA zur **Ice Bucket Challenge** auf. Teilnehmer filmten sich dabei, wie ihnen eiskaltes Wasser über den Kopf geschüttet wurde. Das kurzfristige Gefühl sollte die Lähmungserscheinungen von Erkrankten simulieren. Zahlreiche Prominente, wie Bill Gates [63] beteiligten sich daran. Die Kampagne konnte über 220 Millionen US-Dollar Spenden generieren.

OSCAR-SELFIES

Bei der Oscar-Verleihung 2014 versammelte Moderatorin Ellen DeGeneres einige Hollywood-Größen, wie Brad Pitt, Julia Roberts und Meryl Streep, für ein Selfie, das sie auf ihrem Twitter-Account postete [64]. Dieser Content war für einige Zeit der Tweet mit den meisten Retweets. Die Entstehungsgeschichte des **Oscar-Selfies** bei der Übertragung dauerte mehrere Minuten, in denen das Samsung Smartphone aufmerksamkeitsstark in die Kamera gehalten wurde.

WILL IT BLEND?

Der Mixer-Hersteller Blendtec erschuf 2006, kurz nachdem YouTube überhaupt gegründet wurde, ein Format, das sie *Will it Blend?* nannten [65]. In kurzen, regelmäßigen Shows wurde alles Mögliche in ihren Mixer geworfen und zerhäckselt, zum Beispiel Murmeln, Hockey-Pucks, Spielzeugautos und vieles mehr. Die Sendung erfreute sich großer Beliebtheit, wurde aber rasend schnell bekannt, als sie kurz nach der Markteinführung Apples iPhone in Staub verwandelten [66]. Seither wird bei Produktpräsentationen auf Twitter häufig gefragt: *„Yes, but will it blend?"* Die Marke produziert nach wie vor (Stand: Ende 2020) neue Folgen von *Will it Blend?.*

APPLE-EVENTS

Als Steve Jobs 1998 den ersten iMac vorstellte, war dies bereits eine Riesenshow. Der exzentrische Leader von Apple stand gerne auf der Bühne und machte regelmäßig groß aufgezogene Produktpräsentationen. Diese **Apple-Events** lösten und lösen bis heute regelmäßig einen großen Buzz aus. Das beginnt schon vor der öffentlichen Ankündigung, wenn kleine Gerüchte gestreut werden, zu denen sich das Unternehmen nie äußert. Auch die Einladung wirkt üblicherweise etwas mysteriös. Nur wer einschaltet, erfährt, was das neue iPhone kann und woran das Team von Apple sonst so gearbeitet hat.

TASTY

Aus der News- und Entertainment-Plattform BuzzFeed entwickelte sich die Sub-Brand **Tasty**. Diese zeigt auf allen erdenklichen Plattformen Rezepte (meistens Videos) in perfekt abgestimmter Form. Auf Instagram [73] sind das beispielsweise kurze Clips, in denen in den ersten Sekunden das köstliche Ergebnis präsentiert wird, um die Aufmerksamkeit zu gewinnen, dann wird erst das Rezept gezeigt.

NETFLIX NEWSLETTER

Viele Newsletter verschollen ungelesen im Nirvana der Mailbox. Wahrscheinlich hast aber auch du den einen Newsletter, der sofort gelesen wird, wenn er kommt. Dann nämlich, wenn er genau auf dich zugeschnitten ist. Ein gutes Beispiel hierfür ist der **Netflix Newsletter**, der dir auf Grundlage deines Nutzerverhaltens immer neue Filme und Serien vorschlägt, die dich fesseln werden.

WWE

Die Wrestling-Showkampf-Veranstalter **WWE** posten auf ihrem YouTube-Kanal [73] täglich mehrere Videos, die exakt auf ihre Zielgruppe angepasst sind. Die Clips zeigen Zusammenfassungen oder Highlights von vergangenen Kämpfen, Ankündigungen neuer Veranstaltungen und Storylines der Wrestler.

Vier Faktoren machen Content zu gutem Content für eine Marke:

- Relevanz
- Verständlichkeit
- Glaubwürdigkeit
- Einzigartigkeit

GUTER CONTENT > **RELEVANZ**

Guter Content muss inhaltlich relevant sein, sowohl für die Marke als auch für die Persona. Ein Katzenvideo ist zwar schön und wird vielleicht Reichweite bringen, hat aber nur in seltenen Fällen Relevanz für die Marke. Auf der anderen Seite sind neue Mitarbeiter in einem Konzern sicher relevant für die Abteilung, in der sie arbeiten, nicht aber für die Persona.

Darüber hinaus beeinflusst auch der Zeitpunkt in der Persona Journey die Relevanz von Content. Eine Preisinformation kann in dem Fall irrelevant für die Persona sein, wenn sie den Mehrwert des Angebotes noch nicht kennt.

Nehmen wir noch einmal das Beispiel des oben erwähnten Oscar-Selfies: Zuschauer der Oscar-Verleihung sind tendenziell auch Menschen, die Selfies machen. Ein Selfie mit so vielen Superstars positioniert die Marke Samsung als „die Wahl der Celebrities" für Selfies. Die Veröffentlichung Ellen DeGeneres' auf Twitter war die perfekte Kanal-Wahl, da viele Zuschauer der Oscar-Verleihung diese auf Twitter mitverfolgen und kommentieren.

GUTER CONTENT > **VERSTÄNDLICHKEIT**

2020 wurde ein interessanter Post sehr häufig (in unterschiedlicher Form) geteilt. Auf einem Bild ist eine Frau, die mit einem Smartphone ein Selfie macht, mit Corona-Maske zu sehen. Für alle Menschen ein relativ alltägliches Bild im Sommer 2020. Darüber stand: „Zeige dieses Foto einem Menschen aus 1995 und frage ihn, was er glaubt, dass da passiert." Ein hoch interessantes Gedankenexperiment. Das Wort Selfie wurde erstmals 2002 dokumentiert, erst in den frühen 2010ern wurden Selfies weltweit populär. Mit der Markteinführung des iPhones 2007 traten Smartphones ihren Siegeszug an. Maskentragen wurde erst 2020 im Zuge der Corona-Pandemie zum Alltag.

Die Persona muss den Content verstehen. Die Anzahl der möglichen Teraflops eines Prozessors pro Sekunde wird vielleicht eine Technikerin interessieren, der Standard-User eines Computers wird diese Information wohl nicht verstehen.

Verständlichkeit gilt aber sowohl für Sprache und Semantik als auch für die Ästhetik der Form, in der der Content angeboten wird. Content auf Instagram wird üblicherweise nach einer anderen Ästhetik produziert als auf SnapChat. Wenn eine Marke an einer TikTok-Challenge teilnimmt, werden Menschen, die diese Plattform noch nie besucht haben, die Ästhetik nicht verstehen.

Auch hier ein Beispiel von oben: Die Apple-Events sind für Apple-Fans immer so etwas wie ein Feiertag. Die Präsentationen werden dem Zielpublikum entsprechend aufbereitet. Technische Details werden genannt, mögliche Anwendungen werden gezeigt, die Marke fast schon religiös gehuldigt. Außenstehende schütteln dabei oft nur den Kopf.

GUTER CONTENT > **GLAUBWÜRDIGKEIT**

Ein großer Bestandteil von Marktkommunikation ist Vertrauen. Vertrauen in das Angebot, Vertrauen in die Marke, Vertrauen in das Unternehmen. Eng verbunden mit dem Vertrauen ist die Glaubwürdigkeit. Beide Werte müssen über einen längeren Zeitraum durch konsequente Kommunikation aufgebaut werden.

Ist ein Content völlig sinnlos oder absolut unglaubwürdig, schadet dies nicht nur dem Vertrauen in die Marke, sondern macht auch den Content per Definition zu einem schlechten Content. Damit ist jedoch nicht die verbundene und transportierte Emotion oder der faktische Sinngehalt eines Contents gemeint. Guter Content kann durchaus albern sein oder der reinen Unterhaltung dienen, muss jedoch zur Marke passen.

Es wäre zum Beispiel schädlich für ein Krankenhaus, sich über Hygiene-Maßnahmen lustig zu machen. Dieser Inhalt wäre für sie sinnlos. Für eine Eismarke kann es allerdings plausibel sein, einen absurd lustigen Clip zu veröffentlichen, bei dem kein Eis vorkommt, der aber die bunte Farbwelt der Marke unterstreicht.

Glaubwürdigkeit und Vertrauen sind immer ein Wechselspiel zweier Parteien, im Fall der Marktkommunikation zwischen Persona und Marke. Keine Partei kann aus eigener Kraft Glaubwürdigkeit und Vertrauen der anderen Partei erzwingen. Deshalb muss guter Content nicht nur sinnvoll und glaubwürdig für die Marke sein, sondern auch für die Persona.

Das Beispiel von *Will it blend* von oben gibt plausibel den Produktnutzen wieder: Die Mixer von BlendTec sind so stark, dass sie selbst die außergewöhnlichsten Produkte bezwingen. Das schafft Vertrauen, dass die alltäglichen Aufgaben auch erledigt werden können.

GUTER CONTENT > **EINZIGARTIGKEIT**

Radiosender verfolgen auf Social Media meist eine ähnliche Content-Strategie: lustige Sprüche. Diese sind auf den ersten Blick auch sehr erfolgreich. Sie haben ein hohes Engagement und werden gerne geteilt.

Folgt jemand jedoch mehreren Radiosendern gleichzeitig, verschwimmt der Absender komplett und der für Marken so wichtige Wiedererkennungswert schwindet.

Es gibt eine Theorie, die besagt, dass jede mögliche Melodie bereits komponiert wurde. Dies lässt sich durch die begrenzte Anzahl an Noten und der festgelegten Harmonie von Notenfolgen sogar relativ schlüssig erklären. Mark Twain hat sogar behauptet, dass sämtliches kreative Material im Kern ein Plagiat ist [67]. Über die Einzigartigkeit von Content lässt sich also streiten.

Genau wie ein Musikstück jedoch auf unterschiedliche Arten interpretiert werden kann, und jede Kombination an Musikern wiederum eine eigene Version ergibt, lässt sich jede Form von Content eigenständig interpretieren. An der bereits erwähnten Ice Bucket Challenge beispielsweise nahmen zahlreiche Prominente teil. Herausgestochen sind jedoch jene, die sie für sich interpretiert haben, wie Bill Gates, der eine Vorrichtung konstruierte, um sich den Eimer mit Eiswasser selbst über den Kopf zu schütten [63].

Die Einzigartigkeit bezieht sich also einerseits auf die Interpretation, aber auch auf das Umfeld und im Speziellen die Mitbewerber. Der Wortwitz eines lokalen Installateurs in Berlin kann wunderbar von einem Installateur in Bern neu interpretiert werden.

Es ist gut, wenn du dir Best-Practice-Beispiele ansiehst, deine gesamte Strategie jedoch auf ein solches aufzubauen ist dagegen wenig empfehlenswert.

Der Tweet *You can still dunk in the dark* von Oreo war komplett einzigartig. Keine andere Marke hätte auch nur etwas annähernd in die gleiche Richtung bringen können, ohne sofort mit dem „Original" verglichen zu werden.

6.2 CORE STORY

Am 16. September 2009 betrat der Marketer Simon Sinek die Bühne des TEDx PugetSound in Newcastle im US-Bundesstaat Washington. Wie jeder Vortrag im Rahmen einer TEDx-Veranstaltung wurde auch Sineks Vortrag aufgezeichnet. Die Qualität des Videos ist nicht besonders gut, mitten im Vortrag muss sein Mikrofon ausgetauscht werden. Dennoch gehört es zu den beliebtesten TED Talks aller Zeiten. Der Titel des 18-minütigen Vortrags ist „How great leaders inspire action" [68] (Wie große Führungspersönlichkeiten zur Handlung animieren). Vielen ist er jedoch auch unter der Bezeichnung **The Golden Circle** bekannt.

In seinem Vortrag und dem kurz darauf erschienenem Buch „Start with Why" [69] geht es um die Methodik, wie herausragende Führungspersönlichkeiten, etwa Martin Luther King Jr., Steve Jobs oder die Wright-Brüder, kommunizieren, um andere zu inspirieren. Das beschriebene Modell ist der „Golden Circle", drei konzentrische Kreise mit den Bezeichnungen *Why*, *How* und *What*, wobei *Why* der innerste Kreis ist. (Abbildung 19)

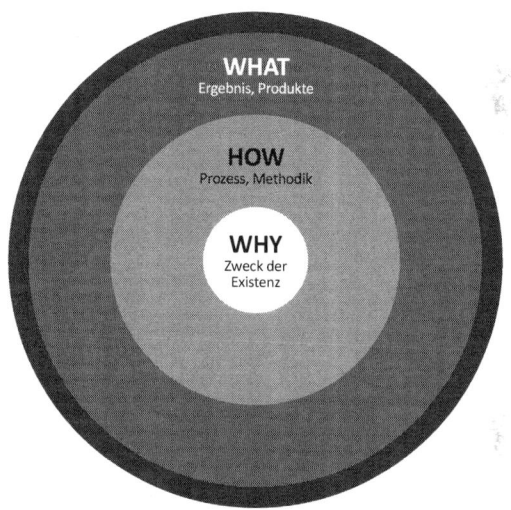

Abbildung 19: Sineks Golden Circle

Sineks Theorie ist Folgende: Üblicherweise kennen alle Menschen im Umfeld das *What* eines Unternehmens, also was es produziert oder verkauft. Eine deutlich kleinere Gruppe kennt das *How*, also Prozess und Methodik, nach der ein Unternehmen vorgeht oder auch dessen Unique Selling Proposition (USP). Noch weniger Menschen wissen, warum das Unternehmen jedoch existiert. Beginnt man die Erklärung eines Produkts mit dem *Why*, also dem *Warum*, ist dies immer der mitreißendere Ansatz.

Ein Beispiel hierzu: „Unser Unternehmen stellt immer den Status quo infrage. Wir entwickeln Produkte, die einfach zu bedienen, und wunderschön gestaltet sind. Möchten Sie eines unserer Smartphones sehen?", klingt interessanter und einladender als: „Unser neues Smartphone hat den schnellsten Prozessor auf dem Markt, dennoch achten wir darauf die Fläche des Prozessors minimal zu halten, weil wir immer das beste Produkt liefern möchten." Im ersten Beispiel war die Kommunikation im Golden Circle von innen nach außen, im zweiten Beispiel von außen nach innen.

Die Idee dazu stammt nicht von Sinek. In „The Big Five for Live" [70] beispielsweise schreibt John Strelecky vom „Zweck der Existenz", was nichts anderes als das *Why* ist. Sinek selbst vergleicht sein Konzept des Golden Circle auch mit dem limbischen System des Gehirns.

Der Golden Circle ist also ein sehr mächtiges Konstrukt, um die Kommunikation zu steuern. Nicht nur das: Ein Unternehmen, dass einen Golden Circle hat, kann auch schneller auf Marktveränderungen reagieren, weil sie nicht so stark am *What* hängen. Wäre beispielsweise die amerikanische Videotheken-Kette Blockbuster nicht davon ausgegangen, dass sie Videokassetten und DVDs an ihre Kunden verleiht, sondern Filme in ihr Zuhause bringt, wäre der Einstieg ins Streaming-Business naheliegend gewesen. Der Konkurrent Netflix hat auch nicht als Streamingservice begonnen, aber ihn als logische Konsequenz der Weiterentwicklung des Marktes gesehen.

Der Prozess, eine Core Story zu entwickeln, kann sehr anstrengend sein. Zahlreiche Seitenwege locken mit wenig zielführenden Diskussionen. Nicht selten verliert man sich darin, sehr generische Begriffe zu verwenden: „qualitätsbewusst", „nachhaltig" oder „Wir sind eine Familie!". Das ist zwar sehr schön, aber austauschbar. In der Core Story, insbesondere im *Why*, geht es um den von Strelecky so schön bezeichneten „Zweck der Existenz".

Eine gute Ausgangsbasis liefert der Ansatz, den Grund der Existenz des Unternehmens einem fünfjährigen Kind zu erklären. Achtung: Auch dabei sollte man sich nicht in einer Diskussion verlieren, was ein Kind versteht und was nicht. Der Ansatz zielt auf einen einfachen Satzbau ab und zwingt dazu, sich aufs Essenzielle zu berufen. Ein Beispiel: „Als Videomarketingagentur erstellen wir aufmerksamkeitsstarke Videos, die durch zielgerichtete Aufbereitung und Ausspielung auch in Performancemarketing einzahlen." ist zwar faktisch korrekt, aber viel zu komplex und spezifisch. Ich habe meinen Kindern mit dem Satz

„Wir erzählen Geschichten über Marken" erklärt, was meine Firma macht, und sie waren zufrieden damit. Jetzt könnte man diskutieren, ob ein Fünfjähriger weiß, was eine Marke ist. Diese Diskussion ist müßig, aber der Schritt zur Core Story ist damit gemacht.

Ein weiterer Ansatz kann die Five Why Method sein: Durch fünfmaliges Nachfragen nach dem *Warum*, dringt man in den Kern vor. Zum Beispiel:

- Wir stellen Batterien her. **Warum?**
- Damit Menschen ihre elektronischen Geräte benutzen können. **Warum?**
- Damit Sie damit Dinge tun können, die sie sonst nicht tun könnten. **Warum?**
- Weil die Geräte den Menschen ermöglichen, Dinge zu tun, für die der menschliche Körper nicht geschaffen wurde. **Warum?**
- Weil wir Menschen über die Intelligenz verfügen, unsere Grenzen zu erkennen und diese mithilfe von Werkzeugen zu überwinden. **Warum?**
- Weil wir Erfinder sind, die nie aufhören, sich weiterzuentwickeln.

Die Entwicklung von der ersten offensichtlichen Antwort zur philosophischen Argumentation brauchte lediglich fünf kindliche Warum-Fragen.

Die Ausformulierung eines Why-Statements sollte sich zu Beginn an folgender Formel orientieren:

Wir **[Aktion]**, sodass **[Auswirkung]**.

Als Beispiel hier die Core Story von LinkedIn:

„Wir **verbinden die Fachleute der Welt,** sodass **sie produktiver und erfolgreicher werden.**"

Mit dieser Formel geht man davon aus, dass jede Aktion eines Unternehmens eine positive Auswirkung auf andere hat, wie ihre Kunden, ihre Mitarbeiter, aber vielleicht auch auf die ganze Welt. Nach der ersten Ausformulierung des Why-Statements kann eine Abwandlung erstellt werden, die inspirierender klingt oder leichter zu merken ist. Berühmte Statement-Beispiele sind Folgende:

- **Microsoft:** *„Our mission is to empower every person and every organization on the planet to achieve more."* (Unsere Mission ist es, jeden Menschen und jede Organisation des Planeten dabei zu unterstützen, mehr zu erreichen.)
- **Google:** *„To organize the world's information and make it universally accessible and useful."* (Die Informationen der Welt zu organisieren und allgemein zugänglich und nützlich zu machen.)
- **Kickstarter:** *„To help bring creative projects to life."* (Dabei helfen, kreative Projekte zum Leben zu erwecken.)
- **Tesla:** *„To accelerate the world's transition to sustainable energy."* (Die Transformation der Welt hin zu nachhaltiger Energie beschleunigen.)
- **The Coca-Cola Company:** *„To refresh the world in mind, body and spirit. To inspire moments of optimism and happiness through our brands and actions."* (Körper, Geist und Seele der Menschen erfrischen. Mit unseren Marken und Aktivitäten optimistische und glückliche Momente erschaffen.)
- **TED:** *„Spread Ideas."* (Verbreite Ideen.)

Meine Agentur Pulpmedia hatte schon mehr als zehn Jahre existiert, als wir den Golden Circle ausgearbeitet haben. Nach langen Gesprächen, Notizen und Kritzeleien stießen wir auf die Formulierung: „Die Suche nach dem Gegenteil von fad." Es war der Grund, warum wir die Agentur gegründet haben. Es ist die Basis jeder Kampagne, die Motivation hinter jedem Kreativ-Meeting. Dass wir jetzt (Stand: 2021) auf Videomarketing fokussiert sind, ist für uns eine logische Konsequenz.

Ein Why-Statement ist kein Werbeslogan. Es muss nicht schön formuliert sein oder jeder Überprüfung eines Wörterbuchs standhalten. Einzelne Wörter oder Formulierungen können sogar nach der ersten Ausarbeitung noch ausgetauscht werden. Das Why-Statement muss einfach zu verstehen sein und einen umsetzbaren Ansatz liefern.

Das Why-Statement ergibt den inneren Kern der Core Story, der sich nur in den allerseltensten Fällen für eine Marke verändert. Um diesen inneren Kern herum schmiegen sich das *How* (USP) und das *What* (Angebot) des Golden Circle.

Jeder Content einer Marke muss zu ihrer Core Story passen. Man wird niemals einen Post von Tesla lesen, der die Förderung von Öl unterstützt. TED wird nie einen Blogpost veröffentlichen, in dem eine Idee zerstört wird. The Coca-Cola Company wird sich niemals pessimistisch über aktuelle Entwicklungen äußern.

6.3 STORYTELLING

In seinem Buch „Sapiens: A Brief History of Humankind" [71] führt Yuval Noah Harari den Erfolg der Menschheit als vorherrschende Spezies auf dem Planeten Erde vor allem auf eines zurück: Die Fähigkeit, Mythen und Legenden zu erzählen. Diese Fähigkeit führt dazu, große Gruppen von Menschen zu beeinflussen, die sich nicht persönlich kennen. Wenn alle an die gleiche Sache glauben, brauchen sie sich nicht im Einzelnen abzustimmen. „Für das Königreich!", „Für Gott!", „Für Geld!" sind sehr gute Mythen, um Massen zu bewegen. Damit konnte sich Homo sapiens gegen körperlich überlegene Neandertaler durchsetzen.

Auch die Weitergabe von Wissen passiert größtenteils über Geschichten. Wir erzählen unseren Kindern von Rotkäppchen, damit sie nicht vom Weg abweichen. Wir verwenden Metaphern, um komplexe Zusammenhänge und Prozesse zu erklären. Wir bedienen uns Schüttelreimen, Eselsbrücken und Liedern, um uns Dinge besser merken zu können.

Der Unterschied zu „nackten Fakten" ist die Verknüpfung mit Emotionen. Diese haben einen substanziellen Einfluss auf den kognitiven Prozess des Menschen. Das betrifft Wahrnehmung, Aufmerksamkeit, Lernen, Erinnerung, Argumentation und Problemlösung. Den Einfluss von Emotionen auf das Lernen und die Erinnerung beschreibt die Psychologin Tyng Chai M. hervorragend in ihrem Artikel „The Influences of Emotion on Learning and Memory" [72].

Jegliche Marktkommunikation tut sich also selbst einen Gefallen, Storytelling als Technik anzuwenden. Schließlich ist eine Marke auch nichts anderes als ein von Harari beschriebener Mythos, den viele Menschen glauben und der viele Menschen zusammenbringt.

Gerade bei Marken ist es jedoch essenziell, dass diese Geschichten im Kern stimmen. Natürlich können diese ausgeschmückt werden, um interessanter oder unterhaltsamer zu werden. Wenn aber die Geschichten zu einem derart starken Grad von der Wahrheit abdriften, dass man sie als „Lügen" bezeichnen kann, wird die Öffentlichkeit früher oder später die wahren Geschichten erzählen. Die Marke verliert dadurch die Kontrolle über das Narrativ.

Ein beinahe schon beeindruckend katastrophaler Fall, bei dem ein erfundenes Narrativ zum Niedergang einer Marke führte, war das Fyre Festival 2017.

Dieses als luxuriöses Musik-Festival konzipierte Event erzählte die Geschichte einer gigantischen Party im Paradies der Bahamas. Fast nichts davon war wahr, weder die angeblich bestätigten Bands noch die angekündigten prominenten Besucher, nicht mal das Gelände war so wie versprochen. Als die ersten Gäste eintrafen, kam die Wahrheit ans Licht. Das ganze Festival war nicht nur ein PR-Desaster, sondern hatte auch rechtliche Konsequenzen. Der Ablauf wurde 2019 von Netflix und Vice in der Dokumentation *Fyre: The Greatest Party That Never Happened* [73] aufgearbeitet.

STORYTELLING > **TYPOLOGIE**

Kommunikation findet immer zwischen zwei Parteien statt. Diese haben genauso Auswirkung auf die Form der Botschaft wie das Medium. Ein Beispiel: Mehrere Kinder sind mit ihren Eltern am Spielplatz. Im Spiel springt ein Kind nach vorne und schubst ein anderes, das zu Boden fällt und sogleich zu weinen beginnt. Die Mutter des Schubsers schimpft mit ihrem Kind in strengem Ton und kurzen Sätzen. Der Vater des weinenden Kindes untersucht es auf Verletzungen und nimmt es dann in den Arm, um ihm sanft Trost zuzusprechen. Nachdem die Situation geklärt ist, reden die beiden Eltern miteinander, beginnend mit einer Entschuldigung der Mutter, einer Beschwichtigung des Vaters, dann tauschen die beiden Erkenntnisse über das Fehlverhalten ihrer Kinder aus.

Die Protagonisten des Beispiels nehmen unterschiedliche Haltungen ein:

- Die Initiative des wilden Kindes, das im Spiel etwas übermütig war.
- Die Dominanz der Mutter, die mit ihrem Kind schimpft.
- Die Gewissenhaftigkeit des Vaters, der nach Verletzungen sucht.
- Die Stetigkeit und Ruhe im Trost.
- Die Deeskalation durch die Entschuldigung der Mutter und der entgegneten Beschwichtigung des Vaters.
- Der verbindende Austausch über Erkenntnisse der beiden Elternteile.

Das Verhalten von Menschen ist größtenteils situationsbedingt, jedoch hat jeder Mensch eine Grundhaltung, die seinem Naturell entspricht, in der er sich am wohlsten fühlt. In einer unsicheren Situation wird er also diese Grundhaltung wählen und versuchen, auf diese Art zu kommunizieren. Mitmenschen werden diese Facette der Persönlichkeit erfassen und auch entsprechend in ihrer Kommunikation berücksichtigen.

Zahlreiche Philosophen, Psychologen und Soziologen haben versucht, Menschen nach ihren Eigenschaften zu kategorisieren. So skizzierte bereits der griechische Philosoph Empedokles (495 - 435 v. Chr.) die **Vier-Elemente-Lehre** und teilte Menschen entsprechend der Elemente Feuer, Erde, Wasser und Luft ein. Auch mit den Sternzeichen gibt es eine ganze pseudowissenschaftliche Disziplin, die sich mit Persönlichkeitsbildern beschäftigt.

Tatsächlich gibt es nicht das eine wissenschaftliche Modell, das allen Proben und jeder Kritik standhält. Menschen lassen sich auch so gut wie nie in nur eine Kategorie einordnen. Neben der Situationsabhängigkeit verschwimmen Persönlichkeitsbilder meist ineinander und haben nur stärkere und schwächere Ausprägungen.

Nicht, weil es „das richtige" ist, sondern weil es ein relativ simples Konzept ist, lässt sich das **DISG-Modell** von William Moulton Marston [74] aus den späten 1920ern gut in der Marktkommunikation anwenden. Es beschränkt sich, wie schon Empedokles, auf vier Persönlichkeitsfelder, die auf zwei Achsen angeordnet werden. Entlang der X-Achse wird die Wahrnehmung des Umfelds gesetzt: Entweder aufgabenorientiert (links) oder menschenorientiert (rechts). Die Y-Achse wiederum teilt in die Reaktion auf das Umfeld ein: Extrovertiert (oben) oder introvertiert (unten). Abbildung 20 zeigt diese Einteilung visuell.

Abbildung 20: Das DISG-Modell

In den vier Quadranten ergeben sich dann die vier Persönlichkeitstypen *Dominant*, *Initiativ*, *Stetig* und *Gewissenhaft*. Von ihnen leitet sich auch die Bezeichnung des Modells ab. Im Original heißt es entsprechend DISC Model: Dominance (D), Influence (I), Steadiness (S), and Conscientiousness (C). Den Feldern werden zusätzlich noch Farben zugewiesen, wie in der Abbildung dargstellt. Durch einen Persönlichkeitstest werden die unterschiedlichen Ausprägungen eines Charakters gemessen. Die stärkste Ausprägung gilt als die Grundorientierung. Menschen, bei denen diese im roten D-Feld (Dominanz) liegt, haben sicher auch Seiten, die in den anderen Feldern liegen, ihr Grundauftreten ist jedoch eher dominant.

Mit dem DISG-Modell lässt sich auch der Persönlichkeitstyp einer Marke definieren. Dazu wird die Marke personifiziert (Wie wäre die Marke, wenn sie ein Mensch wäre?), und dann entsprechend zugeordnet. Das kann sogar durch einen Persönlichkeitstest erfolgen, den Verantwortliche im Zuge der Markendefinition aus der Sicht der Marke durchführen. Diese Personifizierung ist praktisch das Gegenstück zu den Personas.

Die Ausrichtung der Marke hat in weiterer Folge eine Auswirkung auf den Kunden als Gesprächspartner. Der Konsum verändert die Persona und prägt ihre Persönlichkeit in Richtung der Marke. Je nach Grundausrichtung ist der Kommunikationsstil der Marke unterschiedlich:

- Dominant: „Mit mir kannst du der/die Beste sein!"
- Initiativ: „Du kannst so sein wie ich!"
- Stetig: „Wir sind gleich!"
- Gewissenhaft: „Ich kann dich führen!"

DOMINANTE MARKENKOMMUNIKATION

Dominante Marken kommunizieren Steigerung und Verbesserung, sie streben nach Superlativen. Beispiele sind Luxusgüter, Sportartikel oder auch Werkzeuge. Sie fahren meist eine Hochpreis-Politik und loben die hohe Qualität ihrer Produkte. Durch den Konsum wird die Persona zu einem schöneren, stärkeren Menschen, genießt mehr Ansehen und bekommt die Fähigkeit zugeschrieben, Entscheidungen zu treffen und Verantwortung zu übernehmen.

INITIATIVE MARKENKOMMUNIKATION

Initiative Marken leben bestimmte Persönlichkeitsfacetten vor (z. B. Humor oder Provokation) und laden ihre Kunden ein, es ihnen gleich zu machen. Klassische Beispiele findest du in der Unterhaltungsindustrie, bei Süßigkeiten und Modemarken. Sie spielen mit Elementen wie Spaß, Überraschung, Coolness. Die Personas konsumieren das Angebot, um damit auszudrücken oder zu erleben, wonach sie sich sehnen.

STETIGE MARKENKOMMUNIKATION

Stetige Marken suchen das Verbindende. Sie treten für eine gemeinsame Sache ein oder suchen Beziehungen über verbindende Themen. Viele soziale Einrichtungen finden sich in diesem Bereich, auch sehr breit aufgestellte Marken wie Supermärkte, aber auch Genussmarken, die zeigen, dass wir alle uns mal was gönnen können. Diese Marken haben keine Angst vor Intimität oder großen Emotionen. Ihre Personas suchen genau das. Sie kaufen die Verbundenheit, die gemeinsamen Gefühle, die soziale Verantwortung.

GEWISSENHAFTE MARKENKOMMUNIKATION

Gewissenhafte Marken denken nach. Über die Welt, das Unbekannte, über Dinge, die leicht übersehen werden. Sie versprechen ihren Personas sie zu Weisheit und in neue Welten zu führen. Sie treten als Mentoren auf. Viele Unternehmen, die sehr zahlen- und faktenbasierte Produkte anbieten, bedienen sich gewissenhafter Markenkommunikation, aber auch Marken, die neue oder vergessene Ansichten und Erlebnisse anbieten. Die Personas ersehnen sich eine bessere Welt und hoffen, durch den Konsum dort hingeführt zu werden.

STORYTELLING > **ARCHETYPEN**

In Kapitel 3 ging es um Personas, um Stereotype der Ansprechpartner. Dies ist wichtig, um sich dem Empfänger von Botschaften vorzustellen und die Informationen entsprechend aufzubereiten. Der Stil, in dem die Botschaften vermittelt werden, wird archetypisch definiert. Während Stereotype Zuspitzungen sind, sind Archetypen Basisdefinitionen.

Die Definition von Archetypen geht auf den Schweizer Psychiater und Psychologen Carl Gustav Jung zurück [75]. Er definierte archetypische Ereignisse (Geburt, Tod, Trennung von den Eltern usw.), Figuren (z. B. Kind, Mutter, Gott, Teufel, Betrüger, Weiser) und Motive (z. B. Erschaffung, Sintflut, Apokalypse) als grundgefestigte Bilder im Unterbewusstsein der Menschen. Diese Bilder wiederholen sich in zahlreichen (wenn nicht sogar allen) Geschichten und Erzählungen in der einen oder anderen Form.

Im Marketing gilt das Buch „The Hero and the Outlaw" von Margaret Mark und Carol S. Pearson [76] als wegweisend im Einsatz von Archetypen zur Identifikation von Marken. Sie definierten zwölf Marken-Archetypen (Brand-Archetypes):

- Magier (The Magician)
- Narren (The Jester)
- Rebellen (The Outlaw)
- Betreuer (The Caregiver)
- Jedermann/Jedefrau (The Regular Guy/Gal)
- Liebende (The Lover)
- Unschuldige (The Innocent)
- Weise (The Sage)
- Entdecker (The Explorer)
- Schöpfer (The Creator)
- Helden (The Hero)
- Herrscher (The Ruler)

Auch diese Archetypen finden sich in der Popkultur, vor allem in epischen Geschichten, immer wieder. Tabelle 12 zeigt mögliche Zuteilungen der Charaktere in unterschiedlichen Geschichten. Dabei lässt sich erkennen, dass nicht immer alle Archetypen vorkommen müssen. Es zeigt sich auch, dass keiner der Archetypen per Definition die eine „gute" oder „böse" Rolle spielt oder einem Geschlecht zugewiesen ist. Ich habe mich deshalb entschieden, mit dem ungeschlechtlichen Plural zu arbeiten.

Diese Zuteilung wird bei einigen Fans Diskussionsbedarf hervorrufen. Es handelt sich bei Archetypen um keine exakte Wissenschaft und sogar Jung hielt fest, dass die Archetypen nur Grundpfeiler sind und die tatsächlichen Rollen fließend ineinander übergehen. Bei Marken-Archetypen kommt es ebenfalls nicht selten vor, dass ein sekundärer Archetyp zum primären definiert wird, um dem Charakter mehr Tiefe zu geben.

Archetyp	Star Wars	Der Herr der Ringe	Harry Potter	Marvel Cinematic Universe
Magier	Obi-Wan Kenobi	Gandalf	Prof. Dumbledore	Dr. Strange
Narren	C-3PO	Gimli	Dobby	Ant-Man
Rebellen	Han Solo	Gollum	Sirius Black	Black Widow
Betreuer	Chewbacca	Samwise Gamdschie	Rubeus Hagrid	Nick Fury
Jedermann/ Jedefrau	Stormtrooper	Boromir	Familie Dursley	Hawkeye
Liebende	Prinzessin Leia	Arwen	Ron Weasley	Wanda Maximoff
Unschuldige	R2-D2	Legolas	Draco Malfoy	Thor
Weise	Yoda	Elrond	Hermine Granger	Vision
Entdecker		Aragorn		Star-Lord
Schöpfer	Darth Sidious	Saruman	Lord Voldemort	Iron Man
Helden	Luke Skywalker	Frodo Beutlin	Harry Potter	Captain America
Herrscher	Darth Vader	Sauron	Prof. McGonagall	Hulk

Tabelle 12: Archetypen in bekannten Filmen

Die Charaktere entfalten sich im Laufe der Geschichte und durch das Zusammenspiel zueinander. Personas können ebenfalls mit Archetypen versehen werden, um ihr Zusammenspiel im Storytelling der Marke einfließen zu lassen. Sind die Personas so definiert, dass sie sich in der Geschichte wiederfinden, können sie sich mit der Marke besser identifizieren. Eine Marke des Archetyps *Narren* kann zum Beispiel auf Personas des Archetyps *Schöpfer* eingehen, in dem sie lustige, kreative und neuartige Anwendungen zeigen.

Eine wichtige Anmerkung an dieser Stelle zum Archetyp *Helden*. Diese Bezeichnung kann leicht irreführend sein. In der Heldenreise-Theorie wird der Begriff verwendet, um die Entwicklung der wichtigsten Person zu beschreiben. Archetypische Helden sind nicht immer zwangsweise die Protagonisten einer Geschichte. Sie übernehmen – wie alle anderen Archetypen – eine wichtige Rolle in der Handlung.

Archetypen können auch angewendet werden, um sich im Storytelling von der Konkurrenz abzugrenzen. Ein sehr plakatives Beispiel ist die Automobil-Branche.

Volkswagen übernimmt die Rolle des Jedermann, Volvo die des Betreuers, Jeep die des Entdeckers. Mercedes positioniert sich als Herrscher, BMW als der Held. Auch in politischen Kampagnen wird auf Archetypen zurückgegriffen, Donald Trump beispielsweise trat stets als der Rebell auf, der alles anders macht, als das bisher Dagewesene.

Mark und Pearson teilten die Archetypen nach ihrem Grundstreben in vier Gruppen ein (Spiritualität/Wissen, Veränderung, Struktur, Gemeinschaft). Mittlerweile gibt es zahlreiche unterschiedliche Anordnungen und auch Abwandlungen des Modells. In manchen Modellen gibt es auch eine abweichende Anzahl an Archetypen. Eine „korrekte" Anordnung und Einteilung gibt es nicht.

In Kombination mit dem DISG-Modell lässt sich eine Anordnung ableiten, wie in Abbildung 21 dargestellt. Bei der Herausarbeitung der Archetypen kann diese Einteilung helfen, zuerst eine grobe Tendenz festzulegen, und dann im Detail zu schärfen.

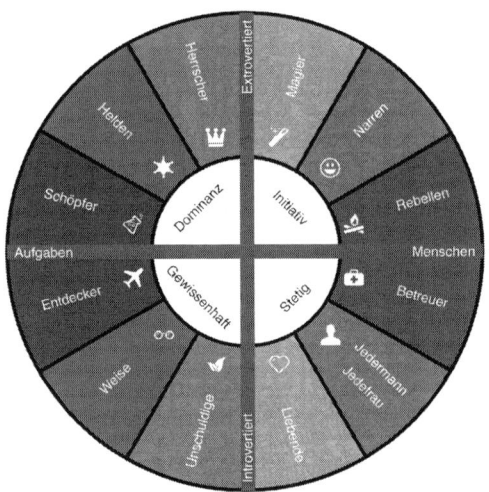

Abbildung 21: Anordnung der Archetypen nach dem DISG-Modell

Sich gegenüberliegende Archetypen in der Anordnung sind nicht zwingend die exakten Gegenteile, bieten aber meistens die spannendste Dynamik in ihrem Zusammenspiel: die Weise und der Narr, die Heldin und der Jedermann, die Magierin und der Unschuldige.

Die Archetypen unterscheiden sich im Wesentlichen durch ihr Grundstreben, ihre Eigenschaften und ihre Wirkung auf andere (Tabelle 13).

Archetyp	Einteilung nach Marke/ Person	Einteilung im DISG-Modell	Grund-streben	Eigenschaften	Einfluss auf andere	Marken-beispiel
Magier	Veränderung	Initiativ: extrovertiert und men-schenorien-tiert	Macht	Charismatisch, visionär, inno-vativ	Die Welt mit anderen Augen sehen	The Walt Disney Company
Narren	Gemeinschaft	Initiativ: extrovertiert und men-schenorien-tiert	Freude	Fröhlich, frech, clever, lustig	Eine gute Zeit haben	Ben & Jerry's
Rebellen	Veränderung	Initiativ: extrovertiert und men-schenorien-tiert	Befreiung	Herausfordernd, systemkritisch, aufzeigend	Regeln brechen	Harley-Davidson
Betreuer	Struktur	Stetig: introvertiert und men-schenorien-tiert	Fürsorge	Empathisch, hilfsbereit	Sich um etwas kümmern	WWF
Jedermann/ Jedefrau	Gemeinschaft	Stetig: introvertiert und men-schenorien-tiert	Zugehö-rigkeit	Bodenständig, geradlinig, ver-bindend	Zusammen-gehören	Volks-wagen
Liebende	Gemeinschaft	Stetig: introvertiert und men-schenorien-tiert	Nähe	Sinnlich, lie-bend, glamou-rös	Sich wohlfühlen	L'Oreal
Unschuldige	Spiritualität	Gewissen-haft: introvertiert und aufga-benorientiert	Sicherheit	Optimistisch, verlässlich, ehrlich	Die Welt als guten Ort sehen	Dove

Tabelle 13: Übersicht Unterschiede der Archetypen

Archetyp	Einteilung nach Marke/ Person	Einteilung im DISG-Modell	Grund-streben	Eigenschaften	Einfluss auf andere	Marken-beispiel
Weise	Spiritualität	Gewissen-haft: introvertiert und aufga-benorientiert	Wissen	Überlegt, klug, lehrreich	Die Welt verstehen	Google
Entdecker	Spiritualität	Gewissen-haft: introvertiert und aufga-benorientiert	Freiheit	Abenteuerlus-tig, risikofreu-dig, authentisch	Sich frei fühlen	Jeep
Schöpfer	Struktur	Dominant: extrovertiert und aufga-benorientiert	Innova-tion	Erfinderisch, kreativ, gestal-tend	Etwas erschaffen	LEGO
Helden	Veränderung	Dominant: extrovertiert und aufga-benorientiert	Herr-schaft	Mutig, hilfsbe-reit, zielstrebig	Die Welt verbessern	Nike
Herrscher	Struktur	Dominant: extrovertiert und aufga-benorientiert	Kontrolle	Verantwor-tungsbewusst, strukturiert	Stabilität schaffen	Rolex

Tabelle 13: Übersicht Unterschiede der Archetypen

MAGIER (THE MAGICIAN)

Magier sind im Storytelling immer ein bisschen mysteriös, dabei aber stets charismatisch. Scheinbar spielerisch können sie Träume wahr werden lassen, streben entsprechend nach der Macht über die Realität.

In Geschichten übernehmen sie oft die Rolle eines Begleiters ein, der dem Pro-tagonisten die „wahre" oder auch die „versteckte" Welt hinter der offensicht-lichen zeigt. In *The Matrix* [77] übernimmt **Morpheus** diese Rolle und zeigt Neo die echte Welt hinter der seiner Wahrnehmung, die nur eine Computersimu-lation ist.

Ein klassisches Beispiel aus der Markenwelt ist Unterhaltungsriese Walt Disney. Egal, ob man sich einen Film ansieht, in einen Vergnügungspark geht oder eines der zahlreichen Spielsachen kauft, Disney steht immer für das Eintauchen in eine neue Welt. Auch The Coca-Cola Company arbeitet mit dem Archetyp des

Magiers, wenn sie zu Weihnachten den roten Truck auf Reisen schicken, in dem sich Fantastisches abspielt.

Marken, die sich mit dem Archetyp *Magier* identifizieren, sollten sich folgende Frage stellen: „Was ist in deiner Welt möglich?", und diese mit allem Content, den sie veröffentlichen, beantworten.

Im Verhalten ergeben sich folgende Dos and Don'ts für Magier:

Dos	Don'ts
• Erschaffe eigene Welten!	• langweilig und berechenbar sein
• Lass Träume wahr werden!	• sich in die Karten schauen lassen
• Sei verspielt, aber souverän!	• alles „zu Tode" erklären
• Sei clever, aber nicht arrogant!	• einschränkend sein

Tabelle 14: Dos and Don'ts des Marken-Archetyps „Magier"

NARREN (THE JESTER)

Narren werde oft als Dummköpfe abgestempelt. Aber sie erfüllen eine wichtige Aufgabe: Sie zeigen dem Protagonisten eine Welt abseits derer, die er kennt. Eine lustige, vielleicht auch absurde Welt. Eine Welt, die positiv ist, in der es keine ausgetretenen Pfade gibt. Wie der Hofnarr im Mittelalter hält dieser Archetyp einen Spiegel vor, der kann verzerrt und komisch sein, führt aber letztlich zu Erkenntnis und Weisheit.

Man könnte diesen Archetyp auch Spaßmacher oder Entertainer bezeichnen. Ihr Ziel ist es, Freude zu verbreiten. Sie helfen Menschen, eine gute Zeit zu haben. Ihre Fröhlichkeit und Cleverness nehmen die Anspannung aus dem Alltag. In *Star Wars* [78] übernimmt beispielsweise der Android **C-3PO** diese Rolle. Selbst im spannendsten Schusswechsel stolpert er (weitestgehend) unversehrt durch die Szene und lässt verbal keine Pointe aus.

In der Markenwelt nehmen knallbunte Marken diese Rolle ein, wie Süßigkeiten oder auch Billigmarken. Ziemlich beeindruckend ist das Beispiel der amerikanischen Pflegeprodukt-Marke Old Spice. Diese traditionsreiche Marke existiert seit 1937 und hat seither einiges an Staub angelegt. Gegen Anfang der 2010er ließ die Marke mit einem witzig-absurden Spot aufhorchen, in dem der **Old Spice Guy** (dargestellt vom Schauspieler Isaiah Amir Mustafa) eingeführt wurde. Die Marke legte dadurch praktisch eine 180-Grad-Wendung zum bisherigen Markenimage hin. Und das mit großem Erfolg.

Humor ist zwar naheliegend, um den Alltag zu verschönern, liegt aber immer im Auge des Betrachters. Deshalb müssen sich Marken die Frage stellen, was witzig oder unterhaltsam ist und was nicht. Welche Grenzen dürfen übertreten werden, und wo wird eine rote Linie gezogen?

Im Verhalten ergeben sich folgende Dos and Don'ts für Narren:

Dos	Don'ts
• Arbeite mit Humor! • Übertreibe/Überspitze! • Sei positiv und optimistisch! • Unterhalte/Sorge für eine gute Zeit!	• sich zu ernst nehmen • Angst machen • langweilig sein

Tabelle 15: Dos and Don'ts des Marken-Archetyps „Narren"

REBELLEN (THE OUTLAW)

Ähnlich wie Magier und Narren begehrt auch der Rebell gegen die aktuelle Welt auf. Während die Magier jedoch eine Traumwelt dahinter zeigen und sich Narren darüber lustig machen, wählen die Rebellen einen direkten Weg. Sie streben nach der Befreiung aus den Ketten der Gesellschaft, des Establishments und/oder der Political Correctness.

In Geschichten haben Rebellen oft kriminelle oder gar anarchistische Züge, sie stellen ein krasses Gegenbild zur bestehenden Welt dar und zeigen das auch offen. In *Fight Club* [79] zeichnet **Tyler Durden** eine Welt, in der es okay ist, sich zu schlagen. Chaos wird zur gewünschten Normalität erklärt, die alte Weltordnung zu Fall gebracht. Dabei ist er stets cool und hat immer eine sarkastische Bemerkung auf den Lippen.

Viele jugendliche Modemarken treten als Rebellen auf, doch das wohl klassischste Bild hat die Motorrad-Marke Harley Davidson geprägt. Spätestens seit im Film *Easy Rider* [80] Peter Fonda und Dennis Hopper auf ihren Harleys entlang der Route 66 donnerten, wird mit der Marke der Begriff Freiheit in Verbindung gebracht. Selbst der verbohrteste Anwalt wird zum wilden Rebellen, wenn er den Anzug gegen die Lederjacke tauscht und sich auf das Motorrad setzt.

Bei aller Freiheit ist die Rebellion jedoch immer auf den Status quo angewiesen. Wogegen wird rebelliert? Und was passiert, wenn die Vormacht zu Fall gebracht wurde? Apple trat beispielsweise lange Zeit als der Rebell auf, legendär dabei der Werbespot zur Einführung des iMacs 1984. Mit der Zeit wurde aber Apple zum unangefochtenen Weltmarktführer und musste entsprechend seinen Archetyp (hin zu den Schöpfern) ändern.

Im Verhalten ergeben sich folgende Dos and Don'ts für Rebellen:

Dos	Don'ts
• Stelle den Status quo in Frage! • Gehe Risiken ein! • Ecke an, sei herausfordernd, brich Tabus!	• förmlich, konform, brav sein • viele Regeln aufstellen • kompliziert sein

Tabelle 16: Dos and Don'ts des Marken-Archetyps „Rebellen"

BETREUER (THE CAREGIVER)

In fast jeder Geschichte gibt es einen Begleiter, einen Freund, der dem Protagonisten zur Seite steht, wenn dieser Hilfe braucht. Sie kennen dessen Ängste, Herausforderungen und Unzulänglichkeiten. Aufopfernd kämpfen sie dafür, dass er sein Ziel erreicht. Fürsorge ist ihr innerer Antrieb.

So wie **Samwise Gamdschie** in *Der Herr der Ringe* [81]. Er begleitet Frodo Beutlin auf der gesamten Reise zum Schicksalsberg, besteht allerlei Abenteuer und rettet ihn aus so mancher brenzligen Situation. Dabei ist er dennoch nicht der Held. Diese Rolle überlässt er seinem Freund. Frodos Erfolg ist auch sein Erfolg.

Der Archetyp des Betreuers ist für NGOs naheliegend. Ein beeindruckendes Storytelling mit diesem Archetyp fuhr aber Proctor und Gamble ab 2010 mit der „Proud Sponsor of Moms"-Kampagne. Zu den Olympischen Spielen in Vancouver erzählten sie den Werdegang von Sportlerinnen und ihren Müttern, die bei jedem Erfolg, aber auch bei jeder Niederlage an ihrer Seite waren.

Wichtig beim Archetyp Betreuer ist die klare Definition, worum er sich kümmert. „Eine bessere Welt" ist zwar das ultimative Ziel, aber es gibt viele mögliche nächste Schritte dorthin.

Im Verhalten ergeben sich folgende Dos and Don'ts für Betreuer:

Dos	Don'ts
• Hilf anderen! • Sei warmherzig, verständnisvoll und gefühlvoll! • Zeig Dankbarkeit und Wertschätzung! • Achte auf das große Ganze!	• Humor auf Kosten anderer • intransparent/mysteriös sein • Intoleranz, Ausgrenzung

Tabelle 17: Dos and Don'ts des Marken-Archetyps „Betreuer"

JEDERMANN/JEDEFRAU (THE REGULAR GUY/GAL)

Unter all den ausgesprochen charakteristischen Archetypen, muss es auch eine Gruppe geben, die völlig „normal" in der Welt lebt. Die breite Masse, die zusammengehören, die ihr Leben leben mögen. Sie suchen keine Herausforderungen, wollen keine Abenteuer erleben oder sich verändern. Sie sind glücklich, wie es ist und möchten, dass alles so bleibt.

Im Animationsfilm *Toy Story* [82] bekommt der Spielzeug-Cowboy **Woody** Konkurrenz vom modernen Astronauten Buzz Lightyear. Er sieht diesen als Gefährdung, fühlt sich wohl in seiner bisherigen Welt ohne Laserpointer und Special Effects bedroht. Deshalb heckt er einen Plan aus, den Eindringling loszuwerden.

Alle Marken, die auf die breite Masse abzielen, tun gut daran, sich am Archetyp des Jedermann zu bedienen. Auf den Punkt gebracht hat es die österreichische Supermarktkette Billa, als sie in ihrer „Sagt der Hausverstand"-Kampagne über zehn Jahre hinweg genau diesen personifizierten. Der Hausverstand war ein Mensch wie du und ich. Ganz normal, ohne Schnickschnack; und natürlich die clevere Wahl.

Der Jedermann muss nicht immer zur größten Gruppe gehören. Es erfordert jedoch eine Definition dieser Gruppe. Der Marken-Archetyp Jedermann/Jedefrau funktioniert dann besonders gut, wenn die Persona ebenfalls ein Jedermann/ eine Jedefrau ist.

Im Verhalten ergeben sich folgende Dos and Don'ts für Jedermann/Jedefrau:

Dos	Don'ts
• Sei freundlich und bodenständig! • Sprich gerade heraus! • Ecke nicht an! • Präsentiere dein Angebot als die „einfache" oder die „smarte" Wahl!	• verschnörkelt, kompliziert sein • (zu) clever sein • alles, was extrem ist

Tabelle 18: Dos and Don'ts des Marken-Archetyps „Jedermann/Jedefrau"

LIEBENDE (THE LOVER)

Was wären Geschichten ohne eine Romanze? Einen kleinen Flirt, sexuelle Spannung oder eine kleine Sünde? Liebende suchen die Nähe, die Intimität. Sie sind sinnlich, emotional, auch glamourös und elegant.

Als kleines Kind wünschte sich **Anna** aus Disney's *Frozen – Die Eiskönigin* [83] nichts sehnlicher als die Nähe ihrer Schwester Elsa, die sich aber aufgrund ihrer besonderen Fähigkeiten zurückgezogen hat. Als sich im Erwachsenenalter dann erstmals Gäste im Schloss der beiden Prinzessinnen einfinden, verliebt sie sich sogleich Hals über Kopf in einen Prinzen, ohne dessen Absichten zu erkennen. Erst am Ende der Geschichte lernt Anna die wahre Bedeutung der Liebe.

Bei Marken ist der Archetyp der Liebenden selten so kindlich. Unterwäsche-Marken und Parfums spielen mit der Erotik, aber auch Speiseeis wie Häagen-Dazs oder Magnum positionieren sich als sinnlich-verführerisch. Gerade Letztere hatte Mitte der 2000er sieben neue Geschmacksrichtungen unter der Bezeichnung der sieben Todsünden eingeführt.

Marken, die sich dem Archetyp der Liebenden annehmen wollen, können sich fragen, welche „Sünde" mit ihnen begangen werden kann. Was gönnt sich die Persona, wie wird ihr Leben auf intime Art und Weise schöner?

Im Verhalten ergeben sich folgende Dos and Don'ts für Liebende:

Dos	Don'ts
• Zeige Leidenschaft, Glamour, Verlangen und Schönheit! • Spiele mit der „Sünde"! • Gönn dir was Schönes!	• Klamauk • nachdenklich oder pessimistisch sein • alles, was „billig" wirkt

Tabelle 19: Dos and Don'ts des Marken-Archetyps „Liebende"

UNSCHULDIGE (THE INNOCENT)

Die Unschuldigen zeigen oft eine naiv-optimistische Sicht auf die Welt. Sie schwelgen in schönen Erinnerungen und „den guten alten Zeiten". Dies als Schwäche zu deuten, wäre falsch. Bei Unschuldigen finden die Protagonisten Vertrautheit, eine Freundin, bei der sie sich wohlfühlen und wo es nichts Böses gibt.

Im gleichnamigen Film wird *Forest Gump* [84] trotz (oder durch) seine Naivität ein beeindruckendes Leben zuteil. Er wird von vielen unterschätzt, findet aber in seiner unbeirrbar positiven Einstellung zur Welt Mut, Erfolg und schließlich auch Liebe.

„Unschuldige" Marken haben oft einen sentimental-traditionellen Touch. Sie existieren schon lange und erinnern die Konsumenten an ihre Kindheit. 2004 begann die Pflege-Marke Dove die Kampagne „For Real Beauty". Anders als bis dahin üblich, wurden in dieser Kampagne nicht nur junge, schlanke, weiße Frauen, sondern „echte" Frauen gezeigt. Begleitet wurde die Kampagne vom *Dove Report*, in dem eine neue Definition von Schönheit gesucht und das Thema Selbstzweifel von Frauen behandelt wird.

Die Kernfrage von Marken des Archetyps Unschuldige lautet, wie denn die schöne(re) Welt aussieht, die sie selbst sehen und andere (noch) nicht. Das kann soziologische, ökologische oder auch ökonomische Facetten betreffen.

Im Verhalten ergeben sich folgende Dos and Don'ts für Unschuldige:

Dos	Don'ts
• Zeig die Welt als guten Ort! • Sei optimistisch und ehrlich! • Gewinne Vertrauen! • Wecke Kindheitserinnerungen!	• unberechenbar sein • mysteriös sein • sich über andere lustig machen

Tabelle 20: Dos and Don'ts des Marken-Archetyps „Unschuldige"

WEISE (THE SAGE)

In vielen epischen Geschichten trifft der Protagonist früher oder später auf einen weisen Menschen, der ihm die Welt erklärt. Ein Weiser der ruhig und besonnen, oft auch unmenschlich neutral, Fakten und Erkenntnisse vorträgt. Der Protagonist wird dadurch wieder auf den richtigen Pfad gelenkt.

Wie Captain Kirks vulkanischer Freund **Spock** in *Star Trek* [85], der nie aufhört, dazuzulernen, stets analysiert und präzise trockene Kommentare abgibt. Er zeigt nahezu keine Emotionen (was durch die Hintergrundgeschichte seiner außerirdischen Herkunft erklärt wird). Seine Entscheidungen basieren stets auf Logik und „Emotionen sind unlogisch".

Der Archetyp bietet sich natürlich für Forschungseinrichtungen und Universitäten an. Praktisch jedes Unternehmen, das Daten sammelt und analysiert, kann gut damit arbeiten. So bringen beispielsweise Google und Spotify jedes Jahr einen Rückblick basierend auf ihren Daten heraus. 2016 plakatierte der Musikstreaming-Dienst absurde Ausreißer seiner Daten, wie: *„Dear person who played ‚Sorry' 42 times on Valentine's Day, what did you do?"*

Der Archetyp funktioniert nur, wenn die Marke über Wissen, Zahlen und Fakten verfügt, die die Personas nicht haben. Entsprechend muss sich die Marke damit beschäftigen, welche Daten das sein können.

Im Verhalten ergeben sich folgende Dos and Don'ts für Weise:

Dos	Don'ts
• Arbeite mit Daten, Zahlen und Infografiken! • Zeige Hintergründe und erkläre Zusammenhänge! • Fordere Intelligenz heraus!	• populistisch, oberflächlich oder plump sein • in Aussagen ignorant, uninformiert oder unspezifisch sein

Tabelle 21: Dos and Don'ts des Marken-Archetyps „Weise"

ENTDECKER (THE EXPLORER)

Während Helden in Geschichten für andere kämpfen, suchen Entdecker nach neuen Welten, nach Freiheit. Sie scheuen nicht das Abenteuer, sind risikofreudig und dabei sehr authentisch, oft sogar etwas rau.

Indiana Jones [86] erlebte in mehreren Filmen und Computerspielen seine Abenteuer. Mit dem ikonischen Hut und Peitsche bewaffnet, lüftete er die großen Geheimnisse der Menschheit. Dabei traf er zwar immer auf Freunde, bleibt aber insgesamt eher ein Einzelgänger. Seine Ecken und Kanten machten ihn nur sympathischer.

Vor allem Outdoor-Marken können gut diesen Archetyp ausleben – alles, was die Verbindung zur Natur zeigt, raue Umgebungen, unbekannte Welten. Sehr plakativ hat dies die Kleidermarke Schöffel mit der „Ich bin raus"-Kampagne Anfang der 2010er gezeigt. Schöne Bilder „draußen" wurden mit textlichen Aussagen aus dem hektischen Alltag kombiniert, zum Beispiel: „In diesen Minuten beginnt irgendwo ein Meeting zum Thema ‚Effizienzsteigerung beim Workload-Management'." Das Bild hierzu zeigte einen Menschen an einem Fluss, der durch viele Steine in zahlreiche Ausläufer geteilt wird.

Im Verhalten ergeben sich folgende Dos and Don'ts für Entdecker:

Dos	Don'ts
• Demonstriere Naturverbundenheit! • Zeige Abenteuer! • Sei aufregend!	• brav sein • Faulheit akzeptieren • zu technisch sein • Urbanität glorifizieren

Tabelle 22: Dos and Don'ts des Marken-Archetyps „Entdecker"

SCHÖPFER (THE CREATOR)

Schöpfer können viele Gesichter haben – der verrückte Professor, die exzentrische Künstlerin, der visionäre Architekt, die findige Hackerin. Mal schaffen sie etwas gottgleich aus dem Nichts, mal feilen sie vertieft über Jahre an ihrer Kreation.

Im Marvel Universum nimmt *Iron Man* [87] diese Rolle ein. Sein Alter Ego **Tony Stark** ist ein normaler Mensch, ohne Superkräfte. Er ist aber ein genialer Erfinder und kann so dieses Manko mit seinen Technologien ausgleichen. Seine Errungenschaften nutzt er nicht nur für sich selbst, das Schild des **Captain America** zum Beispiel stammt auch aus dem Hause Stark.

Allerlei Technologie-Firmen bedienen sich dem Archetyp Schöpfer. Apple wandelte sich im Laufe der Zeit vom wilden Rebellen zum kreativen Schöpfer. Die minimalistische „Imagine"-Kampagne der Spielzeugmarke LEGO trieb den Archetyp auf die Spitze: Auf einfarbigen Hintergründen wurden mit wenigen Blöcken einfache Gebilde dargestellt. Der Schatten erst zeigte, was der Schöpfer im Werk sieht. Aus zwei quer zusammengesteckten länglichen Blöcken wird ein Flugzeug, aus mehreren übereinandergestapelten ein Turm.

Abbildung 22: Abbild der LEGO „Imagine"-Kampagne

Die Schöpfer-Marken ermöglichen ihren Personas, selbst zu Schöpfern zu werden. Entsprechend müssen sie im Storytelling zeigen, was diese mit ihren Produkten erschaffen können.

Im Verhalten ergeben sich folgende Dos and Don'ts für Schöpfer:

Dos	Don'ts
• Zeig, was man mit deinem Produkt erschaffen kann! • Fördere und fordere Kreativität! • Sei bunt und farbenfroh!	• langweilig sein • Konformität fordern • Ideen kopieren

Tabelle 23: Dos and Don'ts des Marken-Archetyps „Schöpfer"

HELDEN (THE HERO)

Helden sind oft die Protagonisten einer Geschichte. Sie müssen sich Herausforderungen stellen und Abenteuer erleben, die sie verändern, und am Ende ihre Überlegenheit zeigen. Sie sind mutig und zielstrebig, aber auch hilfsbereit und schützend.

Harry Potter [88] wächst bei seinem Onkel, seiner Tante und seinem Cousin auf. Er ist ein unscheinbarer Junge, bis er mit 11 Jahren erfährt, dass er eigentlich ein Zauberer ist. Fortan lernt er in der Zauberschule Hogwarts die Kunst des Zauberns und bereitet sich auf den großen Kampf gegen seinen Widersacher Lord Voldemort vor.

Marken, die vor allem Stärke ausstrahlen wollen, positionieren sich und damit ihre Kunden als Helden. Ein technologischer Vorsprung, hohe Qualität oder die Fähigkeit, Veränderung herbeizuführen. Für Sport- oder Technologiemarken ist der Archetyp naheliegend. In seiner politischen Kampagne zur US-Präsidentschaft 2008 setzte sich Barack Obama als Held in Szene. Unter ikonischen Bildern des Künstlers Shepard Fairey prangten die Worte „Hope", „Progress" oder „Change".

Der Held kann nur existieren, wenn er eine Herausforderung hat. Eine Marke, die den Archetyp nutzen möchte, muss deshalb definieren, was die Kunden mit ihrem Angebot erreichen können.

Im Verhalten ergeben sich folgende Dos and Don'ts für Helden:

Dos	Don'ts
• Zeige Selbstbewusstsein, Fortschritt und Veränderungswillen! • Sei souverän! • Arbeite mit starken Bildern und Symbolen, z. B. Tieren oder Celebrities!	• faul, langweilig oder bescheiden sein • Klamauk, Absurdität • sich über andere/Schwächere lustig machen

Tabelle 24: Dos and Don'ts des Marken-Archetyps „Helden"

HERRSCHER (THE RULER)

In Kindergeschichten der König, später die Herrscher, Anführer, Oberbosse. Entscheider, die sich ihrer Verantwortung bewusst sind. Die Hersteller von Stabilität, Struktur und Ordnung. Herrscher sind oft die Auftraggeber, Gönner oder auch Feinde der Helden.

Die ikonische Rolle von Marlon Brando als **„Don" Vito Corleone** in *Der Pate* [89] ist ein Herrscher im klassischen Sinn. Mit heruntergezogenen Mundwinkeln entscheidet er, wer leben darf und wer sterben muss. Er gewährt Gefallen und lässt Schulden eintreiben. Das alles, während seine Tochter Hochzeit feiert. Er ist der Patriarch, die Familie richtet sich nach ihm.

Fast alle Luxus-Marken sind als Herrscher positioniert. In perfekten Hochglanz-Bildern zeigen sie die Stärke und Exklusivität ihres Angebots. Für die „Back in Black"-Kampagne der Visa Black Card wurde eine Art weiblicher James Bond erschaffen (dargestellt vom Modell Donna Feldman). Sie entspannt in ihrer Luxusvilla, rast auf dem teuren Motorrad durch die Gegend, steigt in einen schwarzen Helikopter, um von dem in das Meer zu ihrer Jacht zu springen.

An der Spitze ist es einsam, die Gesellschaft der Herrscher gehört einem exklusiven Club an. Diese Exklusivität müssen archetypische Marken ausstrahlen. Was grenzt sie ab, was macht sie besonders und herausragend?

Im Verhalten ergeben sich folgende Dos and Don'ts für Herrscher:

Dos	Don'ts
• Gib den Ton an! • Sei selbstbewusst und ambitioniert! • Zeig Struktur und Ordnung! • Gib das Gefühl, ein VIP-Club zu sein!	• Schwäche zeigen, Souveränität verlieren • sich mit Mittelmaß zufriedengeben • Spontanität

Tabelle 25: Dos and Don'ts des Marken-Archetyps „Herrscher"

STORYTELLING > HANDLUNGSSTRÄNGE

Das Zusammenspiel der Charaktere, die gegenseitige Beeinflussung und jeweilige Veränderung ergeben die Geschichte. In der Marktkommunikation ist das Verfolgen eines durchgängigen Handlungsbogens meist schwierig, weil die Zuschauer zu unterschiedlichen Momenten ein- und aussteigen können. Abgeschlossene Geschichten lassen sich jedoch sehr wohl in längeren Inhalten oder zeitlich abgestimmten Kampagnen erzählen.

Auch wenn es scheinbar unendlich viele Möglichkeiten gibt, Geschichten zu erzählen, so lässt sich deren Grundstruktur doch meist auf einige sehr wenige **Plots** reduzieren.

Der britische Journalist und Autor Christopher Booker identifizierte in seinem Buch „The Seven Basic Plots" [90] sieben verschiedene Handlungsabläufe:

- Die Überwindung des Monsters (Overcoming the Monster)
- Vom Tellerwäscher zum Millionär (Rags to Riches)
- Die Mission (The Quest)
- Reise und Wiederkehr (Voyage and Return)
- Die Komödie (Comedy)
- Die Tragödie (Tragedy)
- Die Wiedergeburt (Rebirth)

DIE ÜBERWINDUNG DES MONSTERS

Der Protagonist zieht los, um einen Widersacher zu besiegen, der sein Leben oder die Existenz seiner Heimat bedroht. Diese Geschichten haben immer einen guten Helden, meistens begleitet und unterstützt von einer Gruppe. Dem gegenüber steht ein Bösewicht, der oft mit unfairen oder übermächtigen Mitteln scheinbar unbesiegbar ist.

Egal ob die helle oder die dunkle Seite der Macht, mörderische Aliens oder ein blutrünstiges Monster, die Geschichte wiederholt sich in zahlreichen Blockbustern. Sie eignet sich hervorragend für actiongeladene Geschichten. Ganz besonders plakativ ist dieser Plot in Geschichten von Superhelden, wie „The Dark Knight" [57]. Der gute **Batman** alias Bruce Wayne steht dem psychopathischen und unberechenbaren **Joker** gegenüber, der immer mehr Menschen in seinen Bann zieht und dadurch scheinbar unbesiegbar wird.

In der Marktkommunikation kann der böse Feind ein Zustand sein, den die Persona verhindern möchte. Auch die Gegenüberstellung zur Konkurrenz kann funktionieren. In einem Apple-Spot aus dem Jahr 1984 zur Einführung des iMacs trat die Protagonistin, eine Heldin, in bunter Kleidung in eine graue Welt der Konformität. Sie schleuderte einen Vorschlaghammer gegen die Leinwand, auf der ein „Big Brother" (entlehnt aus dem Buch „1984" von George Orwell [91]) zu sehen war, und beendete damit dessen Vorherrschaft.

VOM TELLERWÄSCHER ZUM MILLIONÄR

Zu Beginn der Geschichte ist der Protagonist arm, meist aber voller Träume. Er gelangt irgendwie zu Geld oder Macht und genießt diese für eine Weile. Durch einen Charakterfehler oder einen Widersacher verliert er wieder alles, kann sich jedoch von dem Rückschlag erholen und wächst dadurch in seiner Persönlichkeit.

Die Geschichte von **Aladdin**, dem Jungen, der einen **Dschinn** aus einer Öllampe befreit, folgt genau diesem Muster. Er bekommt die Tochter des Sultans und einen mächtigen Palast, nur um alles wieder zu verlieren. Durch Eingeständnis seines Fehlverhaltens und großen Mut kann er sein schönes Leben jedoch wiederherstellen.

Dieser Handlungsstrang wird auch gerne für **Personal Branding** eingesetzt, wie der Sohn eines weißrussischen Immigranten, Gary Vaynerchuck, auch bekannt als GaryVee, zeigt. Er machte aus dem Spirituosenladen seines Vaters einen Online-Weinhandel. Das Geschäft florierte, und durch geschickte Investments in Start-ups konnte er noch mehr Vermögen anhäufen. Mittlerweile führt er ein Medienimperium, ist Bestseller-Autor und tritt als Speaker auf. Wenn er seine Geschichte erzählt, lässt er bewusst Tiefschläge und Fehlentscheidungen nicht aus, um die Dramaturgie zu halten.

Auch Schönheitsprodukte, luxuriöse Urlaubsdomizile und Lotterien nutzen die Geschichte von einem besseren Leben mit Schönheit und Reichtum.

DIE MISSION

Der Protagonist muss sich, oft in einer Gruppe, auf die Suche nach einem Ort oder einem Objekt machen. Während ihres Abenteuers werden sie häufig von Ablenkungen entlang des Weges in Versuchung geführt. Zahlreiche Gegner stellen sich ihnen in den Weg und erst, wenn sie ihre Zielstrebigkeit bewiesen haben, schaffen sie es (meist in reduzierter Zahl) an ihr Ziel.

Die Low-Budget-Satire *Ritter der Kokosnuss* [92] der Britischen Komiker-Gruppe **Monty Phyton** folgt der Handlung einer klassischen Mission (basierend auf den Artus-Sagen). Gott trägt **König Arthus** und seinen **Rittern der Tafelrunde** auf, den Heiligen Gral zu suchen. Zahlreiche Irrwege und mehr oder weniger spektakuläre Abenteuer führen die Gruppe schließlich zu einer Burg, in der sich der Heilige Gral befinden soll.

Auch manche Marken sind auf einer Mission. Dies betrifft vor allem jene, die für ein hehres Ziel, eine bessere Welt kämpfen. Die Mission von **Greenpeace** ist, die Welt grüner und friedlicher zu machen. Sie begann damit, als eine Gruppe von Aktivisten Anfang der 1970er die Tests einer thermonuklearen Bombe verhindern wollte. Seitdem dokumentieren sie ihre Aktionen über alle Kanäle und verfolgen stetig ihr großes Ziel. Da es nie final erreicht werden kann, wird ihre Geschichte immer weiter erzählt werden.

Auf einer Mission ist auch die Weltraum-Marke **SpaceX**. Sie möchte Menschen auf den Mars bringen und dort eine neue Kolonie aufbauen. Auf dem Weg dorthin entwickelt sie jede Menge technologische Errungenschaften und verdient – so nebenbei – durch Weltraumtransporte das Budget dafür.

REISE UND WIEDERKEHR

Der Protagonist verlässt (unfreiwillig oder freiwillig, etwa aus Neugier) seinen gewohnten Alltag und findet sich in einer unbekannten Umgebung wieder. Er muss nun den Weg zurückfinden. Dies gelingt ihm jedoch nur, indem er ein paar Gefahren beseitigt und wichtige Lehren für sein weiteres Leben lernt.

In einer fremden Welt, oder vielmehr Zeit, befindet sich auch der Jugendliche **Marty McFly** in *Zurück in die Zukunft* [93]. Eine Zeitmaschine hat ihn in die Vergangenheit gebracht, wo er auf seine Eltern und andere Menschen trifft, die er sonst nur als Erwachsene aus der Gegenwart kennt. Er muss dafür sorgen, dass sich seine Eltern verlieben, dabei den Rüpel **Biff Tannen** zurechtweisen und herausfinden, wie er wieder zurück in die Gegenwart reisen kann.

Dieser Handlungsverlauf eignet sich für Angebote, die über einen bestimmten Zeitraum genutzt werden und den Kunden verändern. Beipiele können besondere Angebote in der Reisebranche oder generell Erlebnis-Produkte sein. Auch Bildungseinrichtungen und Coachings können diesen Spannungsbogen nutzen. Auf Reisen schickt die Menschen auch die Kameramarke **GoPro** mit ihrem Content – aufregende Welten, nervenaufreibende Abenteuer und der Zuschauer immer mittendrin.

DIE KOMÖDIE

Der Protagonist fühlt sich in seiner Welt wohl. Die verändert sich jedoch durch äußere Einflüsse und wird für ihn immer unbekannter. Er lernt – mit ein paar Rückschlägen – in dieser Welt zurechtzukommen und findet ein Happy End. Komödien müssen nicht immer humoristisch sein, sie spielen mit der Komplexität zwischenmenschlicher Beziehungen. Die grundlegende Entwicklung ist ein anwachsender Konflikt, der schließlich in einem klärenden Ereignis gelöst werden kann.

Eine Verwechslung zwingt den Junggesellen **Jeffrey „The Dude" Lebowski** seine überschaubare Welt des Bowlings und Cannabis-Konsums zu verlassen und sich mit seinem Namensvetter, dem reichen *The Big Lebowski* [94] einzulassen. Sein anfänglich einfaches Vorhaben entwickelt sich immer mehr zu einer komplexen Situation für ihn, dabei möchte er eigentlich nur bowlen.

Gekonnt spielt zum Beispiel auch **Dollar Shave Club** mit dem Handlungsbogen der Komödie. Während andere Rasierer immer mehr Klingen bekommen und komplexer werden, bietet die Marke ein Abo für simple Rasierer an. In einem humoristischen Video wurde das Angebot eindrucksvoll dargestellt. Nicht ohne am Schluss noch herrlich ins völlig Absurde abzugleiten (mit einem tanzenden Menschen im Bärenkostüm und fliegenden Dollarscheinen).

DIE TRAGÖDIE

Ähnlich wie die Komödie wird eine Tragödie leicht missverstanden. Eine traurige Geschichte kann tragisch sein, ist aber nicht zwingend eine Tragödie. Der Protagonist einer Tragödie ist ein grundsätzlich guter Mensch, hat jedoch eine Charakterschwäche. Er kann durch besondere Vorkommnisse oder Hilfsmittel Höhenflüge erleben. Schließlich wird ihm sein Charakter aber immer mehr zum Verhängnis und führt trotz mühevoller Gegensteuerung zu seinem Niedergang oder sogar Tod.

Bedrückend eskalierend wird die Geschichte von **Harry Goldfarb**, seiner Freundin **Marion**, seiner Mutter **Sara** und seinem Freund **Tyrone** in *Requiem for a dream* [95]. Sie alle verfolgen ihre Träume, ein Strudel aus Drogen, Prostitution, Medikamentenmissbrauch und Gangkriminalität zieht sieh jedoch immer weiter nach unten und führt zum unausweichlichen Niedergang.

Marken können die Tragödie nutzen, um Geschichten zu erzählen, was passieren wird, wenn ihr Angebot nicht genutzt wird. Kurz und prägnant zeigte dies eine Printanzeige des Magazins *The Economist*. Zu lesen war folgende Kurzgeschichte: *„Once upon a time there was an ambitious young man who didn't read The Economist. The end."* (Es war einmal ein ambitionierter junger Mann, der nicht The Economist las. Ende.)

Etwas dramatischer war die Kampagne „Sortie En Mer" (Ein Ausflug ins Meer) der Meeressicherheits-Marke **Guy Cotten**. Es handelte sich um einen interaktiven Film, bei dem der Protagonist (aus der Egoperspektive gefilmt) bei einem Bootsausflug ins Wasser fällt. Der Zuschauer wurde aufgerufen, am Mausrad der Computermaus zu scrollen, um ihn an der Oberfläche zu halten. Sobald der Zuschauer damit aufhörte, sank der Protagonist in die Tiefe und starb. Eine Statistik zeigte an, wie viele Sekunden die Zuschauer in der Simulation durchgehalten haben. Auf den Schock folgte effektvoll der Aufruf zum Tragen einer Schwimmweste.

DIE WIEDERGEBURT

Die Wiedergeburt erzählt die Geschichte von Veränderung, Erneuerung und Transformation. Ein Ereignis zwingt den Protagonisten, sein Verhalten zu ändern und ein besserer Mensch zu werden. Dabei wird er immer wieder von einer negativen Macht beeinflusst, wodurch er teilweise Züge eines Bösewichts annimmt. Schließlich schafft er es, sich, und manchmal auch die Menschen um ihn herum, zu verändern.

Eine ständig wiederholende Wiedergeburt durchlebt der TV-Wettermoderator **Phil Connors** in *Und täglich grüßt das Murmeltier* [96]. Jeden Tag erwacht er aufs Neue in der von ihm verhassten Stadt Punxsutawney, um über den Murmeltiertag zu berichten. Nach anfänglichen rein egoistischen oder selbstzerstörerischen Abenteuern nutzt er schließlich die Wiederholung des Tages, um sich selbst weiterzuentwickeln und Menschen zu helfen.

Dieser Handlungsbogen wird meisten bei **Rebranding-Kampagnen** eingesetzt. Eine alte Marke, die droht, in der Vergessenheit oder Belanglosigkeit zu versinken, positioniert sich neu. Ikonisch war auch der Wahlkampf von US-Präsident Donald Trump 2016.

Sein großer Aufruf war „*Make America Great Again*", mit hohem Wiedererkennungswert auf roten Baseball-Kappen platziert. Er rief eine Veränderung zu neuer wirtschaftlichen Stärke, eine Wiedergeburt der USA aus.

STORYTELLING > DRAMATURGIE

Digitale Marktkommunikation folgt einer völlig anderen Dramaturgie als klassische Medien. Das ergibt sich zum einen durch die instantane Verfügbarkeit von Inhalten, die von Usern jederzeit und überall abgerufen werden können. Zum anderen liegt das an der veränderten Aufmerksamkeitsspanne. Während ein Spot im Kino nicht übersprungen werden kann, kann nach wenigen Sekunden ein Werbevideo auf Social Media weggeklickt werden. Beim Blättern in einer Zeitung wird die Aufmerksamkeit auf sämtliche Inhalte einer Seite gezwungen, online ist schnell darüber hinweggescrollt.

DREI-AKTE-MODELL

Geschichten, wie sie beispielsweise in Büchern, Filmen oder Theaterstücken erzählt werden, folgen meist rudimentär dem Drei-Akte-Modell. Im ersten Akt (**Exposition**) werden Charaktere und der Handlungsort vorgestellt. Im zweiten Akt (**Konfrontation**) werden die Protagonisten ihren Herausforderungen gestellt. Im dritten Akt (**Auflösung**) schließlich löst sich mit dem Höhepunkt die Geschichte auf.

Am Ende jedes Aktes gibt es ein besonderes Ereignis (**Plot Point**), einen **Wendepunkt**, der den nächsten Akt einleitet. Einfach dargestellt:

1. Junge und Mädchen verlieben sich (Exposition).
2. Junge und Mädchen werden getrennt (Konfrontation).
3. Junge und Mädchen finden wieder zusammen (Auflösung).

Dieses Modell eignet sich hervorragend für in sich abgeschlossene Geschichten, kann in der digitalen Marktkommunikation also gut in Werbefilmen oder dem Aufbau von Landingpages umgesetzt werden.

ONLINE DRAMATURGIE

Ein Social Media Post oder ein Werbemittel muss in der Dramaturgie schneller agieren als ein längerer Content. Die Aufmerksamkeit des Users reicht meistens nicht für eine lange Einführung von Protagonisten aus. Der Höhepunkt findet entsprechend schon in den ersten Momenten statt (**Hook**), wird mit subtiler Einbindung der Marke oder der Problemstellung gestützt (**Teaser**). Anschließend flacht die Dramaturgie kurz ab (**Bridge**), um durch ein paar Wendungen die Aufmerksamkeit zu halten (**Problem and Solution**). Schließlich endet die Story mit einem **Call To Action**. Der Aufbau stellt sich also wie folgt dar:

1. Hook
2. Teaser
3. Bridge
4. Problem and Solution
5. Call To Action

Der **Hook** ist der erste Eindruck, unterbewusst entscheidet das Gehirn, ob der Content die Aufmerksamkeit verdient. Bei einem Video ist dies meist das Thumbnail, bei einem Social Media Post ein Bild oder auch der Absender oder Autor des Inhalts. Eine bildliche Bezeichnung der guten Eigenschaft eines Hooks ist das **Thumbstopping**. Durch das Tippen mit dem Daumen auf dem Smartphone wird der Scrollvorgang beendet, und somit die momentane Aufmerksamkeit gewährt.

Der Hook muss ein starker Einstieg sein, der visuell schnell erfassbar ist, bereits einen ersten Einblick in die Geschichte und eventuell sogar einen **Cliffhanger** zum folgenden Inhalt gibt.

Der **Teaser** teilt sich in zwei Teile: Zuerst entscheidet der User, noch immer unterbewusst, ob die Entscheidung der Aufmerksamkeit gerechtfertigt war. Dies ist der erste Satz eines Textes, die ersten drei Sekunden eines Videos oder die genauere Betrachtung (Vergrößerung) eines Bildes. Erst dann (in etwa den ersten 10 Sekunden eines Videos) folgt die bewusste Entscheidung, ob der Inhalt für den User von Interesse ist.

Im Teaser wird üblicherweise eine Problemstellung dargestellt und die Marke oder das Angebot bereits subtil eingeführt.

Die **Bridge** dient vor allem dazu, eine emotionale Bindung zum User aufzubauen. Die Dramaturgie flacht etwas ab, dafür wird die Geschichte aufgebaut. Hier können Charaktere oder der Handlungsort eingeführt werden (ähnlich wie im ersten Akt des Drei-Akte-Modells).

Die Phase **Problem and Solution** kann sich mehrmals wiederholen, so können beispielsweise verschiedene Aspekte des Angebots erklärt oder mehrere Lösungswege aufgezeigt werden. Optional kann auch mit Vertrauensbildern in Form von Testimonials oder Zitaten gearbeitet werden. In einem Blogpost kann etwa die Erkenntnis einer Studie zitiert werden, um die Vertrauenswürdigkeit der Lösung zu untermauern.

Schließlich schließt Online-Content fast immer mit einem **Call To Action (Handlungsempfehlung)** ab. Dies kann eine Aufforderung zum nächsten Schritt in der Persona Journey sein, wie „Jetzt kaufen", „Jetzt registrieren" oder „Mehr erfahren". Auf Social Media ist es oft der Aufruf zur Interaktion in Form einer Reaction oder eines Kommentars.

DIE DREIER-REGEL

Die Dreier-Regel im Storytelling besagt, dass drei Elemente, drei Aneinanderreihungen oder eine dreifache Wiederholung als effektiv und befriedigende Anzahl wahrgenommen werden. Beispiele aus der Literatur sind vielseitig: Goldlöckchen und die drei Bären, die drei Musketiere oder die Heilige Dreifaltigkeit im christlichen Glauben.

Diese Regel findet oft in plakativen Formulierungen Anwendung. Denke nur an Julius Caesars „Veni, Vidi, Vici" (Ich kam, ich sah, ich siegte), den Losungen der Französischen Revolution „Liberté, Égalité, Fraternité" („Freiheit, Gleichheit, Brüderlichkeit") oder „Einigkeit und Recht und Freiheit" vom Deutschlandlied.

In Handlungssträngen wiederholt sich auch vieles dreimal: Die Müllerstochter bekommt von Rumpelstilzchen drei Tage Zeit, seinen Namen zu erraten, in Charles Dickens' „A Christmas Carol" wird Ebenezer Scrooge von drei Geistern heimgesucht und Beowulf muss drei Monster bekämpfen (Grendel, Gendels Mutter und den Drachen).

Wenn du genau darauf achtest, wird dir bewusst werden, wie oft die Dreier-Regel eingehalten wird. Ist dir zum Beispiel aufgefallen, dass ich in drei Einsatz-gebieten jeweils drei Beispiele genannt habe? Oft passiert das ganz unbewusst, weil wir die Anzahl als harmonisch wahrnehmen.

Auch Fotografen, Cinematografen und Designerinnen kennen die Regel, aller-dings als **Drittel-Regel**. Eine Bildkomposition entlang gedachten Drittel-Linien (horizontal und/oder vertikal) macht ein visuelles Werk stimmig.

EMOTIONALE BINDUNG

Sachliche Inhalte werden im Gehirn im **Neocortex** verarbeitet. Dieser Teil wird für Sprache, Rationalität und Logik eingesetzt. Das **limbische System** des Ge-hirns ist für Emotionen und Beziehungen zuständig. Es kann nicht mit Sprache umgehen und spielt sich sehr stark im Unterbewusstsein ab. Noch eine Ebene drunter befindet sich das **Stammhirn** oder Krokodilhirn. Es ist verantwortlich für unsere Instinkte und treibt Aktionen, die das Überleben sichern. Wenn eine Botschaft beim Empfänger gefestigt werden soll, muss der Neocortex durch-drungen und das limbische System angesprochen werden.

Die emotionale Verbindung zum Betrachter von Inhalten basiert vor allem auf chemischen Prozessen im Körper, dem Ausschütten von Hormonen. Für das Storytelling sind vor allem die vier Glückshormone Dopamin, Endorphin, Oxytocin und Serotonin sowie die Stresshormone Cortisol, Noradrenalin und Adrenalin relevant.

Die vier Glückshormone lassen sich auch lose den vier Persönlichkeitsfeldern des DISG-Modells zuordnen:

- Dominant: Dopamin
- Initiativ: Endorphin
- Stetig: Oxytocin
- Gewissenhaft: Serotonin

Dopamin (Belohnungshormon) ist das Hormon für die körpereigene Beloh-nung. Es wird aufgebaut, wenn Spannung entsteht und ausgeschüttet, wenn diese aufgelöst wird, wie bei einem Cliffhanger in einer Geschichte.

Dopamin motiviert auch, wenn man kleine Erfolge feiert, in der Kommunikation zum Beispiel durch positive Rückmeldung auf Aktionen (z. B. „Ausgezeichnet, du hast alle Aufgaben erfolgreich abgeschlossen!").

Endorphin (Schmerzhemmer) ist ein vom Körper selbst produziertes Opioid. Das Wort selbst ist eine Zusammensetzung aus „endogenes Morphin". Es dient eigentlich dazu, Schmerz zu betäuben. Diese Betäubung kann zu einem aufsteigenden Glücksgefühl führen. Lustige Geschichten, die uns zum Lachen und Staunen bringen, sorgen für einen Endorphin-Ausstoß.

Oxytocin (Liebeshormon) ist zuständig für die zwischenmenschlichen Verbindungen. Es fördert Empathie und stärkt das Vertrauen. Oxytocin wird ausgeschüttet, wenn sich der Absender der Geschichte verletzbar zeigt, beispielsweise über eine schmerzliche Erfahrung berichtet. Dies wirkt umso stärker, wenn sich der Empfänger mit dieser Erfahrung identifizieren kann, sie entweder selbst durchgemacht oder Angst davor hat.

Serotonin (Stimmungsaufheller) reguliert allgemein die Stimmung des Menschen, ebenso wie Schlaf, Appetit, Verdauung, Lernfähigkeit und Erinnerung. Serotoninaufbau wird vor allem durch Ernährung und Sport gefördert.

Die Stresshormone **Cortisol**, **Noradrenalin** und **Adrenalin** werden in Gefahrensituationen aktiviert. Cortisol aktiviert Stoffwechselvorgänge und stellt dem Körper Energie zur Verfügung. Noradrenalin verengt die Blutgefäße und erhöht so den Blutdruck. Adrenalin schließlich erhöht die Herzfrequenz. Gemeinsam bereiten sie den Körper auf eine von zwei Reaktionen auf eine Gefahr vor: Kämpfen oder Fliehen. Im Storytelling geschickt eingesetzt, kann es die Aufmerksamkeit kurzfristig erhöhen. Diese Momente müssen aber durch Aktivierung der Glückshormone wieder ausgeglichen werden, damit der Empfänger die Erfahrung nicht als zu unangenehm wahrnimmt und abbricht.

Kannst du dich an den Prolog dieses Buches erinnern? Dort habe ich versucht, die Hormone bei dir als Leser zu aktivieren, um eine Beziehung zu dir aufzubauen. Ich habe dir erzählt, was lustig war, was dramatisch war, wie ich mich gefühlt habe. Dadurch bin ich vom unbekannten Autor zu einem Menschen mit Gefühlen geworden. Ich habe versucht, so dein Vertrauen zu gewinnen. Fühlst du dich jetzt manipuliert? Hast du schon mal in einer Runde einen Witz erzählt, um das Wohlgefallen der Gruppe zu bekommen? Hast du schon mal einem Freund deine Unsicherheit anvertraut, um eure Freundschaft zu intensivieren?

Wir Menschen wenden das automatisch an, im Storytelling hilft es, wenn man sich dessen bewusst ist.

Um die Ausschüttung der entsprechenden Hormone zu erreichen, kann im Storytelling auf eine Kernemotion gesetzt werden. Die Wissenschaft definiert sechs universelle Emotionen für den Menschen: Freude, Trauer, Angst, Ekel, Wut und Überraschung. Im Pixar Film *Inside Out* [97] wird die Geschichte eines jungen Mädchens aus der Sicht ihrer Kernemotionen gezeigt, die abwechselnd die Kontrolle über sie übernehmen und sie entsprechend agieren lassen. Genau diese Steuerung des Betrachters kannst du erzeugen, in dem du von einem **Magic Moment**, einer emotionalen Schlüsselstelle in einer Geschichte, ausgehst und die Geschichte darauf hinsteuerst.

FREUDE

Magic Moment bei der Übergabe eines besonderen Hauptpreises: Der Grund, warum wir bei Hochzeiten oder der Geburt eines Kindes von Emotionen überwältigt werden, ist auch das Bewusstsein, dass sich unser Leben aufgrund dieses Ereignisses verändern wird. Mit der Überreichung des Preises ermöglichen wir dem Menschen eine Veränderung ihres Lebens zum Positiven. Ihre Herausforderungen der letzten Jahre gehören der Vergangenheit an.

TRAUER

Magic Moment für einen Lebensmittelhandel: Die wohl größte Trauer erfahren wir beim Verlust eines geliebten Menschen. Oft stellen wir erst dann fest, wie sehr wir ihn vermissen werden. Dieser Verlust muss nicht zwangsweise durch den Tod erfolgen. Auch Familien leben sich auseinander und sehen sich immer seltener. Für die Eltern kann diese Entwicklung mit Einsamkeit und Trauer verbunden sein. Bei familiären Ereignissen kommt die Familie jedoch wieder zusammen. Sie setzen sich gemeinsam an einen Tisch, um miteinander zu essen und zu feiern.

ANGST

Magic Moment bei einer Anti-Rauch-Kampagne: Wir alle tragen Verantwortung. Die Verantwortung für unsere Mitmenschen gilt ganz besonders für Eltern. Kinder brauchen unseren Schutz. Sie können viele Entscheidungen noch nicht selbst treffen, Gefahren noch nicht richtig einschätzen. Durch Rauchen verletzen wir diese Verantwortung. Wir schützen unsere Kinder nicht, wir verletzen sie. Wir töten sie langsam. Zigarette für Zigarette.

EKEL

Magic Moment für einen Spendenaufruf: Der klaffende Unterschied zwischen Arm und Reich ekelt mich an. Während ich in einer Wegwerfgesellschaft lebe, kämpfen andere täglich ums Überleben. Ich gebe jeden Tag Geld für Unnötiges aus und anderen fehlt es am Nötigsten. Die Kosten für einen Kinobesuch mit einem Jumbobecher Cola und einer Riesenportion Popcorn würden einen anderen Menschen einen Monat lang ernähren.

WUT

Magic Moment für einen Laufschuh: Ein Sportler kommt unausweichlich bei einem längeren Lauf zu dem Moment, an dem er über das Aufgeben nachdenkt. Körperliche Grenzen und Selbstzweifel befallen ihn. Schmerz breitet sich im Körper aus, die Energiezufuhr scheint zu versiegen. Wut steigt auf. Wut über die eigene Schwäche, das mangelnde Selbstvertrauen, die Größe der Herausforderung. Diese Wut löst ein Hochgefühl (das Runner's High) aus. Der Schmerz und die Zweifel werden betäubt, der Läufer kann auf neue Energiereserven zurückgreifen.

ÜBERRASCHUNG

Magic Moment für eine Weihnachtskampagne: Der Moment, wenn die Tränen der Rührung in die Augen schießen, wenn man einen Kloß im Hals spürt und man von den Emotionen überwältigt wird. Jeder von uns kennt diesen Moment. Eine unerwartete Freude. Ein Zeichen von Nächstenliebe, menschlicher Nähe und Verbundenheit. Die schönsten Geschenke rufen diesen Moment beim Beschenkten hervor und überwältigen auch den Geschenkgeber.

HUMOR

Humor ist eine besonders beliebte, aber auch riskante Form des Storytellings in der Marktkommunikation. Beliebt deshalb, weil Humor mit positiven Emotionen verknüpft ist. Humor ist meist leicht verdaulich und kann effektiv über negative Einflüsse wie Unsicherheit, Unfähigkeit oder Langeweile hinwegtäuschen. Unsicher, vor einer großen Menge zu sprechen? Mach einen Witz und brich so das Eis. Dein Produkt hat eine bekannte Schwäche, einen häufig angesprochenen Kritikpunkt? Mach dich darüber lustig und nimm der Unzulänglichkeit das Gewicht. Du musst über ein langweiliges Thema schreiben? Nutze Humor, um die Erzählung aufzulockern.

Das Risiko von Humor ist, dass ein großer Teil davon beim Empfänger durch die Interpretation passiert. Ein Witz kann beleidigend oder politisch inkorrekt aufgefasst werden. Clevere Wortspiele und Insiderwitze werden vielleicht überhaupt nicht verstanden und lösen eine Unsicherheit aus. Dies kann im Weiteren zur emotionalen Distanzierung und schließlich Ablehnung oder sogar Auflehnung führen. Nicht selten mussten sich Marken für ein witzig gemeintes Fehlverhalten entschuldigen, um bleibenden Schaden zu verhindern.

Arbeitet eine Marke mit Humor, so tut sie gut daran, sich eine rote Linie zu ziehen. Themen, die nicht angesprochen werden. Grenzen, die nicht überschritten werden. Ebenso ist es von Vorteil, die Art des Humors (Parodie, Sarkasmus, Ironie, Zynismus, Hohn usw.) festzulegen. Dadurch wird verhindert, der Verlockung der Übertreibung nachzugeben und Menschen, die man eigentlich unterhalten möchte, vor den Kopf zu stoßen.

Um eine Information in Humor zu verpacken, eignet sich die Gag-Struktur „Prämisse und Pointe". Sie funktioniert wie der Aufbau von Akten. Die **Prämisse** ist der nicht witzige Teil des Gags. Es werden die nötigen Informationen geliefert, um den Witz als Ganzes zu verstehen und die Pointe vorzubereiten. Dies führt den Zuhörer auf eine Fährte, eine Erwartungshaltung für das Ende. Die **Pointe** schließlich führt die Prämisse ad absurdum. Sie gibt der Geschichte eine unerwartete und witzige Wendung. Die eigentliche Information kann sowohl in der Prämisse erklärt werden, als auch in der Pointe auftreten.

- Unser Auto ist so sparsam im Verbrauch, Sie werden vergessen, auf welcher Seite die Tanköffnung ist. (Information in der Prämisse)
- Wenn Sie eine neue Frisur möchten, öffnen Sie einfach das Verdeck des Autos. (Information in der Pointe)

PROVOKATION

Die Provokation ist das gezielte Hervorrufen eines Verhaltens oder einer Reaktion beim Empfänger. Im Prinzip ist natürlich die gesamte Marktkommunikation darauf abgestimmt, den Empfänger, die Persona, zu einer gewünschten Handlung zu führen. Im Storytelling zielt die Provokation jedoch auf eine sehr kurzfristige Entladung auf Empfängerseite ab.

Die Idee dahinter ist, dass viele Menschen auf einen Content reagieren und so die Aufmerksamkeit noch erhöhen. Gegenwind und sogar Shitstorms sind gewünschte Ergebnisse. Die Marke möchte nicht von jedem geliebt werden, sondern Profil zeigen. Durch das Polarisieren wird die Zuneigung der „Fans" verstärkt, sie verteidigen die Marke gegen Kritiker und fühlen sich ihr verbunden.

Provokation ist eine äußerst effektive, aber auch riskante Strategie. Die ständige Zurechtweisung erfordert definitiv eine dicke Haut. Zusätzlich stellt sich die Frage, wie lange die Provokation aufrechterhalten werden kann. Was heute noch provoziert, kann morgen schon alltäglich sein. Wie verhindert man dann, in der Belanglosigkeit zu versinken? Durch weitere Ausdehnung der Grenzen?

Der Weg der Provokation ist auch meist eine Einbahnstraße. Geläuterte Provokateure verlieren erfahrungsgemäß ihre Anhänger, da sie diese „verraten" haben.

DRAMATISCHE SITUATIONEN

Eine letzte Liste möchte ich dir noch für das Storytelling mitgeben. Carlo Gozzi (1720-1806) verfasste eine Liste von 36 dramatischen Situation, die Goethe als vollständige Auflistung aller tragischen Situationen bezeichnet haben soll [98]. Diese Liste kann helfen, eine dramatische Geschichte um diese Situation aufzubauen.

Die Reihenfolge folgt der Anführung im Buch „The thirty-six dramatic situations"
von Georges Polti, der das Werk Gozzis aufgriff.

1. Flehen
2. Befreiung
3. Rache nach einem Verbrechen
4. Rache für einen Verwandten an einem Verwandten
5. Verfolgung
6. Katastrophe
7. Grausamkeit/dem Unglück zum Opfer fallen
8. Revolte
9. Wagemutiges Unternehmen
10. Entführung
11. Rätsel
12. Streit über Besitztum
13. Feindschaft unter Verwandten
14. Rivalität unter Verwandten
15. Ehebruch mit Mordfolge
16. Handlung aus Wahnsinn
17. Tödliche Unachtsamkeit
18. Unfreiwillige Verbrechen der Liebe
19. Tötung von unerkannt Verwandten
20. Selbstaufopferung für ein Ideal
21. Selbstaufopferung für Verwandte
22. Opfer aus Leidenschaft
23. Notwendigkeit, geliebte Menschen zu opfern
24. Rivalität zwischen Überlegenem und Unterlegenem
25. Ehebruch
26. Verbrechen der Liebe
27. Entdeckung der Schande eines geliebten Menschen
28. Verhinderte Liebe
29. Liebe eines Feindes
30. Ambition
31. Konflikt mit einem Gott
32. Falsche Eifersucht
33. Falsches Urteil
34. Reue
35. Wiederkehr von etwas Verlorenem
36. Verlust geliebter Menschen

6.4 INFORMATIONSAUFBEREITUNG

Content ist das Endprodukt eines Aufbereitungsprozesses von Informationen. Aus jeder Information werden die relevanten Botschaften für die verschiedenen Empfänger (Personas) herausgefiltert. Diese werden in Form von Storys leicht verdaulich aufbereitet und schließlich als Content im richtigen Format ausgespielt.

Ein Beispiel: „Im September wird die restliche lagernde Sommermode verkauft, damit die neue Herbstmode aufgenommen und angeboten werden kann. Für diesen Verkauf werden geringere Gewinnaufschläge in Kauf genommen." Aus dieser Information lassen sich für unterschiedliche Personas folgende Botschaften herausfiltern:

- Persona Susi Schnäppchenjäger:
  „Die Sommermode wird vergünstigt verkauft."
- Persona Thomas Trendsetter:
  „Die neue Herbstmode kommt."
- Persona Martina Mitarbeiter:
  „Es steht ein Wechsel des Warensortiments bevor."
- Persona Ferdinand Finanzprüfer:
  „Alte Handelswarenbestände werden liquidiert."
- Persona Ingrid Investor:
  „Neue Mode bringt neue Geschäftschancen."

Dabei muss nicht für jede Persona eine Botschaft in der Information enthalten sein. Der ausschlaggebende Faktor ist die Relevanz. Hat eine Botschaft nur wenig oder keine Relevanz für eine Persona, wird die Aufnahmebereitschaft relativ gering sein. Ein kreatives Format kann dann zwar immer noch einen Unterhaltungswert liefern, stellt aber eher selten einen Mehrwert für die Marke dar. Die Botschaften werden in weiterer Folge in Storys verpackt. Diese könnten für die oben genannten Beispiele wie folgt lauten:

- Persona Susi Schnäppchenjeder:
  „Es gibt 50 Prozent Rabatt auf Sommermode."
- Persona Thomas Trendsetter:
  „Das sind die Highlights der Herbstmode."
- Persona Martina Mitarbeiter:
  „Durch den Sommerschlussverkauf ist mit erhöhtem Kundenandrang zu rechnen, die neuen Modetrends erfordern verstärkte Beratung."

- Persona Ferdinand Finanzprüfer:
  „Die Bewertung des zu erwartenden Gewinns aus restlichem Handelswarenbestand wird um 20 Prozent gedrückt."
- Persona Ingrid Investor:
  „Die prognostizierte Umsatzsteigerung durch den Herbstmodenverkauf liegt bei 10 Prozent."

Auf Kanälen, die für die Personas sinnvoll sind, werden die Storys dann in einem passenden Format ausgespielt. Aus jeder Information kann also viel Content entstehen.

INFORMATIONSAUFBEREITUNG > **ROHINFORMATIONEN**

Rohinformationen sind nicht aufbereitete, emotionslose Fakten, Ereignisse oder Feststellungen. Sie können unterschiedliche Ausrichtungen haben:

- aus der Core Story
- über das Angebot
- rund um das Angebot
- über das Unternehmen
- über den Markt

Jeder Content sollte zur Core Story passen. Manche Informationen leiten sich sogar **aus der Core-Story** ab. Geht diese beispielsweise in die Richtung „Menschen glücklich machen", können Informationen rund um Glück geboten werden. Die Information könnte auch diese sein: „Schöne Geschichten mit Happy End machen Menschen glücklich." Derartig generische Informationen erlauben Kreativität und bedürfen einiges an Interpretation für die Ausarbeitung der Botschaften und noch mehr für den Content.

Informationen **über das Angebot** können unter anderem besondere Funktionen oder Features sein. Der beispielhafte und korrekte Einsatz des Angebots kann präsentiert werden. Auch Neuheiten, Erweiterungen oder Upgrades sind wertvolle Informationen. Das Material dazu kann intern aus der Produktentwicklung oder dem Verkauf kommen. Auch Kunden liefern oft mit konkreten Fragen die Basis für interessante Informationen. Servicemitarbeiter und Community Manager können hier guten Input liefern.

Ist das Angebot flexibel einsetzbar (z. B. Lebensmittel) oder auch individuell (z. B. Consulting) sind Lösungen interessant. Im Fall von Lebensmitteln bieten sich etwa Rezepte an, bei Rohstoffen wären es vielleicht Bauanleitungen. Informationen **rund um das Angebot** können auch der reinen Unterhaltung dienen (z. B. kreative Anwendungen oder humoristische Interpretationen). Inspiration kann dafür aus dem Markt kommen (z. B. der Fachpresse, von Social Media Influencern oder Mitbewerbern).

Ein Unternehmen ist ein lebendiges Konstrukt. Mitarbeiter und Entscheidungsträger kommen und verlassen das Unternehmen, Jubiläen werden gefeiert, Auszeichnungen entgegengenommen und Patente angemeldet. Allerlei Informationen **über das Unternehmen** bergen reichlich relevanten Content für Personas.

Schließlich bewegt sich jede Marke innerhalb eines Marktes. Sie wird von ihm beeinflusst, z. B. durch Saisons oder allgemeinen Entwicklungen. Studien werden veröffentlicht, Wettbewerbe und Awards vergeben. **Der Markt** liefert eine Fülle von Informationen, die Relevanz für Personas haben.

In einer gut ausgearbeiteten Content-Strategie wird festgelegt, wo die Quellen dieser Informationen liegen. Das können Online-Services (z. B. Newsportale) sein, interne Quellen oder auch zugekaufte Informationen.

INFORMATIONSAUFBEREITUNG > **STORYMAPPING**

Sowohl Botschaften als auch Storys werden nicht exklusiv einzelnen Personas zugewiesen. Es kann auch sein, dass Informationen keine Botschaft und somit auch keine Story für manche Personas beinhalten. Beispielsweise ist ein Rezept für eine Persona *Investor* bei einer Küchengeräte-Marke relativ irrelevant.

Botschaften und Storys lassen sich kategorisieren und entsprechend Gruppieren. Der Detailgrad dieser Gruppierung wirkt sich unmittelbar auf die Flexibilität einer Kommunikationsstrategie aus. Eine zu grobe Einteilung ist schnell undurchsichtig, eine zu detaillierte führt zu Unübersichtlichkeit und Inflexibilität.

Beim Storymapping werden mögliche Story-Kategorien den Personas zugewiesen. Hierfür wird eine Tabelle angelegt, in der die Personas die Spaltenüberschriften bilden und die Kategorien die Zeilen bezeichnen. An den Schnittpunkten wird der Relevanzgrad (irrelevant, wenig relevant, relevant, sehr relevant) eingetragen. Sollte in einem der Kästchen „bedingt relevant" die bezeichnendste Auswahl sein, könnte dies ein Indiz für eine genauere Spezifizierung der Kategorie sein.

Im Zuge des Storymappings empfiehlt es sich auch, die Häufigkeit der Information zu notieren und abhängig davon auch abzuschätzen, welche Frequenz für welche Persona zielführend ist. Ein Kino hat üblicherweise jede Woche Neustarts zu vermelden, gleichzeitig gibt es eine relativ hohe Mitarbeiterfluktuation. Dem typischen Kinogeher werden die neuesten Blockbuster interessieren, nicht aber jeder Mitarbeiterwechsel (Tabelle 26).

Information	Persona Konrad Kinofan	Persona Gernot Gelegenheitsbe-sucher	Persona Martina Mitarbeiterin
Kino Neustarts Häufigkeit: wöchentlich	Relevanz: sehr relevant Frequenz: wöchentlich	Relevanz: relevant Frequenz: wöchentlich	Relevanz: bedingt relevant Frequenz: monatlich
Sonderaktionen Häufigkeit: monatlich	Relevanz: sehr relevant Frequenz: monatlich	Rele...z: sehr relevant Frequenz: monatlich	Relevanz: relevant Frequenz: monatlich
Änderungen am Snackangebot Häufigkeit: 1x im Quartal	Relevanz: relevant Frequenz: 1x im Quartal	Relevanz: irrelevant Frequenz: nie	Relevanz: relevant Frequenz: 1x im Quartal
Mitarbeiterwechsel Häufigkeit: monatlich	Relevanz: wenig relevant Frequenz: jährlich	Relevanz: irrelevant Frequenz: nie	Frequenz: sehr relevant Frequenz: monatlich

Tabelle 26: Storymapping-Beispiel für ein Kino

INFORMATIONSAUFBEREITUNG > **FORMATE**

Das Format eines Contents (manchmal auch **Content Type** genannt) ist ein sich wiederholender Aufbau oder Struktur. Formate gibt es in allen Kanälen und Medien. Manche Kanäle schränken die Möglichkeiten an Formaten ein oder geben eine technische Grundstruktur vor (z. B. Bilder-Karuselle auf Social Media). Klassische Beispiele für Formate sind: das Interview, die Fotostrecke, die Quizfrage, das Voting und mehr.

Formate können, müssen aber nicht zwangsweise, einer Story-Kategorie zugewiesen werden. Es macht zum Beispiel Sinn, Verkaufsaktionen immer im gleichen Erscheinungsbild aufzumachen, sodass die Persona sie schnell erfassen kann. Informationen über Neuentwicklungen können etwa als Interview oder Illustration erzählt werden.

Darüber hinaus sollten Formate immer auf die Personas abgestimmt sein. Auf welche Formate spricht also eine Persona besonders an? Dabei empfiehlt es sich, Trends zu beobachten. Ein beliebtes Fernsehformat lässt sich beispielsweise auf eine YouTube-Playlist übertragen. Die Rubrik in einer Zeitung funktioniert vielleicht auch als Social Media Post.

Die Definition von Formaten hilft einerseits bei der Optimierung des Workflows, dient aber vor allem den Personas. Durch den wiederkehrenden Aufbau finden sie sich schneller zurecht, das einheitliche Erscheinungsbild im Kanal unterstützt den Wiedererkennungswert.

BITE, SNACK UND MEAL

Eine Story kann durchaus unterschiedlich umfangreiche Erscheinungsbilder annehmen. Nicht in jeder Situation hat die Persona Zeit, sich einen 60-minütigen Podcast anzuhören, und nicht jeder Kanal erlaubt einen Tausend-Wörter-Beitrag. Der Content und die Formate sollen gut „verdaubar" sein und entsprechend aufbereitet werden.

Die Online-Content-Expertin Leslie O'Flahavan hat um die Jahrtausendwende genau dafür das Modell „Bite, Snack and Meal" vorgeschlagen [99]. Das **Meal** ist in diesem Modell der vollständige Content, der **Snack** eine kompakte Zusammenfassung und der **Bite** nicht mehr als eine Überschrift mit einer Botschaft.

Dieses Modell hat heutzutage mehr Bedeutung denn je. Tweets, TikTok-Videos oder Instagram-Bilder sind in wenigen Momenten erfassbar, ein LinkedIn-Post oder ein kurzes YouTube-Video nimmt vielleicht ein paar Minuten der Zeit in Anspruch, Podcasts und Whitepapers laden zu *deep dives* ein.

Formate können ideal in diesen drei Größen gedacht werden. Ein Beispiel: Der Meal-Content eines Interviews kann ein vollständiger Blogpost, Podcast oder YouTube-Video sein. Auf Facebook, LinkedIn und im Newsletter wird eine Zusammenfassung des Interviews veröffentlicht und zum Meal-Content verlinkt. Das sind die Snacks. Schließlich wird auf Instagram und Twitter ein knackiges Zitat ausgespielt und wiederum auf das vollständige Interview verwiesen. Tabelle 27 zeigt weitere Beispiele für die Dimensionierung von Formaten in Bite, Snack und Meal.

Meal	Snack	Bite
Whitepaper „Studie"	Infografik	Einzelnes Diagramm
Blogpost „10 Tipps für XYZ"	Überschriften der 10 Tipps als Content-Karussell	Einzelner Tipp
Podcast-Folge	Zusammenfassung	Audiogramm
Video	Trailer	Thumbnail
Event	Event-Recap-Video	5 Fotos vom Event

Tabelle 27: Beispiele für Bite-, Snack- und Meal-Formate

Durch geschickte Strategie kann so aus einer Story reichlich Content werden. Aus einem Meal können mehrere unterschiedliche Snacks und Bites erzeugt werden. Umgekehrt können mehrere Bites zu einem Snack oder Meal zusammengefasst werden.

Content Recycling

Angelehnt an Bite, Snack und Meal können aus einem oder mehreren Formaten auch unterschiedliche neue Formate entstehen. Aus einem Interview kann ein Blogpost entstehen und mehrere Videos können zu einem **Supercut** zusammengeschnitten werden. Diese Methode der Wiederverwendung desselben Materials wird als Content Recycling bezeichnet.

Zum Meister dieser Methode avancierte Gary Vaynerchuck. Sein „Garyvee Content Model" [100] sieht drei Stufen vor: **Document, Create** und **Distribute**. In der Document-Phase wird sogenannter **Pillar Content** produziert. Das ist im Wesentlichen langer Content (z. B. Notizen, Vlogs, Präsentationen, Podcast-Folgen usw.), der digital aufgezeichnet wird. In weiterer Folge (Create-Phase) wird aus diesem Pillar Content eine Vielzahl kleinerer Inhalte in unterschiedlichen Formaten produziert, wie Blogposts, Memes, Fotos oder Zitate. Dieser Content kann dann auf mehreren Plattformen veröffentlicht werden (Distribute-Phase).

Bei der Verwendung desselben Contents auf mehreren Kanälen (**Mirroring** oder **Crossposting**) ist zu beachten, dass dieser immer in den jeweiligen Kontext zu setzen ist. Zum Beispiel sind Facebook und LinkedIn zwar von der Usability mittlerweile ähnlich, auf LinkedIn wird jedoch tendenziell eher „professionellerer" Content erwartet. Auf beiden Plattformen kann zum Beispiel dasselbe Zitat gepostet werden, der begleitende Text sollte jedoch an die jeweilige Persona angepasst werden.

HERO/HUB/HELP

Um den Personas Content für unterschiedlichen Bedarf zu bieten, empfiehlt YouTube, ein „Programm" festzulegen [101]. Dabei werden die Inhalte in drei wesentliche Arten von Videocontent eingeteilt: Hero, Hub und Help. Dieses Modell lässt sich, abgesehen von Videos, auch gut auf andere Content-Bereiche anwenden.

Hero-Content, auch Leuchtturm oder Tentpole genannt, ist besonderer, herausragender Content. Ziel ist eine größere Aufmerksamkeit in der Zielgruppe. Dieser Content entsteht meist im Zuge oder zum Start einer Kampagne.

Hub-Content ist regelmäßiger und vorausgeplanter Content. Ziel ist es, die Zielgruppe dauerhaft an die Marke zu binden. Beispiele sind regelmäßige Podcast-folgen oder Episoden auf einem YouTube-Kanal. Auch Social Media Content fällt in diese Kategorie.

Help-Content ist schließlich Inhalt, der Suchanfragen bedient. How-To-Videos, Erklärungen oder Anleitungen zählen dazu. Ziel ist es, besondere Absichten der Personas zu bedienen und den Service zu verbessern.

Die Einteilung entspricht auch genau den drei verschiedenen Arten, wie You-Tube verwendet wird:

- Hero: Gezielter Aufruf eines Videos
- Hub: Abonnement eines Channels
- Help: YouTube als Suchmaschine

Die Bauhauskette Hornbach produzierte 2016 eine Reihe von Videos unter dem Titel *Herrenzimmer*. In diesem stellte ein Handwerker absurde Konstrukte her, wie einen Waldlaufsimulator. Diese Videos waren hochwertig produziert und wurden häufig geteilt. Dadurch wurden viele Besucher auf den YouTube-Channel von Hornbach gelockt.

In der Serie *Macher* werden regelmäßig Porträts, Beispiele und Geschichten von Handwerkern gebracht. Sie laden dazu ein, den Channel zu abonnieren, um keine neue Folge zu verpassen.

Wer auf YouTube nach Anleitungen zu handwerklichen Projekten sucht, wie dem Verlegen eines Vinylbodens, stößt auf die *Meisterschmiede* von Hornbach. In den Videos wird Schritt für Schritt erklärt, wie das Projekt umgesetzt werden kann.

Diese drei unterschiedlichen Content-Formate sind nach dem Modell Hero/Hub/Help konzipiert:

- Hero: *Herrenzimmer*
- Hub: *Macher*
- Help: *Meisterschmiede*

BEISPIELE

KREATIVPROZESS

Um Formate zu entwickeln, ist immer ein Kreativprozess notwendig. Selbst wenn Formate kopiert werden, müssen sie zusammengetragen und (zumindest in geringem Maße) an das eigene **Look-and-Feel** der Marke angepasst werden.

Es spricht nichts dagegen, sich von anderen Formaten inspirieren zu lassen, solange die Core Story und Identität der Marke transportiert wird.

Einen besonders effektiven Prozess hat der österreichische Kreativitäts-Experte und Autor Mario Pricken entwickelt. Dieser läuft in fünf Phasen ab:

1. Zielformulierung
2. Materialsammlung
3. Chancendenken
4. Selektion
5. Ausarbeitung

In der **Zielformulierung** wird klar und unmissverständlich formuliert, was erarbeitet werden soll. Um Komplexität zu vermeiden, sollte diese Formulierung ohne „und" auskommen. Eine überzogene Formulierung hilft zusätzlich, das gesteckte Ziel zu verdeutlichen und ambitionierte Ideen zu fördern. Beispiel einer Zielformulierung: „Wie muss eine YouTube-Show für die Marke aussehen, sodass die Persona jede Woche einer neuen Folge entgegenfiebert?"

Die **Materialsammlung** ist ein entfesseltes Brainstorming. Wichtig ist hierbei, dass die Ideen kritiklos festgehalten werden. Es gibt zahlreiche Methoden für Brainstorming, fast alle zielen darauf ab, durch einen Reiz eine Idee auszulösen. Als Reiz kann alles Mögliche verwendet werden: Bilder, Filme, Boulevard-Überschriften, Spielkonzepte, TV-Formate und vieles mehr.

Im **Chancendenken** wird das Material „gesichtet" und veredelt. Bei jeder Idee gibt es Kritik, warum sie nicht funktionieren wird. Dabei hält man sich jedoch nicht lange mit dem „Warum nicht" auf, sondern konzentriert sich auf das „Wenn wir aber ...". Wichtig ist auch, dass die Rahmenbedingungen, wie Budget, Zeitraum und Fähigkeiten im Chancendenken, noch nicht berücksichtigt werden.

Schließlich wählt man realisierbare Ideen in der **Selektion** aus. Die Auswahl kann anhand unterschiedlicher Parameter erfolgen. Ideen, die ausscheiden, können zu einem späteren Zeitpunkt wieder aufgegriffen werden. Eine Selektion ist jedoch notwendig, um die Ressourcen sinnvoll einzusetzen.

Zu guter Letzt kommt die **Ausarbeitung** der Ideen. Entwürfe, Scribbles, Prototypen, Pilotfolgen oder Moodboards – alles, was die Idee „greifbar" macht, ist erlaubt. Somit hat man kreative Konzepte, die final ausgewählt und umgesetzt werden können.

INFORMATIONSAUFBEREITUNG > **CONTENT WHEEL**

Immer wieder wurde der deutsche Social-Media-Experte Mirko Lange gefragt, was aus seiner Sicht der häufigste Fehler im Social Media Marketing ist. Seine Antwort war ganz einfach, dass die meisten Marketer zuerst den Kanal im Kopf haben und davon ausgehend den Content planen. Die Frage hat ihn dazu inspiriert, den **Story Circle** [102] zu konzipieren. In sechs konzentrischen Kreisen wird von innen (Leitidee) nach außen (Kontakt) Content entwickelt und ausgespielt.

Der Story Circle lieferte die Basis für das Content Wheel, entwickelt von Robert Bogner und mir. Auch dieses Konzept besteht aus sechs konzentrischen Kreisen, die von innen nach außen den Prozess der Content-Konzeption abbildet (Abbildung 23).

1. Core Story
2. Storys
3. Personas
4. Formate
5. Kanäle
6. Ausspielung

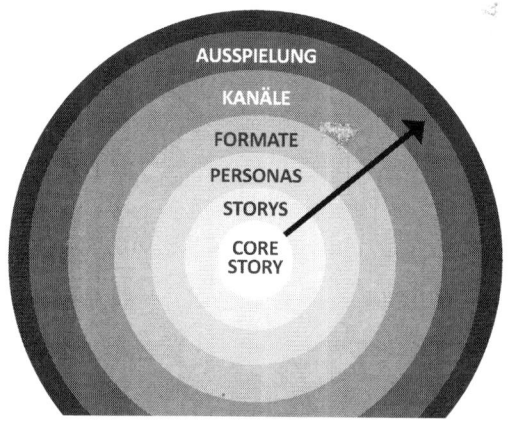

Abbildung 23: Das Content Wheel

Auf der **Core Story** baut alles auf. Jeder Content muss die Core Story tragen, sonst ist er für die Marke irrelevant.

Die **Story** ist die Essenz des Contents. Mögliche Storys können vorab in der Strategie festgelegt werden, es bleibt aber auch immer Platz für spontane Storys, und damit spontanen Content.

Als Nächstes stellt sich die Frage, für welche **Personas** die Story interessant ist. Ist die Story für keine der Personas relevant, macht es auch aus Sicht der Marke keinen Sinn, sie auszuspielen.

Aufgrund der Personas lässt sich festlegen, in welchem **Format** sich die Story für die Persona am besten erzählen lässt. Für unterschiedliche Formate können Templates angelegt werden, die eine Produktion vereinfachen.

Durch das Format und die Persona ergeben sich meist auch die **Kanäle**, auf denen der Content am besten ausgespielt werden kann.

Zu guter Letzt entscheidet die Phase der Persona Journey, in der der Content (als Kombination aus Persona, Format und Kanal) erzählt werden soll, wie die **Ausspielung** erfolgen kann.

Ein paar Beispiele hierzu sind Folgende:

- Die Sonderaktion „Nimm 2, zahl 1" (Story) wird Stephan Sparfuchs (Persona) als kurze Animation (Format) auf Social Media (Kanal) als Video Ad erzählt (Ausspielung).
- Die empfohlene Strategie für ein neues Social Network (Story) wird Martina Marketing (Persona) in einer Keynote (Format) auf einer Koferenz (Kanal) vom Agenturchef erklärt (Ausspielung).
- Die Hintergründe einer Marktentwicklung (Story) werden Ingo Investor (Persona) in einem Experteninterview (Format) im Podcast (Kanal), den er abonniert hat (Ausspielung), erläutert.

Das Content Wheel liefert also ein Werkzeug für die Contentstrategie auf Story-Basis. Alle sechs Kreise werden abgeklappert. Dadurch entsteht die Vorgabe für die Umsetzung.

INFORMATIONSAUFBEREITUNG > **WORKFLOWS**

Im Operativen entsteht aus einer Story in fünf Schritten ein Content:

1. Definition der Story
2. Recherche bzw. Sichtung des vorhandenen Rohmaterials
3. Festlegung von Formaten
4. Produktion
5. Aufbereitung für Kanäle

Die **Definition der Story** kann stichwortartig erfolgen. Wichtig ist, dass die relevanten Informationen angeführt und eventuelle Rahmenbedingungen festgelegt sind. In anderen Worten könnte man das als **Briefing** bezeichnen.

Im nächsten Schritt wird auf vorhandenes **Rohmaterial** zurückgegriffen. Das sind banale Dinge, wie Logo und Schriften, eventuell gibt es bereits vorgefertigte Templates für den Content. Zusätzlich gibt es vielleicht bereits diverses Material, wie Produktbilder, auf das zurückgegriffen werden kann. Unter vorhandenes Rohmaterial fällt auch Stock Footage, also Material (Videos, Bilder, Musik), deren Lizenz man online erwerben kann.

Dann werden die **Formate** festgelegt, in denen der Content ausgespielt werden soll. Dazu zählen Abmessungen, Dauer, Dateigröße oder Auflösung der Dateien. Dies ist besonders wichtig, weil in der Produktion darauf Rücksicht genommen werden muss. Die Komposition des Bildausschnitts im Hochformat ist zum Beispiel wesentlich anders als im Querformat. Wenn ein Video ohne Ton funktionieren muss, sollte ein eventueller Darsteller nicht seine Lippen bewegen et cetera.

Schließlich geht es in die **Produktion**. Hier wird das Material produziert, das noch nicht als Rohmaterial zur Verfügung stand. Dazu gehören auch Texte (Copy) und Einblendungen (Overlays). Die Produktion gestaltet sich je nach Medium unterschiedlich aufwendig. Ein Tweet ohne Bild benötigt deutlich weniger Ressourcen als eine Videoproduktion mit mehreren Darstellern.

Abschließend erfolgt die **Aufbereitung** des Contents für die Kanäle. Dabei wird einerseits auf die zuvor festgelegten Formate Rücksicht genommen, andererseits sind hierbei spezielle Anforderungen wichtig. So dürfen Einblendungen auf Videos, die vorwiegend mobil konsumiert werden, nicht zu klein sein. Der

Antexter bei Social-Media-Plattformen wird unterschiedlich abgebrochen (Anzahl der Zeichen bis „Weiterlesen" eingeblendet wird) und so weiter.

6.5   USER GENERATED CONTENT

2006 traf *TIME Magazine* eine überraschende Wahl zur „Person of the Year": Du [103]. Zwar wurden schon davor auch Gruppen oder Objekte mit dem Titel ausgezeichnet, die Wahl war in diesem Fall aber doch bemerkenswert. Die Begründung lag für *TIME* an der konstant ansteigenden Anzahl an unabhängigen Produzenten von Inhalten und damit einer Demokratisierung des Contents.

In den Internet Communities, allen voran Social Networks, kann jeder Content beisteuern. Diesen nennt man User Generated Content (kurz UGC) bezeichnet. Die 90-9-1-Regel (oder auch 1-Prozent-Regel) besagt, dass nur 1 Prozent der Community aktiv Content beisteuert. Sie werden als **Creators** bezeichnet. Weitere 9 Prozent sind **Contributors**, sie kommentieren oder teilen Content, tragen demnach noch aktiv zur Community bei. Die restlichen 90 Prozent – der bedeutende Großteil – sind **Lurkers**, also inaktive Konsumenten von Content (Abbildung 24).

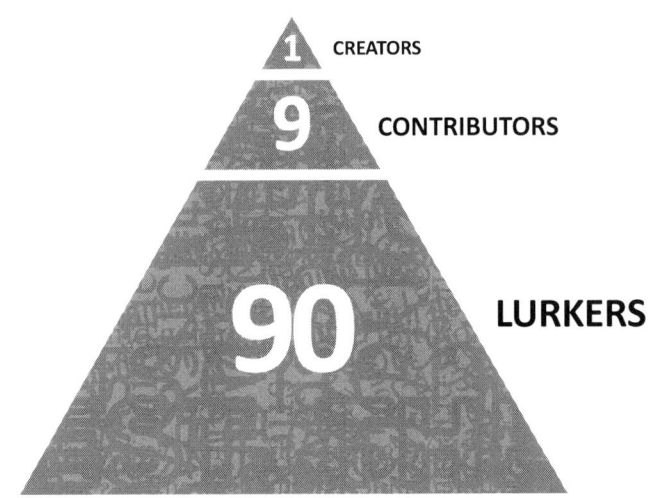

Abbildung 24: 90-9-1-Regel – Creators, Contributors und Lurkers

UGC wird durch drei Faktoren definiert:

- **Veröffentlichung**: Natürlich kann Content auch erstellt und nie veröffentlicht werden und wäre dennoch Content. Dann allerdings versiegt die Relevanz aus Marktkommunikations-Sicht.
- **Kreativer Aufwand**: Content muss das Ergebnis eines kreativen Prozesses sein, und nicht etwa die schlichte Kopie eines Contents. Wird also ein Content von einem User geteilt, so gilt nur das Original als UGC.
- **Erstellung außerhalb eines professionellen Umfelds**: Content, der im Zuge eines beruflichen Umfelds entsteht (z. B. *Auftragsarbeit eines Journalisten oder Künstlers*), wird nicht als UGC gewertet.

UGC kann in ebenso vielen Formaten entstehen wie „kommerzieller" Content. Größtenteils handelt es sich um das Beisteuern von Neuigkeiten oder Meinungen zu Communities. Die Motivation, UGC zu erstellen, kann unterschiedlich sein, sei es das Streben nach Berühmtheit (Fame), Expertenstatus, Prestige oder auch als Ausdruck der eigenen Kreativität oder Meinung.

Aus Sicht der Marktkommunikation hat UGC einen enormen Wert. Die Wahrnehmung davon ist für viele authentischer als Marken-Content und spielt deshalb in Kaufentscheidungen oft eine große Rolle. In zahlreichen Studien wurde nachgewiesen, dass die Empfehlung von einem „echten" Menschen für einen Konsumenten mehr wert ist als die Argumente einer Marke.

INFORMATIONSAUFBEREITUNG >
UGC IN DER PERSONA JOURNEY

User Generated Content kann in allen Phasen der Persona Journey entstehen und/oder einen wertvollen Beitrag leisten.

In der **Awareness Phase** werden potenzielle Kunden auf Lösungen aufmerksam. Jeder Content, der nun das Angebot erwähnt, kann potenzielle Neukunden anlocken und sie dazu bringen, sich damit zu beschäftigen. Wenn also in einem Kochvideo ein neues Küchengerät verwendet wird, erzeugt das Aufmerksamkeit. Wenn ein Sportler in einem Podcast erwähnt, in welchem Fitnessstudio er trainiert, erweckt dies das Interesse der Zuhörer. Wird auf Social Media ein Foto von einem Traumreiseziel gepostet, entfacht dies sofort Fernweh.

Gerade in der **Consideration Phase** recherchieren viele potenzielle Kunden abseits der Marke nach Informationen und Erfahrungen. Neben den Funktionen suchen sie auch nach einer **Brand Experience**. Wie fühlt sich die Marke an? Passt sie zu mir? Kann ich mich mit den Fürsprechern identifizieren? Kann ich den Kritikern entgegentreten? Besonders im Technikbereich sind zum Beispiel **Unboxing-Videos** sehr beliebt. Dabei wird mitgefilmt, wenn ein Produkt ausgepackt wird. Die Eindrücke werden dokumentiert und mit dem Publikum geteilt.

In der **Decision Phase** können schließlich **Testimonials** den letzten Schubs in Richtung Entscheidung geben. Eine Empfehlung von einer Person, die Vertrauen genießt, ist oft mehr wert als lange Reviews. Dies tritt vor allem auf, wenn auf Social Media nach der Recherche um Hilfe bei der Entscheidung gebeten wird.

UGC in der **Delight Phase** dient schließlich der Community-Bildung. Dadurch, dass man zeigt, wer ein Angebot nutzt, gibt man sich in der Gruppe zu erkennen und sucht nach Gleichgesinnten.

INFORMATIONSAUFBEREITUNG > HASHTAGS

Hashtags sind vor allem für Social Media gedacht, um ähnliche Inhalte schneller zu finden. Sie können sich auf das Thema beziehen, aber auch den Content in einen Kontext setzen.

In der Marktkommunikation können Hashtags von Marken genutzt werden, um einen Beitrag zur Community zu leisten. Um UGC zu nutzen empfiehlt es sich, einen Marken- oder Kampagnen-Hashtag einzuführen. Dadurch wird verhindert, dass durch die Community mehrere parallel angelegt werden.

Diese Hashtags sollten immer – auch abseits von Social Media und offline – in der Marktkommunikation verwendet werden. Ein Plakat, ein TV-Spot oder ein Blogpost mit einem Hashtag weisen auf die Präsenz der Marke in Social Media hin und laden zum Entdecken und Beitragen ein.

Die Demokratisierung von Inhalten zu einem Hashtag bringt auch die Gefahr des **Hijackings** mit sich. Dabei werden Hashtags missbraucht, um sie mit ungewünschten (teilweise sogar schädlichen) Inhalten zu fluten. Dies musste beispielsweise McDonalds schmerzlich erfahren, als ihre Kampagne *#McDStories* dazu führte, dass Menschen ihre schlechten Erfahrungen mit der Fastfood-Kette präsentierten.

Gleichfalls sollte jeder Hashtag vor der Verwendung überprüft werden. Manchmal ergibt die Zusammenstellung von zwei Wörtern in Hashtags eine neue Bedeutung (z. B. wurde der Film *The Hobbit* in der Schweiz mit dem Hashtag *#HobbitCH* beworben). Ein Hashtag kann auch bereits „in Verwendung" sein. Dies ging für die Pizza-Kette DiGiorno Pizza schrecklich nach hinten los. Sie verwendeten den Hashtag *#WhyIStayed*, um für Ihr Angebot zu werben, erkannten allerdings offensichtlich nicht den Kontext, in dem dieser bereits verwendet wurde: Um Geschichten zu erzählen, warum Menschen bei ihrem missbrauchenden Partner blieben.

Bevor eine Marke einen Hashtag einsetzt, sind deshalb folgende Schritte sinnvoll:

- Bereits vorhandenen Einsatz überprüfen: Dazu einfach auf den in Frage kommenden Plattformen danach suchen und die Inhalte evaluieren.
- Doppeldeutigkeit ausschließen: Gerade bei weltweiten Kampagnen ist das sehr schwierig und Doppeldeutigkeiten in Sprachen und Dialekten sind vor allem bei kurzen Hashtags fast immer möglich. Ein guter Anhaltspunkt, um englische Begriffe zu überprüfen, ist *urbandictionary.com* [104]. Dort werden Slang-Begriffe verzeichnet und erklärt.
- Missbrauchswahrscheinlichkeit evaluieren: Ist man als Marke häufig negativem Feedback ausgesetzt, sollte die Verwendung eines Hashtags mit Aufruf zur Erstellung von UGC generell gut überlegt sein. Ansonsten kann man zu Übungszwecken versuchen, wie ein Troll zu denken: Wie könnte man den Hashtag missbrauchen?

INFORMATIONSAUFBEREITUNG > **CONTESTS**

Contests sind eine besonders beliebte Methode, um UGC zu generieren. Dabei wird eine Community aufgerufen, kreativen Inhalt mit oder rund um die Marke zu erstellen. Starbucks rief zum Beispiel 2014 zum „White Cup Contest" auf [105], in dem es darum ging, einen weißen Starbucks-Becher kreativ zu gestalten und diesen auf Social Media zu veröffentlichen. Ausgewählte Entwürfe wurden dann in einer Limited Edition tatsächlich produziert und waren in den Stores erhältlich. Der Andrang war enorm.

Contests sind eine hervorragende Maßnahme, um die Community mehr an die Marke zu binden, da sie diese in den Mittelpunkt setzt. Wird die Kreativität auch wertgeschätzt (z. B. durch Interaktion, Hervorheben oder – wie im Fall von Starbucks – durch Produktion eines Kunstwerkes) wirkt dies noch viel stärker.

Bei derartigen Contests ist jedoch Vorsicht geboten. Nicht jede Plattform erlaubt beispielsweise Gewinnspielteilnahme über Hashtags. Obendrein sind nicht alle Marken und Angebote für Contests geeignet. Das ist etwa dann der Fall, wenn das Angebot sehr intim ist. Die Community kann auch schlicht nicht daran interessiert sein, User Generated Content zu produzieren.

INFORMATIONSAUFBEREITUNG > **VERWENDUNG VON UGC**

Viele Marken setzen auch UGC für ihre eigene Kommunikation ein, als Testimonial für eine große und authentische Community. Dabei muss vor allem die Rechtefrage geklärt werden: Nur weil ein Bild der Marke auf Social Media verwendet wird, hat diese nicht automatisch das Recht, den Content selbst für Werbezwecke zu verwenden. Selbst wenn die Nutzungsbedingungen dies ermöglichen würden, empfiehlt sich die goldene Regel: *Don't take without asking!* (Verwende nichts, ohne vorher zu fragen!).

Eine weitere Möglichkeit, Inhalte aus Social Media zu verwenden, sind sogenannte **Social Walls**. Dabei werden die Inhalte von ausgewählten Accounts oder zu definierten Hashtags ausgelesen und gesammelt dargestellt. Das Ergebnis kann dann auf Landingpages oder bei Events auf einer Projektionsfläche dargestellt werden. Gerade bei automatisierter Verwendung ist Kuratieren, also die vorausgehende Freischaltung von Inhalten, angeraten.

INFORMATIONSAUFBEREITUNG > **INFLUENCER**

Wenn es ein Buzzword gibt, das sich die letzten Jahre konstant als Trend in der Marktkommunikation hält, dann ist das Influencer-Marketing. Damit ist im Wesentlichen das Nutzen von Reichweite und Einfluss dritter für Marketing-Zwecke gemeint.

Ein Influencer ist also wie die Mutter, die ihrem Sohn eine Ausbildung empfiehlt, oder wie der TV-Star, der eine bestimmte Modemarke trägt.

Im Wesentlichen unterscheidet man in drei „Größen" von Influencern:

- **Makro-Influencer** sind Superstars. Diesen Status haben sie, weil sie „Personen öffentlichen Interesses" sind, etwa Schauspieler, Musiker, Sportler, Entertainer oder Politiker. Der Aufstieg von Social Media hat jedoch auch eigene Superstars hervorgebracht: User, die auf ihren Accounts eine große und loyale Followerschaft aufgebaut haben.
- **Micro-Influencer** haben ebenfalls eine große Followerschaft aufgebaut, sind aber nicht ganz so berühmt. Zum Superstar fehlt ihnen meist noch eine gewisse Einzigartigkeit, die sie aus der Masse herausstechen lässt.
- **Nano-Influencer** sind Influencer aus dem persönlichen Umfeld oder zumindest Social-Media-Bekanntschaften. Sie haben vielleicht nicht die große Masse an Followern, aber aufgrund ihrer persönlichen Beziehung einen sehr starken Einfluss auf andere.

Die Größe eines Influencers lässt sich nicht pauschal an der Anzahl der Follower festmachen. Eine Hollywood-Schauspielerin hat wohl mehr Follower als eine Schauspielerin in Belgien, das macht sie aber in ihrem Land nicht weniger einflussreich. Ebenso erreicht ein Profi-Fußballer wahrscheinlich insgesamt mehr Menschen als ein Sozialforscher, doch dieser kann auf seinem Gebiet ein wichtigerer Influencer sein.

Die Kooperation von Marken mit Influencern kann unterschiedlich gestaltet sein. Aus Sicht der Marke gibt es drei Hauptvorteile, die genutzt werden können:

- Reichweite
- Story
- Kreativität

Arbeitet ein Influencer mit einer Marke zusammen, indem er auf seinem eigenen Kanal **Product Placement** macht, so nutzt die Marke vor allem dessen **Reichweite**. Die Abwicklung ähnelt dann fast immer der Buchung einer Werbeschaltung. Es wird vereinbart, was gesagt und gezeigt werden soll, ein Preis festgelegt und anschließend entsprechend abgerechnet. Diese Methode bietet sich an, wenn eine Marke zu einem bestimmten Zeitpunkt viel Reichweite gleichzeitig erzielen will und mit mehreren Influencern zusammenarbeitet.

Wenn das Thema, mit dem sich ein Influencer hauptsächlich beschäftigt, gut zur Marke passt, so ist das ein Nutzen der **Story**. Beispielsweise macht es für eine Backpulver-Marke Sinn, mit einem Influencer im Bereich Backen zusammenzuarbeiten. Die Zusammenarbeit kann sowohl auf dem Kanal des Influencers als auch auf dem Kanal der Marke ausgeführt werden.

Künstlerische Influencer können Aufträge von Marken bekommen, um ihre **Kreativität** mit deren Angebot auszuleben. So wie Andy Warhol in den 1960ern Campbell Soup zum Kunstobjekt machte, bauen heute TikToker Marken in ihre Comedy-Einlagen oder Tänze ein.

Eine besondere Form des Influencer-Marketings sind **Takeovers**, bei denen die Influencer den Kanal einer Marke für eine bestimmte Zeit übernehmen. Üblicherweise kündigen sie dies auf ihren privaten Kanälen an. Hierbei kann zum Beispiel ein Mitarbeiter einen Tag lang auf dem Instagram-Account des Arbeitgebers Storys posten oder ein Reise-Influencer seinen Urlaub in einer Region auf dem Kanal eines Reiseunternehmens dokumentieren.

Beim Influencer-Marketing ist allerdings auch Vorsicht geboten, neben rechtlichen Rahmenbedingung ist man trotz (und manchmal auch wegen) des Einflusses auf den Content nicht gefeit davor, Spott und Häme auf sich zu ziehen. Legendär ist etwa die Kampagne der Waschmittel-Marke Coral aus dem Jahr 2017, wofür zahlreiche Influencer das Produkt teilweise kurios in ihre Bilder auf Instagram einbauten (bspw. im Bett beim Frühstück oder lasziv auf einer Treppe neben einer Waschmittelflasche sitzend).

Um effizientes Influencer-Marketing zu betreiben, empfiehlt es sich, folgende Schritte festzulegen (Abbildung 25):

1. Rahmenbedingungen
2. Ziele
3. Recherche
4. Vereinbarung
5. Briefing und Durchführung
6. Analyse

Rahmen-bedingungen	Ziele	Recherche	Vereinbarung	Durchführung	Analyse
Kanäle	Brand Awareness	Reichweite	Art der Kooperation	Briefing	Reichweite
Umfang	oder	Engagement	Umfang	(Freigabe)	Engagement
Dauer	Sales Performance	Content	Dauer	Monitoring	Sentiment-Analyse
Budget		Werte/Image	Preis	Interaktion	Performance
		Vergangene Kooperationen			

Abbildung 25: Ablauf Influencer-Marketing

RAHMENBEDINGUNGEN

Vor einer Influencer-Kampagne müssen Rahmenbedingungen ausgemacht werden:

- angestrebte Kanäle
- Umfang der Kooperation
- Dauer der Kampagne
- verfügbares Budget

Die **Kanalauswahl** muss nicht zwangsweise auf jene fallen, auf denen auch die Marke aktiv ist. Die Entscheidung kann bewusst abweichend getroffen werden, etwa um auch anderswo eine Zielgruppe zu erreichen oder um zu recherchieren, ob das Angebot bei der dort vertretenen Community ankommt. Eine Influencer-Kooperation kann auch einen Boost bei Neu-Eintritt in einen Kanal auslösen.

Der **Umfang der Kooperation** definiert, ob es sich um einfaches Product Placement, eine intensivere oder kreativere Kooperation handeln soll. Auch die gewünschte Anzahl und Art des Contents (Bild, Video, Text usw.) muss grob beziffert werden.

Die **Dauer der Kampagne** bestimmt die Dauer der Zusammenarbeit mit einem Influencer (selbst bei sehr langfristigen Kooperationen wird eine Dauer festgelegt) und/oder auch den Zeitraum, in dem die Daten gemessen werden. Auch wenn die Inhalte nach der Kooperation noch Bestand haben, muss der Erfolg zu einem bestimmten Zeitpunkt analysiert werden können.

Das **Budget** kann gebündelt auf einen oder ein paar wenige Influencer verteilt werden oder breit gestreut auf mehrere. Entsprechend detailliert fallen die Recherche und Kooperationsvereinbarungen aus.

ZIELE

Nach Definition der Rahmenbedingungen werden die Ziele und die gewünschte Botschaft definiert. Diese werden in einem Briefing für die potenziellen Influencer zusammengestellt.

Ziele beim Influencer-Marketing sind häufig entweder **Steigerung der Markenbekanntheit** (Brand Awareness) oder **Steigerung der Verkaufszahlen** (Sales Performance). Entsprechend wird dann die Botschaft aufbereitet.

Für Brand Awareness wird eine Story ausgewählt, die durch die Kampagne einer bestimmten Zielgruppe nähergebracht werden soll. Bei Sales Performance werden spezielle Angebote (etwa Rabattcodes o. Ä.) angeboten.

Die Kooperation kann auch so weit gehen, dass ganze Produktserien dafür kreiert werden. 2015 entwickelte zum Besipiel die Drogerie-Kette dm in Kooperation mit der YouTuberin Bianca „Bibi" Heinicke die Marke „bilou", von der es zahlreiche vegane Pflegeprodukte in den unterschiedlichsten Geschmacks- und Geruchsrichtungen gibt.

RECHERCHE

Jede Influencer-Kampagne beinhaltet eine intensive Recherche. Das betrifft sowohl die Suche nach möglichen Influencern als auch die Analyse derselben. Als Kooperationspartner kommen nur jene infrage, die auch Einfluss auf die Zielgruppe oder Personas der Marke haben. Der Einflussbereich kann auch „zu groß" sein, beispielsweise wenn eine österreichische Marke mit einem deutschen Influencer zusammenarbeitet, dessen deutsche Follower das Angebot gar nicht nutzen können. Es kommt in diesem Fall zum Streuverlust.

Die meisten Tools zur Recherche konzentrieren sich auf Makro-Influencer oder erlauben lediglich die Analyse von Kennzahlen der Influencer. Um die richtigen Micro-Influencer zu finden, ist eine Recherche in der Zielgruppe nötig. Dazu gibt es in Branchenblogs oft Listen mit einflussreichen Social-Media-Accounts, oder du begibst dich selbst in den Social Networks auf die Suche.

Vor der Kooperation muss unbedingt eine Hintergrund-Recherche zum Influencer gemacht werden. Keine Marke möchte sich für eine Kooperation entschuldigen, weil ein dunkles Geheimnis auftaucht. Davor ist man zwar auch trotz Recherche nicht gefeit, aber manchmal sind Verstöße auch leicht zu finden. Eine gute Faustregel ist, zu überprüfen, ob der Influencer zu den Grundwerten der Marke passt. Eine Marke, die sich selbst Toleranz auf die Fahnen schreibt, kann ihr Image schwer beschädigen, wenn sie mit jemandem zusammenarbeitet, der für seine homophoben Provokationen bekannt ist.

Außerdem sollte auch der Content des Influencers generell zur Marke passen. Eine Frage, die gestellt werden kann, ist: Würde diese Person das Angebot auch nutzen, wenn sie nicht im Zuge der Kooperation dazu „gezwungen" wäre? Wird sie mit „Ja" beantwortet, ist auch Authentizität gewährleistet. Ein nicht unwesentlicher Erfolgsfaktor für die Zusammenarbeit mit Influencern

Auch vergangene Kooperationen sollten überprüft werden, etwa die Zusammenarbeit mit Mitbewerbern. Diese können erfahrungsgemäß direkt beim Influencer erfragt werden.

Je nach Intensität und Erfolg der Zusammenarbeit muss eine Marke auch weiterhin noch ein Auge auf den Content rund um den Influencer haben. So brach die deutsche Kaufhaus-Kette Kaufland 2020 eine Kampagne mit dem Schlagerstar Michael Wendler ab, nachdem dieser krude Verschwörungstheorien auf Social Media verbreitete.

VEREINBARUNG

Influencer-Marketing ist mittlerweile ein massiver Markt geworden. Nicht nur Makro-Influencer, auch zahlreiche Micro-Influencern haben mittlerweile Agenturen, mit denen sie exklusiv zusammenarbeiten. Entsprechend professionell (und kostenintensiv) kann die Kooperation zustande kommen.

Auch Influencer, die sich selbst managen, treten mitunter sehr professionell auf. Sie haben ein Mediakit (Auflistung der wichtigsten Kennzahlen, Kosten und Beispiele vergangener Projekte) und vorgefertigte Verträge.

Ist dies nicht der Fall, liefert die Marke den Vertrag und die Zahlen sind reine Verhandlungssache.

Es können unterschiedlichste Vereinbarungen getroffen werden, wie Fixpreis oder erfolgsbasierte Bezahlung.

BRIEFING UND DURCHFÜHRUNG

Je konkreter das Briefing, desto unkreativer die Umsetzung. Möchte eine Marke die Kreativität eines Influencers nutzen, sollte diese Faustregel auf jeden Fall beachtet werden.

Wenn das Briefing das Angebot oder die Marke zu sehr in den Mittelpunkt rückt, wird aus einem lockeren Content, der sich schön in den üblichen Content des Influencers einfügt, schnell eine klar ersichtliche Werbung, die als Fremdkörper wahrgenommen wird.

Ein guter Weg ist, den Influencer als Protagonisten zu sehen, der ein Problem hat, das durch das Angebot der Marke behoben werden kann. Mit diesem Briefing können Influencer ihre Kreativität ausleben und dennoch die Marke ansprechend in Szene setzen.

ANALYSE

Die Analyse des Erfolgs einer Influencer-Kampagne ist meist nicht so eindeutig, wie man es von bezahlten Online-Maßnahmen gewohnt ist. Der Blogpost eines Influencers kann noch Jahre später wirken, eine große Reichweite und hohe Interaktion auf einen Influencer-Post dagegen bedeutet noch nicht die erhoffte Bindung an die Marke.

Unter bestimmten Rahmenbedingungen kann der Erfolg aber exakt zugewiesen werden. Ein paar Beispiele sind Folgende:

- Wenn genaues Link-Tracking installiert wurde, die Rückschlüsse auf Traffic vom Influencer erlauben.
- Wenn die Aktion mit einem Rabattcode, der eindeutig einem Influencer zugewiesen werden kann, durchgeführt wird.

- Wenn der Aufbau einer Marke exklusiv durch die Influencer realisiert wird (z. B. bei Produktkooperationen).

Erlaubt der veröffentlichte Content Interaktion durch die Community in Form von Kommentaren, so kann dieser hinsichtlich der Erwähnung der Marke analysiert werden. Hier ist jedoch auf Eindeutigkeit zu achten. Ein alleinstehendes *Daumen-hoch*-Emoji ist zwar eindeutig eine positive Rückmeldung, muss sich aber nicht zwangsweise auf die präsentierte Marke beziehen.

In vielen Fällen ist die Erfolgsanalyse eingeschränkt durchzuführen, ähnlich wie bei Offline-Maßnahmen, etwa Zeitungsinseraten oder Plakatwänden. Diese kann – beispielsweise durch Umfragen – noch präzisiert und gestützt werden.

ÜBER DEM RAUSCHEN

Alles ist Content, was die Geschichte einer Marke erzählt – ein Social Media Post genauso wie ein Werbebanner, ein Blogpost genauso wie ein Newsletter. Content ist eine in Form gebrachte Botschaft.

In diesem Kapitel hast du erfahren, wie du guten Content erstellen kannst, wie du die Core Story deiner Marke jedes Mal auf neue Art und Weiße erzählen kannst, und wie du mit Storytelling direkt in Herz und Hirn deiner Persona gelangst.

Manchmal sitzt du richtig lange an einem Content und bist ganz stolz darauf, wenn du ihn auf die Welt loslässt. Und dann – versinkt er im Rauschen. Das kann ganz schön auf die Stimmung schlagen. Dafür haust du ein anderes Mal einen Content mal eben schnell hinaus, weil's dringend sein muss, und der geht durch die Decke. Fliegt über dem Rauschen wie ein Papierflieger mit Aufwind. Wenn du mit Emotionen dabei bist, macht das den Content besser, aber dich verletzlicher. Damit musst du leben. Es wird Rückschläge geben. Es wird Überraschungen geben. Guter Content wird sich in der Summe immer durchsetzen. Nicht einzeln, sondern als Ganzes. Stell dir vor, das ganze ist ein Spiel.

Wenn das ein Spiel wäre, dann wüsstest du jetzt, wie man die Punkte zählt, wie das Spielfeld aussieht, was die Figuren ausmacht, wie der Spielablauf ist. Damit könntest du schon richtig viel Spaß haben. Im nächsten und letzten Kapitel zeige ich dir noch, mit welchen Ansätzen du dir eine Strategie zusammenbaust.

Startet zunächst mit der Entwicklung der Core Story. Dafür könnt ihr verschiedene Herangehensweisen wählen, wie den Versuch, den Zweck der Existenz des Unternehmens einem fünfjährigen Kind zu erklären, oder die Five Why Method. Haltet die Überlegungen der einzelnen Teilnehmer auf einem Flipchart fest. Versucht, Muster oder Formulierungen zu finden, die sich wiederholen. Erarbeitet daraus ein Why-Statement, das sich nach der Formel „Wir [Aktion], sodass [Auswirkung]" orientiert. Führt keine endlos langen Diskussionen über die exakte Definition von Wörtern. Lasst das *Why*-Statement auch ein paar Tage wirken und challenged es immer wieder, gegebenenfalls wird noch daran geschliffen.

Als nächstes definiert ihr Methoden, die eure Marke von der Konkurrenz abheben, also euren USP. Dieser stellt das *How* im Golden Circle dar. Zu guter letzt tragt ihr noch das *What* im äußersten Kreis ein.

Als Nächstes überlegt ihr euch, in welchem Feld des DISC-Modells die Marke am ehesten liegt. Führt eine offene Diskussion. Wie tretet ihr nach außen auf, wie würdet ihr gerne auftreten. Versucht danach, auch einen Marken-Archetyp zu definieren, der in diesem Feld liegt (ggf. nehmt ihr einen sekundären Archetyp dazu). Die Produzenten des Contents müssen diesen Archetyp gut kennen. Ein Art Director legt den visuellen Stil des Contents fest.

Nun wenden wir uns den Personas zu. Jeder Persona wird ein Archetyp zugewiesen. Auch hier könnt ihr so vorgehen, dass ihr euch zuerst dem Quadranten annähert und dann erst in die Detailausarbeitung geht. Bei der Ausarbeitung der Personas habt ihr Marken definiert, mit denen sich die Persona identifizieren kann. Daran könnt ihr euch orientieren: Welchem Archetyp entsprechen diese? Stellt euch vor, eure Marke würde eine Geschichte erzählen, welche Persona wäre die mutige Heldin in dieser Geschichte, wer wäre der fürsorgliche Betreuer, wer die weise Ratgeberin? Auch die Archetypen der Persona beeinflussen die Ausarbeitung des Contents, allerdings weniger auf visueller als auf inhaltlicher Ebene.

Nehmt Moderationskärtchen und führt ein Brainstorming mit möglichen Storys durch. Dieses soll wieder entfesselt sein und keine Diskussion beinhalten. Versucht anschließend, die Storys zu gruppieren. Findet eine sprechende Bezeichnung für die Kategorien. Wählt Kandidaten für regelmäßigen Content aus (dokumentiert unbedingt vorher die Ideen, sie liefern einen wertvollen Pool für spontanen Content und Kampagnen). Dafür könnt ihr Markierungspunkte nutzen.

Arbeitet für die nächsten Schritte vorerst nur noch mit den Kandidaten für regelmäßigen Content weiter. Besprecht für jeden Content, wie relevant er für die Marke ist (sehr relevant bis wenig relevant). Sollten Storys als „irrelevant" eingestuft werden, können sie an dieser Stelle wegfallen.

Erstellt auf einem Flipchart eine Tabelle mit vier Spalten. Die Überschriften lauten „Sehr relevant", „Relevant", „Wenig relevant" und „Irrelevant". Jede Story bekommt eine eigene Zeile. Nehmt Post-its und tragt sämtliche Personas in jeder Zeile in die entsprechende Spalte ein. Wenn Story 1 zum Beispiel für Persona A sehr relevant ist, klebt ihr ein Post-it in die entsprechende Zelle der Tabelle. Auch hier können wieder Storys wegfallen, wenn sie für alle Personas irrelevant sind.

Diskutiert die Informationen aus den Handlungssträngen (Sieben Basic Plots) und der Dramaturgie für euren Content. Welche Geschichten ließen sich auf welche Art am besten erzählen? Wie könnt ihr das Storytelling strukturieren, sodass es aufmerksamkeitsstark verfolgt wird? Welche Formate könnten für welche Persona mit welcher Story am besten funktionieren? Wie lassen sich diese Überlegungen in Kampagnen, Werbefilmen oder Social Media Content nutzen? Hier kommen auch die vorhin beiseitegelegten Ideen aus dem Brainstorming wieder zum Einsatz. Haltet alle Ideen auf einem Flipchart fest.

Notiert als Nächstes, woher ihr das Rohmaterial für jede Story bekommt. Könnt ihr auf vorhandenes Material zurückgreifen oder kann es zugekauft oder recherchiert werden? Oder ist eine Neuproduktion notwendig? Dafür sind auch die diskutierten Formate zu berücksichtigen.

Als letzten Schritt haltet ihr noch die Frequenz für jede regelmäßige Story fest. Schreibt dazu einfach eine Anzahl auf Jahressicht dazu. Also, wöchentlicher Content wird mit 52 beziffert, monatlicher mit zwölf und so weiter.

Vergesst nicht, den Workflow für die Content-Produktion zu definieren. Das kann entweder im Workshop gemeinsam erfolgen oder auch im Nachgang durch einzelne Personen. Wichtig ist, für jede Aufgabe (Storys, Recherche, Formatdefinition, Produktion und Aufbereitung) verantwortliche Personen festzulegen.

Diskutiert auch gemeinsam, wie mit User Generated Content umgegangen werden soll. Gibt es einen Marken-Hashtag, der zum Einsatz kommt? Wird mit UGC als Marke interagiert oder wird er sogar honoriert? Soll es Contests geben?

Besprecht die Möglichkeiten des Influencer-Marketings. Überlegt oder Recherchiert, welche Influencer es für die Personas geben kann. Selbst, wenn im Workshop noch keine konkreten Namen fallen, können zumindest Themengebiete und Kanäle definiert werden, die für Influencer-Marketing relevant sind.

Dieser Workshop-Teil ist sehr intensiv und sollte deshalb dann durchgeführt werden, wenn sämtliche Teilnehmer energiegeladen sind. Er liefert die Basis für den Content, der die Marke über dem Rauschen festigen soll.

7 DISTRIBUTIONS-STRATEGIE

„The best marketing strategy ever: CARE."- Gary Vaynerchuck

INTRO

Die von mir mitgegründete Agentur Pulpmedia hatte mittlerweile schon einige Organisationsstrukturen. Alle mit unterschiedlichem Erfolg. Die letzte Iteration basiert auf dem Prozess: Strategie, Produktion und Distribution. Die in der Distribution gesammelten Daten gehen wieder zurück an die Strategie-Abteilung, um die Vorgehensweise zu verbessern. Das funktioniert wirklich ziemlich gut.

Vielleicht denkst du dir jetzt, dass das die offensichtliche Struktur für eine Agentur ist. Lass mich dir versichern: Ist es nicht. Ich kenne einige Agenturen und habe festgestellt, es gibt nicht die eine universell richtige Struktur. Allerdings sind sich alle einig: Ganz ohne geht es nicht. Chaos ist manchmal witzig und fördert vielleicht die Kreativität, aber es kommt der Moment, in dem Entscheidungen getroffen werden müssen.

Damit diese Entscheidungen nicht davon abhängig sind, was du zum Frühstück gegessen hast, brauchst du eine Strategie. Wir haben im Kapitel 2 über die Ziele gesprochen. Jetzt geht es um den Weg dorthin. Pass gut auf, hier kommt die Strategie.

Sun Tzu (544 v. Chr. – 496 v. Chr.) unterscheidet in seinem Werk „The Art of War" [106] zwei wesentliche Ebenen der Kriegsführung: Strategie und Taktik. Taktische Manöver sind Einsätze auf dem Schlachtfeld, während die Strategie die Zusammensetzung der Maßnahmen zur Erreichung des Ziels, dem „Sieg", ist.

Dieses Modell lässt sich auch in die Marktkommunikation übertragen: Zur Taktik gehören die täglichen Operationen zur Ausspielung von Content (z. B. über Social Media, Werbeschaltungen, Newsletter etc.). In der Strategie wird das kanalübergreifende Zusammenspiel der Maßnahmen orchestriert.

Wie bei Sun Tzu gibt es verschiedene Aspekte zu beachten, es gilt Stärken zu nutzen und Schwächen auszugleichen, Pläne zu entwickeln und Ressourcen zu steuern und einzuteilen. Es gibt jedoch einen wesentlichen Unterschied in der Organisation: Bei der Marktkommunikation gibt es keinen „Sieg". Es ist das, was Simon Sinek in seinem gleichnamigen Buch ein „Infinite Game" [107] nennt.

Es geht nicht darum, einen Gegner zu vernichten, Territorien zu erobern oder Macht zu demonstrieren. Wer diese Einstellung an den Tag legt, hat das Spiel nicht verstanden und ist dazu verdammt zu versagen. Natürlich gibt es Mitbewerber, dieser ist aber eher als Benchmark, Inspiration und Ansporn zu sehen und nicht als Gegner. Ja, der Platz auf den Kanälen und die Aufmerksamkeit der Personas sind begrenzt, aber wenn eine Marke das absolute Monopol erreichen würde, wäre dies (abseits von marktpolitischen Einschränkungen) der Marktkommunikation sogar schädlich: Wie soll man herausstechen, wenn es sonst niemanden gibt? Menschen brauchen **das Rauschen**, um die Abwechslung zu schätzen. Macht ist nicht etwas, dass Marken „besitzen", sondern was ihnen die Gesellschaft „leiht". So schnell, wie man sie gewinnen kann, kann man sie auch verlieren. Der Niedergang zahlreicher Marktführer ist Zeugnis dafür.

Wir spielen also das Aufmerksamkeitsspiel immer wieder aufs Neue, ohne je einen Gewinner zu küren.

Ich bleibe mal kurz bei der Metapher eines Spiels, genauer eines Brettspiels. Das Spiel ist in Spielzüge, die Touchpoints, eingeteilt. Der Funnel stellt die verschiedenen Phasen des Spiels dar, so wie es beim Schach Eröffnung, Mittel- und Endspiel gibt. Owned, Earned und Paid Media stellen das Spielfeld dar. Wie in Spielen Punkte gezählt werden, werden in der Marktkommunikation Daten herangezogen, um den Erfolg zu messen und die Strategie auszurichten. Die Ressourcen sind schließlich die Spielfiguren, die klug eingesetzt werden müssen.

7.1 TOUCHPOINTS

Die Aufmerksamkeit ist eine temporäre Verbindung zwischen Marke und Persona, über die Informationen und Botschaften ausgetauscht werden. Diese Verbindungen (Touchpoints) können auf vier Arten aufgebaut werden:

- Push
- Pull
- Meet
- Match

Werbung ist eine klassische **Push-Verbindung**. Die Persona schenkt die Aufmerksamkeit einem Kanal, der den Marken die Möglichkeit bietet, diese Aufmerksamkeit zu erwerben.

Content, der durch bewusste Entscheidung der Persona abgerufen wird, wird in einer **Pull**-Verbindung übertragen. Dies kann entweder unmittelbar, etwa durch direkten Aufruf einer Website oder eines Videos, oder verzögert sein, etwa durch ein Abonnement auf einer Social-Media-Plattform, eines Newsletters oder eines Podcasts.

Treten Marke und Persona direkt in Verbindung (z. B. über Messenger oder Interaktion auf Social Media), so ist dies eine **Meet-Verbindung**. Dies ist eine wechselseitige Verbindung, in der auch die Persona Informationen an die Marke schicken kann.

Treffen Persona und Marke über eine Suche (z. B. über Suchmaschinen oder über Hashtags) aufeinander, so ist dies eine **Match-Verbindung**. Hier werden die Informationen nur abgerufen.

Jede dieser Verbindungen ist wichtig, um eine Beziehung zur Persona aufzubauen. Eine Beziehung ist eine längerfristige Interaktion zwischen Marke und Persona über viele Touchpoints hinweg.

7.2 MARKETING FUNNEL

Die Sicht auf Kundenbeziehungen aus der Meta-Ebene wird im Marketing Funnel abgebildet. Du kannst dir den Trichter so vorstellen, dass oben User reingeworfen werden und unten zum Beispiel Kunden, Mitarbeiter oder Partner rauskommen. Theoretisch kann das Funnel-Modell für alle Arten von Personas angewendet werden. Kunden stellen jedoch eine besondere Gattung dar, bei der der Funnel, konkret der **Sales Funnel**, am häufigsten eingesetzt wird. Deshalb werde ich das Modell hier anhand des Sales Funnel erklären.

Der Sales Funnel wird in vier Phasen eingeteilt:

- Top of Funnel (ToFu)
- Middle of Funnel (MoFu)
- Bottom of Funnel (BoFu)
- Post-Sale

ToFu-Maßnahmen erzeugen Aufmerksamkeit auf die Marke, im MoFu wird der potenzielle Kunde informiert und im BoFu schließlich zur Entscheidung bewogen. In Post-Sale-Maßnahmen wird der Kunde an die Marke gebunden. Du merkst schon, damit entspricht der Funnel sehr stark den Phasen der Persona Journey. Abbildung 26 zeigt die Darstellung eines Funnels. Dabei ist der Post-Sale bewusst losgelöst, da diese Phase im Grunde genommen gesondert behandelt werden kann. Unter anderem stellen Up-Sale und Cross-Sale wieder eigene Funnels dar und die Kundenbindung ist als Kreislauf zu sehen.

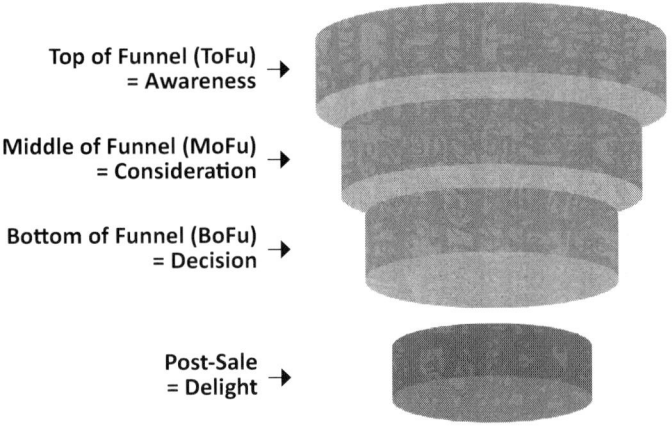

Abbildung 26: Sales Funnel

Die Breite einer Phase im Funnel zeigt die Menge an Personen, die in dieser Phase sind. Die Höhe einer Phase stellt die Dauer dar, wie lange sich ein durchschnittlicher Kunde in dieser Phase aufhält. Dadurch ergeben sich verschiedene Formen des Sales Funnel, die eine Aussage über den Entscheidungsprozess der Kunden geben:

- Ein sehr breiter ToFu und sehr schmaler BoFu ergeben einen eher stumpfen Funnel, das bedeutet, dass viele Menschen auf die Marke aufmerksam gemacht werden, aber nur sehr wenige kaufen (z. B. bei Luxusgütern).
- Ein sehr breiter BoFu deutet auf ein Massenprodukt hin, das sich viele Menschen kaufen.
- Sind ToFu und MoFu annähernd gleich breit, der Trichter also zylinderförmig, so ist der Streuverlust sehr gering (z. B. bei Monopolen).
- Ein sehr langer Trichter weist auf einen langen Entscheidungsprozess hin, ein sehr kurzer auf Spontankäufe.

Für eine Strategie muss in jeder Phase zumindest eine Maßnahme existieren. Im Einsatz wird ständig beobachtet, wie der Funnel „gefüllt" ist. Ein voller Funnel gewährleistet einen stetigen Fluss an Neukunden. Werden zu wenig Menschen auf die Marke aufmerksam, so müssen die Awareness-Maßnahmen verstärkt werden. Verlieren sie sich im Entscheidungsprozess, so sind die Consideration-Maßnahmen zu schwach. Kommt es zu wenigen Conversions, so muss dieser Prozess optimiert werden. Ist die Customer Loyalty schwach, so müssen die Delight-Maßnahmen überarbeitet werden.

Diese Optimierung ist keine einmalige Aufgabe, sondern ein ständiger Prozess. Ein Dashboard, das den Funnel visualisiert, ist hierfür hilfreich. Dieses kann – je nach Komplexität – automatisiert oder manuell erstellt werden.

7.3 OWNED, EARNED UND PAID MEDIA

Eine gute Strategie verfolgt mehrere Zugänge zum Markt. Letztlich geht es um das Erreichen von Menschen. Der Ursprung dieser Reichweite lässt sich in drei Arten unterscheiden:

- Owned Media
- Earned Media
- Paid Media

Owned Media umfasst alle Zugänge, bei denen die Reichweite vollständig der Kontrolle der Marke unterliegt. Dazu gehören zum Beispiel die eigene Website, die eigenen Social-Media-Kanäle oder der eigene Newsletter. Die Taktik für diesen Bereich erfolgt über einen Content-Plan.

Earned Media umfasst jene Reichweite, welche die Marke über dritte bekommt, wie durch Presseartikel, User Generated Content oder auch Erwähnungen auf Social Media. Um Earned Media gezielt zu bespielen, können Viralkampagnen herangezogen werden.

Paid Media ist schließlich zugekaufte Reichweite, hauptsächlich über Ads. Diese Maßnahmen werden in Mediaplänen festgelegt.

Werden diese drei Arten als sich überlappende Kreise dargestellt (Abbildung 27), so ergeben sich folgende Überschneidungen:

- Owned und Earned Media: **Shareable Content**, also Content, der auf Owned Media(z. B. auf Social Media) veröffentlicht und von Dritten geteilt wurde.
- Owned und Paid Media: **Promoted Content**, also Content, der zwar auf Owned Media veröffentlicht wurde, zu dem aber noch Reichweite zugekauft wurde.
- Earned und Paid Media: **Paid Influencer**, also Content, der von Influencern mittels Gegenleistung durch die Marke veröffentlicht wurde.

Eine Überschneidung aller drei Kreise (eine Reichweite, die sowohl durch Owned, als auch durch Earned und Paid Media zustande kommt) wird als **Converged Media** bezeichnet. In der Theorie wird dabei die größtmögliche Reichweite mit dem geringstmöglichen Einsatz erreicht.

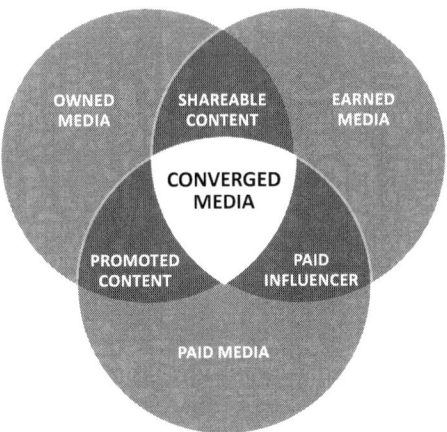

Abbildung 27: Owned, Earned und Paid Media mit Überschneidungen

OWNED, EARNED UND PAID MEDIA > **CONTENT-PLAN**

Um Informationen strukturiert über die eigenen Kanäle (Owned Media) auszuspielen, ist ein Content-Plan essenziell. Grundsätzlich gilt die Faustregel, dass man nur dann Content ausspielen soll, wenn man etwas zu erzählen hat. Andererseits ist eine gewisse **Regelmäßigkeit** der Reichweite und dem Vertrauen (Mere-Exposure-Effekt) förderlich. Es macht deshalb nicht Sinn, drei Posts an einem Tag zu veröffentlichen und dann einen Monat zu schweigen.

Zusätzlich muss das Ausspielen von Informationen geplant werden, damit es in sich schlüssig ist. Eine **Themenvarianz** gibt der Marke mehr Profil, denn Abwechslungen bei Formaten machen den Auftritt in der Regel interessanter.

Ein Content-Plan erfüllt also mehrere Aufgaben:

- strukturierter Informationsfluss
- regelmäßige Veröffentlichung
- Planung von Themen, Informationen und Formaten

Um diese Aufgaben zu erfüllen und Ressourcen effizient einzusetzen, empfehlen sich zwei Ansichten eines Content-Plans:

- Kanal-Ebene
- Themen-Ebene

Die Kanal-Ebene sorgt für Regelmäßigkeit, die Themen-Ebene für gezielte Informationen. Auf beiden Ebenen ist auch eine Darstellung der Formate, in denen die Inhalte vermittelt werden, hilfreich.

Die Content-Planung beginnt sehr allgemein und unabhängig von Kanälen und Formaten in einer **Jahresplanung**. Dabei werden zuerst wichtige Termine, wie kulturelle Ereignisse (z. B. Feiertage oder relevante Events, wie Olympiade, Festivals oder Awards), eingetragen. Im Anschluss werden marktbezogene Termine, wie Konferenzen, Saisons oder Ähnliches vermerkt. Schließlich folgen noch unternehmens- und markenspezifische Ereignisse, etwa Produkteinführungen, Jubiläen oder Firmenveranstaltungen.

Diese Termine können mit Content vorbereitend, währenddessen und im Nachgang bespielt werden, etwa vor Weihnachten ein Adventskalender, ein Livestream von einer Produktvorstellung oder Nachberichte einer Konferenz. Derartige Maßnahmen werden im Jahresplan vermerkt.

Es kann hilfreich sein, Schwerpunkte für das Jahr (z. B. in Quartalen oder Monaten) festzulegen. Ein guter Jahresplan ist lückenlos gefüllt mit Themen und Ereignissen, die behandelt werden.

Je nach Frequenz an Informationen wird der Jahresplan in kleineren Zeiträumen (z. B. monatlich oder zweiwöchig) detaillierter geplant. Dann sind schon konkrete Anmerkungen zu Story und Format angegeben, um die Produktion des Contents zu planen.

Sinn eines Content-Plans ist es, eine strukturierte Informationsbereitstellung zu ermöglichen. Dabei sollte aber keine Einengung und Starrheit der Marke entstehen. Die Marke kommuniziert und möchte dadurch eine Beziehung zu den Personas aufbauen. Das gelingt nicht, wenn sie sich wie ein gefühlloser, unspontaner Roboter verhält.

Wenn also eine Tragödie in der Weltgeschichte passiert, darf an diesem Tag kein lustiger Post rausgehen, schon gar nicht, wenn es unsensibel ist. Dies ist ein Grund, der gegen vorausgeplante Content-Veröffentlichung spricht. Selbst wenn eine automatisierte Veröffentlichung eingestellt ist, müssen die Content Manager die Inhalte im Auge behalten und in Relation zum Umfeld setzen.

Umgekehrt muss ein Content-Plan auch Freiheiten gewähren, spontanen Content zu veröffentlichen. Wenn die Muse küsst oder ein Content einfach perfekt zum Zeitpunkt passt, soll er auch veröffentlicht werden, auch wenn bereits etwas anderes geplant ist. Gleiches gilt, wenn eine wichtige, unvorhergesehene Nachricht rund um die Marke auftaucht.

Für spontane Inhalte ist es gut, sich einige Regeln festzulegen, damit keine unnötig langen Freigabeprozesse die Veröffentlichung verzögern und so eine gute Chance verstreichen lassen:

- Welche Themen werden „ausgeklammert"?
- Was sind rote Linien, die nicht überschritten werden dürfen?
- Wer darf spontanen Content veröffentlichen, wer nicht?

Um die nötige Flexibilität im Content-Plan zu bekommen, empfiehlt es sich, sogenannten **Stehsatz** zu erstellen. Der Begriff kommt aus dem Buchdruck und bezeichnet fertig gesetzte Seiten, die für einen späteren Einsatz gelagert werden. Im Zeitungswesen waren das Inhalte, die zeitlich nicht kritisch (oder zumindest flexibel) sind und zum Einsatz kamen, wenn „Lücken" in der Zeitung aufgefüllt werden mussten. Auch im Content-Marketing kann Content vorproduziert und zu praktisch jedem Zeitpunkt angepasst werden. Selbst wenn so ein Content bereits für einen bestimmten Zeitpunkt vorgeplant ist, kann er einfach verschoben werden. Ein Zitat des Unternehmensgründers ist beispielsweise auch eine Woche später noch gültig, das bahnbrechende Forschungsergebnis ist dann aber bereits ein alter Hut.

OWNED, EARNED UND PAID MEDIA > **VIRALKAMPAGNEN**

Der Ritterschlag bei Earned Media ist viraler Content. Damit ist gemeint, dass sich Content „von selbst" verbreitet, und die Reichweite dadurch potenziell ansteigt. Es scheint also im ersten Moment paradox, einen Viral-Effekt zu planen. Tatsächlich kann Viralität nicht garantiert werden. Bei ausreichend Budget kann man sich dennoch hinter beeindruckenden Zahlen verstecken.

Es gibt jedoch ein paar Faktoren, die Viralität begünstigen. In seinem TED Talk „Why videos go viral" von 2011 nennt Kevin Allocca, Head of Culture and Trends bei YouTube, drei wesentliche Möglichkeiten für erfolgreiche Videos [108]:

- Tastemakers
- kreative Communities
- Überraschungseffekt

Als **Tastemakers** bezeichnet Allocca Influencer, die einen Content aufgreifen und verbreiten. Dies ist die Geschichte vieler Überraschungs-Viral-Videos, die teilweise lange wenig Aufmerksamkeit bekommen, bis jemand mit viel Reichweite darauf stößt und sie verbreitet. Dessen Anhänger haben oft ähnliche Vorlieben, was Content betrifft, und sorgen deshalb für weitere Verbreitung. Marken können diesen Effekt nutzen, indem sie mit passenden Influencern zusammenarbeiten und so eine Verbreitung starten.

Kreative Communities greifen Content auf und setzen ihn für sich wieder ein. Das passiert ständig mit GIFs und Meme-Bildern oder auch aufwendiger in Videos – ein lustiges Video wird nachgespielt, ein Musikstück gecovert, ein Kunstwerk nachgebaut. TikTok hat diese Methodik in die DNA ihrer App eingebaut. Marken können Content schaffen, der wiederverwendet und modifiziert werden kann, und dies sogar fördern.

Mit dem **Überraschungseffekt** sprach Allocca einen besonderen Moment im Storytelling von Videos an. Überraschende Wendungen funktionieren sehr gut, allerdings hat die Entertainment-Seite *BuzzFeed*, selbst verantwortlich für zahlreichen viralen Content, mehr Möglichkeiten identifiziert. Die Publisherin Dao Nguyen von BuzzFeed stellte 2017 (ebenfalls in einem TED Talk [109]) die **Cultural Cartography** vor (Abbildung 28), eine Ansammlung von Kreisen, die jeweils eine „Aufgabe" (Job) repräsentieren, die Content erfüllen kann, um Viralität zu begünstigen. Solche Aufgaben können sein: Das ist so wahr!, Das brauche ich unbedingt!, Du bist nicht alleine! oder einfach nur WTF!? (*What the Fuck!?*). Diese Kreise teilen sich in fünf Bereiche ein:

- Humor: Bringt mich zum Lachen.
- Identität: Das bin ich (auch).
- Verbindung/Beziehung: Hilft mir, mich mit anderen zu verbinden.
- Aktion: Hilft mir, etwas zu machen/lernen/erkennen/verstehen.
- Gefühle: Macht mich glücklich oder traurig oder stellt meinen Glauben an die Menschheit wieder her.

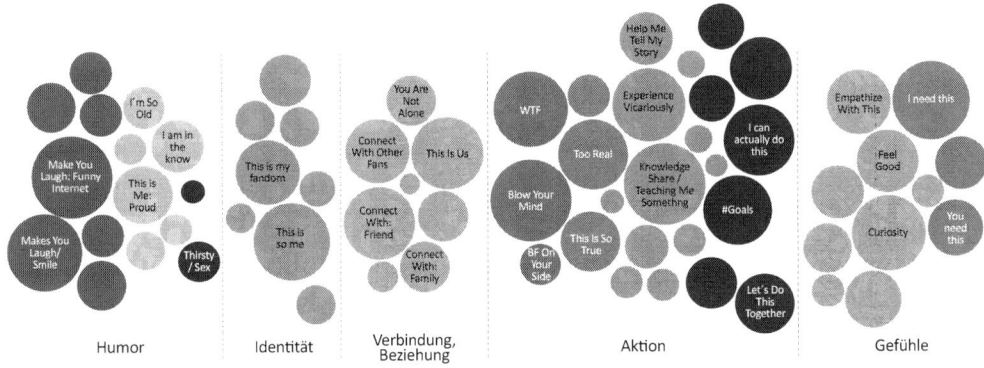

Abbildung 28: in Anlehnung an Cultural Cartography von Dao Nguyen (BuzzFeed)

Ein Mediaplan ist grundsätzlich die strategische Verteilung von Inhalten und Werbebudgets auf unterschiedliche Kanäle und Maßnahmen. Das Dokument dient als Basis für das Team zur Produktion und Distribution von Werbemitteln. Abbildung 29 zeigt einen beispielhaften, vereinfachten Mediaplan.

Wesentliche Bestandteile eines Mediaplans sind Folgende:

- Ziel der Kampagne
- Zielgruppendefinition (Targeting)
- Gesamtlaufzeit
- Gesamtbudget
- Kanalstrategie:
    - Laufzeit
    - Werbemittel (Formate)
    - Budget

Das **Ziel der Kampagne** ist immer in eine Richtung ausgerichtet, wie Reichweite oder Conversions. Um eindeutig zu sein, muss auch die **Haupt-KPI** sowie eventuelle Zielvorgaben definiert werden. Wenn eine Kampagne beispielsweise auf Conversions ausgerichtet ist, so sollte festgelegt sein, wie hoch die maximalen Kosten pro Conversion (CPL, Cost per Lead) sein darf.

In der **Zielgruppendefinition** wird festgelegt, an wen sich die Kampagne richtet. Dabei kann eine Persona angegeben werden, zusätzlich sind jedoch für das **Targeting** relevante Informationen wie Zielmarkt, Alter oder Interessen anzugeben, damit die Definition eindeutig ist. Die präzisen Angaben der Personadefinition sind für einen Mediaplan zu spezifisch (z. B. 27-jährige Teetrinkerin in Berlin) und muss deshalb in eine Zielgruppendefintion ausgeweitet werden (z. B. 20-45, m/w/d, Berlin+50km, Interesse: Tee, Genuss, Entspannung, Gesundheit).

Die **Laufzeit** hat einen wesentlichen Einfluss auf den Budgetbedarf und die Distributionsstrategie. Die meisten Plattformen geben ein Mindest-Tagesbuget vor. Bei einer Laufzeit von 100 Tagen und einem Mindesttagesbudget von 10 Euro auf einem Kanal muss das Budget also mindestens 1.000 Euro sein. Je variantenreicher die Kanalauswahl sein soll, desto höher muss entsprechend auch das Budget sein.

Bei langer Laufzeit stellt sich **Ad Fatigue** (Werbemüdigkeit) ein: Wenn zu lange das gleiche Werbemittel oder die gleiche Information ausgespielt wird, so wird das Werbemittel unterbewusst ausgeblendet, was aus Sicht des Werbetreibenden ein unerwünschter Effekt ist.

Gleiches tritt auch bei **Overexposure** (Übersättigung) auf, wenn zu viel Budget in zu kurzer Zeit oder auf eine zu kleine Zielgruppe gesetzt wird. Dann wird das Werbemittel zu oft an dieselben Menschen ausgespielt. Um dem entgegenzuwirken, bieten manche Plattformen die Möglichkeit an, einen **Frequency Cap** (Frequenz-Deckel) einzustellen. Dieser gibt an, wie oft ein User ein Werbemittel maximal sehen darf.

Ein Mediaplan kann auch in mehrere **Flights** (Phasen) eingeteilt werden, um das Budget effektiver aufzuteilen, das Storytelling mittels Ad Sequencing durchzuführen oder Ad Fatigue sowie Overexposure zu bekämpfen.

Der **Media Mix** ist die Zusammenstellung der Kanäle. Ziel ist, das Budget so aufzuteilen, dass der Zielmarkt möglichst gut und effizient abgedeckt ist. Nicht alle Kanäle im **Media Mix** müssen zwangsweise direkt auf die Haupt-KPI ausgerichtet sein. Ein Kanal kann beispielsweise darauf ausgerichtet sein, eine Retargeting-Liste aufzubauen, um sie in einer späteren Phase zu konvertieren.

Frühlingskampagne

Kampagnenbudget	42.750,00 €
Laufzeit	01.02. - 30.04.
Zielgruppe	Bayern | 18-25 Jahre | Interessen: Yoga
Kampagnenziel	Traffic

Netzwerk / Website	Platzierung / Targeting	Start	Ende	Laufzeit	Werbemittel	Budget	Tagesbudget
Always On							
Google Search Network	Keywords	01.02.	30.04.	90	Textanzeigen	9.000,00 €	100,00
Flight 1 (01.02. - 15.03.)							
Facebook / Instagram	Interessen / *Erstellung Zielgruppenliste 10s View*	01.02.	15.03.	44	Video Story Ad	8.800,00 €	200,00
Facebook / Instagram	Interessen / *Erstellung Zielgruppenliste 10s View*	02.02.	16.03.	44	Carousel Ad | Video Link Ad	8.800,00 €	200,00
Snapchat	Interessen	03.02.	17.03.	44	Video Story Ad	4.400,00 €	100,00
Flight 2 (15.03. - 30.04.)							
Facebook / Instagram	Retargeting Website | Interessen | Lookalikes / *Erstellung Zielgruppenliste 10s View*	15.03.	30.04.	47	Video Story Ad	4.700,00 €	100,00
Facebook / Instagram	Retargeting Website | Retargeting Story + Video Ad 10s Views | Lookalikes	15.03.	30.04.	47	Carousel Ad | Video Link Ad	4.700,00 €	100,00
Snapchat	Retargeting | Interessen	15.03.	30.04.	47	Video Story Ad	2.350,00 €	50,00
Summe						**42.750,00 €**	

Abbildung 29: Beispielhafter Mediaplan

Die Planung hat den großen Vorteil einer zentralen Abstimmung des gesamten Teams. Dabei muss dennoch auch eine gewisse Flexibilität gewahrt bleiben. Eine Verschiebung des Budgets kann Sinn machen, wenn Kanäle unter- oder überperformen. Ebenso können unvorhergesehene Ereignisse zum vollständigen Beenden der Kampagne führen.

Manche Mediapläne beinhalten auch Prognosen. Diese sind hilfreich, um das Investment abzuwägen. Ich persönlich bin kein allzu großer Freund davon, da zu viele Faktoren die Performance beeinflussen und eine insgesamt erfolgreiche Kampagne getrübt wird, wenn manche Prognosen nicht erreicht wurden. Ich versuche immer, ein klares Ziel zu definieren, zum Beispiel 3.000 Leads oder einen maximalen CPO von 5 Euro. Die Details der einzelnen Kanäle und Maßnahmen sollen aus meiner Sicht nur für den Ad Operator oder Campaign Manager relevant sein. Ähnlich wie mich bei einer Flugreise die Daten aus dem Cockpit eher verunsichern würden, ich möchte einfach sicher und in der geplanten Zeit ans Ziel kommen. Danach würde ich auch nicht zum Piloten gehen und die durchschnittliche Flughöhe überprüfen.

7.4 DATA-DRIVEN MARKETING

Das Wunderbare an der digitalen Marktkommunikation ist, dass man viel ausprobieren kann. Eine Plakat- oder eine TV-Kampagne können nur mit Einsatz von vielen Ressourcen nach dem Startschuss abgeändert werden. Im Online-Bereich ist ein Tippfehler schnell ausgebessert. Ein Banner erzielt nicht die gewünschten Ergebnisse? Kein Problem, der Austausch erfolgt üblicherweise in wenigen Mausklicks.

Wie aber werden diese Entscheidungen getroffen? Erfahrung ist sicher gut, aber am Ende des Tages liefern Zahlen eine solide Basis für eine Entscheidung. Dabei sind drei Schritte wesentlich: die Erfassung der Daten (Tracking), die Aufbereitung und Erfolgsmessung (Reporting) und deren Interpretation (Decisions).

OWNED, EARNED UND PAID MEDIA > **TRACKING**

Die Frage, die sich bei Daten und Kennzahlen immer stellt, ist, wie sie gemessen werden. Im selben Atemzug stellt sich auch immer die Frage des Datenschutzes. Die Privatsphäre von Internet-Nutzern ist unbedingt zu schützen, gleichzeitig hilft uns das Messen von Benutzerverhalten dabei, die Verwendbarkeit und damit den Zugang zu Informationen (und natürlich auch Gütern) zu verbessern.

Es ist wichtig zu verstehen, dass diese Datensammlung meistens anonymisiert passiert. Sobald eine Person aufgrund von Daten identifiziert werden kann, muss diese, laut den meisten Datenschutzgesetzen (z. B. der Datenschutz-grundverordnung, kurz DSGVO), eine eindeutige Zustimmung zur Nutzung ihrer Daten geben. Die Grenzen sind dabei leicht verschwommen und es gibt immer einen gewissen Interpretationsspielraum.

Tracking, also das Messen von Benutzerverhalten, funktioniert so, dass eine Identifikation bei jeder Aktivität erfolgt und mitprotokolliert wird. Diese Identifikation kann auf verschieden technische Varianten erfolgen, meistens durch einen Cookie. Unter Aktivitäten fallen unter anderem:

- auf einen Link klicken,
- ein Produkt in den Warenkorb legen,
- ein Formular(feld) ausfüllen,
- ein Video anschauen,
- ein Bild vergrößern.

Aufwendigere Tracking-Tools, wie Hotjar [112], messen auch weniger offensichtliche Aktionen wie Mausbewegung oder Scrolling. In Labors werden zudem Augenbewegungen gemessen, um zu sehen, wie sich die Aufmerksamkeit der Benutzer verlagert.

Durch dieses Messen kann das Verhalten von Benutzern interpretiert und entsprechend reagiert werden. Reagieren beispielsweise zu wenig Benutzer auf eine Werbung und klicken nicht auf den Link, kann das Werbemittel verändert werden. Brechen zu viele Besucher im Checkout-Prozess, dem Vorgang des tatsächlichen Kaufabschlusses ab, kann dieser optimiert werden.

Tracking ist die einzige Möglichkeit, den Erfolg von Kommunikationsmaßnahmen zu messen. Wenn ein Unternehmen eine Website ohne Analyse-Tool online stellt oder Content auf Social Media postet, ohne sich die Statistiken anzuschauen, ist dies wie ein Blindflug. Es käme einem Unternehmen ohne Buchhaltung gleich.

In der digitalen Marktkommunikation wird beim Tracking vor allem in folgenden Bereichen unterschieden:

- das Verhalten von Besuchern auf der eigenen Website
- die Interaktion von Benutzern mit den eigenen Inhalten auf anderen Websites (vor allem Social-Media-Plattformen)
- das Verhalten von Benutzern über mehrere Websites hinweg, z. B. über Werbeanzeigen

Eigene Website

Auf der eigenen Website wird meist ein Analyse-Tool wie **Google Analytics** [9] oder **Matomo** [10] eingesetzt. Damit lässt sich etwa messen, woher die Besucher kommen, auf wie vielen Seiten der Website sie waren, wie lange sie sich aufgehalten haben und vieles mehr.

Auch ohne externes Analyse-Tool lässt sich aufgrund von Serverprotokollen einiges auslesen. Jede Website muss auf einem Webserver gespeichert werden. Jeder dieser Webserver protokolliert sämtliche Anfragen (Requests) mit. Dabei wird nicht nur gespeichert, **was** angefragt wurde, sondern auch **wovon** (z. B. Browseroder IP-Adresse). Eine Anfrage muss online für sämtliche Ressourcen gestellt werden, also auch für Bilder und Grafikdateien. Durch Auswertung dieser Daten lässt sich (etwas aufwendiger) ein Benutzerverhalten ablesen.

Mit den Ergebnissen aus den Messungen des Besucherverhaltens lässt sich die Website optimieren, um einerseits die Benutzerfreundlichkeit zu steigern, aber auch um aus Sicht der Marke bessere Ergebnisse zu erzielen. Diesen Prozess nennt man **Conversion Rate Optimization.**

Fremde Websites

Websites, die es ermöglichen, eigene Inhalte hochzuladen (vor allem Social Media), stellen meist auch Analyse-Tools zur Verfügung. Gemessen wird alles Mögliche: Wer hat auf einen Link geklickt, wer hat wie viel Prozent eines Videos geschaut, wer hat einen Kommentar oder ein „Gefällt mir" hinterlassen? Diese

Werte werden dann in Form von Statistiken ausgegeben. Richtig interessant wird es, wenn mehrere dieser Werte miteinander in Zusammenhang gebracht werden, zum Beispiel wie viel Prozent meiner Follower haben meinen Inhalt gesehen? Wie viel Prozent von denen, die meinen Inhalt gesehen haben, haben ein „Gefällt mir" hinterlassen?

Mit diesen Zahlen können Marketer die angebotenen Inhalte optimieren und so die Markeninteraktion steigern. Dieser Prozess wird manchmal als **Social Media Optimization** bezeichnet.

Multi-Websites

Tracking über mehrere Websites hinweg spielt größtenteils bei Werbeanzeigen, aber auch bei Social Media Content eine Rolle. Ziel von Ads ist es, das Besucher eine bestimmte Aktion ausführen, etwa in einen Webshop gehen und dort einen Kauf abschließen. Um den Erfolg zu messen (und ggf. zu optimieren), muss die erfolgreiche Handlung mit der auslösenden Werbemaßnahme in Verbindung gebracht werden. Das kann auf verschiedene technische Arten erfolgen, wie der Integration eines Tracking-Codes auf der Landingpage oder der Übergabe von Trackingparametern beim Link.

Diese **Tracking-Codes**, auch Tags oder Snippets genannt, stellt fast jeder Werbeanbieter zur Verfügung. Manche nutzen diese Daten auch selbst, wie Facebook, um die Ausspielung zu optimieren. Je breiter das Feld der verwendeten Werbeanbieter ist, desto mehr Tags müssen auf der Website eingebaut werden. Das kann schon mal unübersichtlich werden. Auch wenn es Tools wie den Google Tag Manager [113] gibt, schadet es nicht, von Zeit zu Zeit „auszumisten" und nicht mehr gebrauchte Tags zu entfernen, da möglicherweise Fremdsysteme, mit denen nicht mehr zusammengearbeitet wird, Daten mitprotokollieren. Der achtlose Umgang mit Daten ist in jeden Fall zu vermeiden.

WAS IST EIN KLICK?

Das Tracking von Benutzern scheint ein logisches Konzept zu sein, aber je tiefer man in die Materie eintaucht, desto mehr offenbart sich die Komplexität. Ein exemplarisches Beispiel ist die Beantwortung der Frage: „Was ist ein Klick?"

Die erste Intuition mag dir sagen, dass es sich um eine Scherzfrage handelt. Ein Klick ist ein Klick, also die Betätigung einer Maustaste auf ein Objekt am Bildschirm. Wie nennt man das auf einem Mobilgerät mit Touchscreen-Eingabe? Scheint auch noch einfach, das ist es ein Tap, also „Tippen" auf den Bildschirm. Jetzt gibt es aber Apps, bei der der Swipe, also das „Wischen" über den Bildschirm, die Bestätigung darstellt (z. B. bei Dating-Apps). Bei anderen Apps hat das Wischen jedoch eine andere Bedeutung, kann also nicht vorbehaltlos in die Begriffsdefinition miteingeschlossen werden. Ein Klick definiert sich also schon mal über die Benutzer-Oberfläche der Plattform oder App.

Weiter kann ein Klick auf unterschiedliche Teilbereiche eines Contents unterschiedliche Aktionen auslösen. Nehmen wir als Beispiel eine Facebook-Video-Anzeige. Ein Klick kann das Video stoppen und wieder starten, ein Klick auf das Profilbild führt zur Facebook-Seite, ein Klick auf den Link direkt zur hinterlegten Landingpage. Das sind jetzt drei Klicks, die gemessen werden, aber nicht alle sollen beispielsweise in die CTR miteinbezogen werden.

Selbst wenn nur die Link-Klicks gezählt werden, können sich diese noch von den Besuchern auf der Landingpage unterscheiden. Dazu kommt, wenn der Benutzer die Landingpage wieder verlässt, bevor sie geladen ist (Hard Bounce) oder wenn der Benutzer das Tracking über mehrere Websites hinweg nicht zulässt.

Um zu verstehen, was ein Klick ist, musst du dich also mit der Plattform, den Content-Bestandteilen und der Tracking-Technologie beschäftigen. Ähnlich komplex ist auch die Antwort auf die scheinbar einfachen Fragen: „Was ist ein View?" oder „Was ist eine Interaktion?"

ATTRIBUTION

Bei der Erfolgsmessung ist es meist wichtig zu wissen, welche Maßnahme die Conversion gebracht hat. Der Conversion-Wert wird dieser dann zugewiesen und somit der Erfolg berechnet. Meistens gab es im Entscheidungsprozess aber mehrere Berührungspunkte mit der Marke, die **Touchpoints**. Die Verteilung des Conversion-Werts auf diese Touchpoints wird Attribution genannt.

Die Attribution stellt eine besondere Herausforderung dar, die am besten anhand eines Beispiels sichtbar wird. Wenn du morgens aufstehst und beim Zähneputzen einen Werbespot im Radio hörst, später in der Zeitung ein

Inserat des Produkts siehst und auf dem Weg zur Arbeit an einem Plakat vom gleichen Produkt vorbeifährst, schließlich im Supermarkt ebendieses Produkt kaufst, welche der Werbemaßnahmen hat letztlich zu deiner Kaufentscheidung geführt? Es lässt sich nicht eindeutig beantworten, wahrscheinlich war es ein Zusammenspiel von allen.

Vor einer ähnlichen Herausforderung stehen wir online. Mit der Möglichkeit des Trackings kommt die Verlockung, absolute Transparenz zu haben, aber selbst wenn wir den Einfluss von Offline-Maßnahmen ausklammern, bleibt noch immer die Frage, welche Kommunikationsmaßnahme genau zur Abschlussentscheidung geführt hat.

Übertragen wir mal das Beispiel auf die Online-Welt und machen es etwas komplexer. Also gut aufpassen: Auf YouTube wird dir vor dem Video eine Werbung von Produkt XY eingeblendet, du klickst nirgends drauf, aber nimmst die Marke wahr, weil du die Ad nicht überspringen kannst. Später liest du in einem Blog einen Post über ein Thema, zu dem auch das Produkt XY passt. Ein Banner wird dir mitten im Content beim durchscrollen eingeblendet. Wieder klickst du nicht. Auf Social Media siehst du zum dritten Mal eine Werbung vom Produkt, du klickst darauf, kaufst aber nicht. Nur ein kurzer Besuch auf der Website. Drei Wochen später bist du bei der Arbeit mit einem ganz anderen Gerät online, erinnerst dich an das Produkt, suchst danach in Google, klickst auf die Werbeanzeige (weil es das erste Suchergebnis ist) und machst einen Kaufabschluss.

Welche der Werbemaßnahmen hat nun zum Erfolg geführt? Die YouTube-Werbung und der Banner kamen nicht zum richtigen Zeitpunkt, haben dich aber auf das Angebot aufmerksam gemacht. Auf die Social-Media-Anzeige hast du geklickt, aber nicht gekauft, weil auch dann der Zeitpunkt nicht gepasst hat. Der Erfolg wird schließlich bei der Suchmaschinenanzeige auf Google gemessen, aber hätte diese auch funktioniert, wenn es die vorangehenden Werbemittel nicht gegeben hätte? Hätte es ohne die Suchmaschinenwerbung auch einen Kaufabschluss gegeben, weil das organische (also unbezahlte) Suchergebnis direkt darunter auch auf dieselbe Seite geführt hätte? Raucht der Kopf? Willkommen beim Attributionsproblem!

Es gibt Tools, die den Pfad von Besuchern bis zu einem gewissen Grad mitmessen können, wie HubSpot [114], aber auch nur, wenn ein User auf Inhalte klickt und die Website besucht. Marketer wünschen sich oft einen komplett gläsernen Benutzer, bei dem man sämtliche Aktivitäten messen kann, um herauzufinden, welche Maßnahmen am besten funktionieren, aber abgesehen von moralischen und rechtlichen Problemen, ist dies nur eine theoretische Verlockung. Jeder Benutzer verhält sich anders und ist nicht bis hin zur letzten Teilentscheidung verfolgbar, die absolute Transparenz gibt es also nicht.

Um dem Problem jedoch Herr zu werden, gibt es sehr wohl ein paar Ansätze. Dazu werden die Interaktionen innerhalb eines zuvor definierten Zeitraums **(Lookback Window)** gemessen und unterschiedlich gewertet. Das Lookback Window ist der Zeitraum, der in die Attribution miteinbezogen wird, beziehungsweise aus technischen Gründen miteinbezogen werden kann. Ist das Tracking etwa cookie-basiert, hat die Lebensdauer des Cookies einen Einfluss auf den definierten Zeitraum. In den meisten Tools kann das Lookback Window eingestellt werden.

Die verschiedenen Attributionsmodelle lauten:

- Last Interaction Attribution
- First Interaction Attribution
- Linear Attibution
- Time Decay Attribution
- Position-Based Attribution

Bei der **Last Interaction Attribution** wird die Conversion dem letzten Klick, der letzten Interaktion zugewiesen. Im obigen Beispiel wäre das die Suchanzeige auf Google. Dies ist die einfachste Form der Attribution, sowohl in der Implementation als auch in der Interpretation. Das Modell eignet sich am besten, wenn der Kaufprozess von Aufmerksamkeit bis Abschluss relativ kurz ist oder wenn der Sales Funnel oben sehr breit und unten sehr schmal ist.

Die umgekehrte Variante ist die **First Interaction Attribution.** Hier wird der ersten Interaktion die volle Conversion zugerechnet. Im obigen Beispiel wäre das also die YouTube-Ad. Natürlich spielt dann das Lookback Window eine sehr große Rolle. Sehr häufig wird das Modell im Empfehlungsmarketing eingesetzt, wo die Person, die den ersten Kontakt hergestellt hat, die Provision erhält.

Die größte Herausforderung bei diesem Modell ist die Multi-Device-Welt, in der wir leben. Menschen benutzen unterschiedliche Geräte und Apps, um online zu gehen. Es ist technisch de facto unmöglich, alles zu tracken.

Dieses Modell macht dann Sinn, wenn der Sales Funnel nahezu parallel ist und Menschen nach der Aufmerksamkeit meist auch kaufen. Dies ist in den meisten Fällen dann der Fall, wenn der Entscheidungsprozess äußerst kurz ist.

Eine weitere mögliche Variante ist die **Linear Attribution**, bei der sämtlichen Touchpoints im Lookback Window gleich viel Wert zugewiesen wird. Dabei wird jedoch nicht berücksichtigt, wie intensiv die Interaktion ist. Im obigen Beispiel ist zwar der Banner auf dem Blog ein Touchpoint, allerdings weniger intensiv wie die Social Media Ad, auf die geklickt wurde.

Es ist wohl die noch am leichtesten erklärbare Variante einer etwas komplexeren Attribution. Dieses Modell kann helfen, die „stärksten" Touchpoints zu identifizieren. Also jene, die in den meisten erfolgreichen Kaufprozessen vorgekommen sind.

Bei der **Time Decay Attribution** handelt es sich um eine gewichtete Variante der Linear Attribution. Je später eine Interaktion im Entscheidungsprozess stattfand, desto wichtiger wird sie gewertet.

Wenn der Kaufprozess eher lange ist und viel Vertrauensbildung notwendig ist (z. B. viel Konkurrenz und großes Commitment beim Kauf), sollte dieses Modell in Betracht bezogen werden. Ein großer Kritikpunkt ist, dass den Top-of-Funnel-Maßnahmen, die Aufmerksamkeit generieren, immer sehr wenig Wert zugemessen wird.

Ist man der Ansicht, dass die Aufmerksamkeit und die letzte zum Abschluss führende Maßnahme die wichtigsten Parameter im Entscheidungsprozess sind, so ist die **Position-Based Attribution** wahrscheinlich das richtige. Dabei wird der ersten und der letzten Interaktion der meiste Wert zugewiesen. Vorwiegend jeweils 40 Prozent und die restlichen 20 Prozent werden auf die Interaktionen dazwischen gleich verteilt.

Dieses Modell hat eine starke Verteilung und ist vermutlich in den meisten Fällen das aussagekräftigste.

Wenn keines der oben erwähnten Modelle so richtig passen will, kann natürlich auch ein selbst erfundenes Modell entwickelt werden.

DIE ZUKUNFT DES TRACKINGS

Die Zeit, in der ich dieses Buch schreibe, ist für den Bereich Tracking sehr spannend. Google hat 2020 das Ende der Unterstützung von Third-Party-Cookies, also seitenfremden Cookies, angekündigt. Im März 2021 ging der Internetriese (Chrome ist Stand März 2021 der mit Abstand beliebteste Web-Browser) noch einen Schritt weiter und kündigte an, auch keine Alternative zu Cookies anzubieten, die auf persönlicher Ebene das Surfverhalten der User trackt [121]. Diese Entwicklung stand schon länger im Raum und scheint nun angekommen zu sein. Bis das Buch erscheint, hat sich wahrscheinlich schon wieder einiges getan, deshalb halte ich mich an dieser Stelle mit einer Analyse zurück und werde sie gegebenenfalls auf zeitaktuelleren Medien veröffentlichen.

OWNED, EARNED UND PAID MEDIA > REPORTING

Wer Tracking sagt, muss auch Reporting sagen. Mit dem Datensammeln ist es schließlich noch nicht getan. Diese müssen in eine leicht erfassbare Form gebracht werden. Jede Plattform, die Tracking anbietet, hat auch die eine oder andere Form eines Dashboards, in dem die Zahlen als Diagramme dargestellt werden.

Eine ausgewogene Strategie über mehrere Maßnahmen hinweg ist die essenzielle Basis für langfristigen Erfolg. Um diesen Erfolg zu messen, müssen diese Zahlen jedoch aggregiert werden. Auch dafür gibt es zahlreiche Tools, wie Supermetrics [115]. Leider entsteht mit jeder Aggregation immer mehr Unschärfe. Zusätzlich gibt es unterschiedliche Nomenklaturen über die Plattformen hinweg, was die Aggregation und in weiterer Folge die Interpretation noch weiter erschwert (Kannst du dich noch an die Frage „Was ist ein Klick?" erinnern?).

Am besten konzentrierst du sich auf wenige, wirklich wichtige Kennzahlen, wie ROI oder ROAS, CPL, Reichweite oder Engagement. Zudem sollten die Zahlen mit einer gesunden Distanz betrachtet und Unschärfe akzeptiert werden. Die Messung sollte immer über mehrere Zeiträume hinweg erfolgen und die Zahlen entsprechend verglichen werden. Auch wenn die Zahlen nicht 100 Prozent exakt sind, sieht man so, ob die Wirksamkeit einer Strategie nachlässt oder eine Strategieänderung eine Verbesserung gebracht hat.

OWNED, EARNED UND PAID MEDIA >
DATA-DRIVEN DECISIONS

Mit all den Daten, die gesammelt und aufbereitet wurden, musst du arbeiten. Sie liefern dir die Basis für Entscheidungen zu einer erfolgreichen Marktkommunikation. Du tust dir einen Gefallen, indem du Probleme zuerst in sehr wenigen, aber sehr wichtigen Kennzahlen identifizierst und dich dann auf die Suche nach der Ursache in den Details machst.

Wenn bei keiner der Kennzahlen ein rotes Lämpchen aufleuchtet, schau mal auf den Funnel. Ist der voll genug? Kannst du irgendwo Streuverlust erkennen? Dabei würde sich der Funnel von einer Phase bis zur nächsten massiv verjüngen.

Bist du auch in dem Bereich zufrieden, vergleiche mal die Kennzahlen über die Zeit hinweg. Gibt es eine Verschlechterung in einem Bereich? Oder stagniert der Erfolg? Noch immer kein Problem? Dann nimm einfach eine Kennzahl in Angriff, die du steigern willst. Oder du lehnst dich zurück, weil du so ein geiler Marketer bist.

Hier ein paar Beispiele für datenbasierte Entscheidungen:

- Ein Content-Format in Social Media hat signifikant weniger Interaktion oder Reichweite erzielt als die anderen. Versuche, dieses Format zu ändern, oder stelle es generell infrage.
- Ein Kanal, auf dem du Ads schaltest, hat einen ROAS unter 1, du gibst also mehr Geld aus, als er einspielt. Wenn dieser Kanal nicht eine strategische Entscheidung ist (z. B. für das Branding), dann stelle ihn ein.
- Bei einem Video springen viele Zuschauer unter 25 Jahren schon in den ersten drei Sekunden ab, während alle über 25 fast das ganze Video anschauen. Überlege, ob du die ersten drei Sekunden ändern kannst und eine separate Ausspielung für User über und unter 25 Jahren machst.
- Posts, die auf einem Social-Media-Kanal am Abend gepostet werden, haben signifikant weniger Erfolg als jene, die am Morgen gepostet werden. Stelle deine Postfrequenz oder den Veröffentlichungszeitpunkt infrage.
- Werbeausgaben steigen bedeutend im November und Dezember an. Wenn dein Angebot kein klassisches Weihnachtsprodukt ist, überlege, ob du die Bewerbung nicht erst nach Weihnachten startest.

7.5 RESSOURCEN

Es gibt keine Ausrede für schlechte Marktkommunikation. Es gibt nur einen schlechten Einsatz von Ressourcen. In keiner Zeit war es einfacher möglich, gute Marktkommunikation zu gewährleisten. Die Menge an verfügbaren Ressourcen ist schier unendlich und der Zugriff ist denkbar einfach.

Wenn wir als Marketer möchten, dass uns eine Persona Ressourcen von sich überlässt, müssen wir vorab Ressourcen investieren. Kreativität, Zeit, Arbeit und Geld fließt in jeden Content, im Gegenzug erhalten wir Zeit, Geld, Liebe oder Macht (z. B. in Form von Reichweite) von den Usern.

Natürlich sind den Ressourcen jedes Menschen und jeder Marke individuell Grenzen gesetzt. Niemand hat unendlich viel finanzielle Mittel, jeder kann nur eine begrenzte Zahl an Menschen koordinieren, Technologie ist an den Fortschritt gebunden und Zeit ist eine physikalische Vorgabe, die wir nicht verändern können.

RESSOURCEN > TIME RESSOURCES

Für jeden Menschen dauert ein Tag 24 Stunden. Eine Woche hat immer sieben Tage. Jedes Jahr rund 52 Wochen. Diese Tatsache können wir nicht ändern, solange sich nicht die Position und/oder Geschwindigkeit unseres Planeten ändert. Aber selbst dann gelten wiederum für alle die gleichen Voraussetzungen.

Arbeiten zwei Menschen an einer Sache, verdoppelt sich nur theoretisch die investierte Zeit. Es muss für die Abstimmung zusätzliche Zeit aufgebracht werden, die wiederum in der Investition fehlt. Je mehr Menschen, desto mehr Abstimmungsaufwand. Mit Planung kann man dem entgegenwirken: Kommunikationsketten, Workflows, Automatismen. Alle diese Maßnahmen sorgen dafür, den Faktor Zeit zu managen.

Durch Effizienzsteigerung lässt sich vieles schneller erledigen, aber auch jeder Optimierung sind Grenzen gesetzt. Ein plakatives Beispiel: Die Schwangerschaft eines Menschen dauert 40 Wochen, 40 Frauen können sie nicht auf eine Woche reduzieren. Ebenso nimmt ein Evaluierungsprozess eine bestimmte Zeit in Anspruch, bis signifikante Daten gesammelt werden konnten. Kein Ressourceneinsatz der Welt kann dies beschleunigen.

Unabhängig von deinen Fähigkeiten stellt sich also unweigerlich die Frage: Wie viel Zeit hast du als Mensch zur Verfügung, um sie in Marktkommunikation zu stecken? Technologie hilft, vieles zu vereinfachen, aber wie viel Zeit brauchst du, diese Technologie zu erlernen? Wenn du dich dazu entscheidest, auf zeitliche Fremdressourcen zuzugreifen, wie viel Zeit benötigst du dann, diese zu managen?

RESSOURCEN > **TECHNOLOGICAL RESSOURCES**

Wir leben in einer Zeit, in der nahezu jeder von uns in der Tasche ein technologisches multifunktionales Werkzeug hat. Die Fähigkeiten eines durchschnittlichen Smartphones übersteigen fast alles, was vor wenigen Jahren noch unvorstellbar war. Die Kameras liefern hochauflösende Bilder und Videos, Letzteres auf Wunsch in Slow-Motion oder Zeitraffer. Künstliche Intelligenz erkennt häufige Schritte und vereinfacht die Handhabung. Durch den Zugriff auf das Internet haben wir ebenfalls Zugriff zu praktisch allen Informationen der Menschheit. Immer neue Hard- und Software kombiniert immer mehr Technologien zu immer mehr möglichen Neuerungen.

Jeder Mensch kann jederzeit ein Video von sich aufnehmen, schneiden und veröffentlichen und damit Millionen von anderen Menschen erreichen. Das alles in einer Qualität, die vor wenigen Jahren nur einer Handvoll Teams vorbehalten war. Wir leben in der sogenannten **Post-PC-Ära**, also eine Zeit, in der ein Stand-Rechner nicht mehr zwingend nötig ist, um (mehr oder weniger) alltägliche (technische) Tätigkeiten zu erledigen.

Theoretisch reicht also Hardware im Wert von wenigen Hundert Euro, um brauchbaren Content zu produzieren. Allerdings steigt in der Praxis schnell der Qualitätsanspruch, sodass immer mehr Hardware benötigt wird. Auch wenn viele Smartphones mittlerweile zwei oder mehr Kameras haben und mit künstlicher Intelligenz Fotos und Videos optimieren, ersetzt das nicht den hochqualitativen Einsatz von Objektiven. Der automatische Stabilitätsausgleich stößt früher oder später an seine Grenzen und ein Stativ, ein Kran, ein Dolly oder ein Gimble wird nötig. Das Blitzlicht am Handy kann externe Lichtquellen nicht ersetzen, vom Mikrofon als einzige auditive Aufnahmequelle gar nicht zu reden. Schnell ist ein ganzes Arsenal an Hardware gesammelt.

Ähnliches gilt für Software. Sämtliche Tools, die mit Betriebssystemen praktisch kostenlos mitgeliefert werden, ermöglichen Basisarbeiten zur Text-, Bild-, Ton- und Videoverarbeitung. Früher oder später wird jedoch die Investition in professionelle Tools notwendig, um einerseits den Qualitätsanspruch zu befriedigen, aber auch, um effizienter arbeiten zu können.

RESSOURCEN > **INTELLECUAL RESSOURCES**

Im Englischen gibt es den Ausdruck *„to start from scratch"* (etwas von vorne anfangen). Auch wenn der Begriff aus dem Cricket-Sport kommt, habe ich immer gedacht, es wäre ein erster Kratzer in einem Stück Holz oder Stein, den Künstler machen, um ihre Skulpturen zu formen. Auch wenn das nicht der korrekte Ursprung der Redewendung ist, möchte ich sie doch für mich so interpretieren.

Egal ob Skulptur, Unternehmen oder Marke, lange bevor der erste Kratzer gemacht wird, entsteht die Idee. Und damit ist die intellektuelle Ressource eine, die jeder Unternehmung zugrunde liegt, die schon vorhanden ist, bevor irgendetwas anderes da ist. Aus dieser Ressource wird Content geformt, der kommuniziert werden kann.

Neben Ideen und Konzepten sind das auch Entwürfe, Skribbles und Aufnahmen. Alles, was die Ideen materialisiert. Im Laufe der Zeit wird immer mehr Material erschaffen und ergänzt, und immer mehr Content gewonnen, der abgeändert und wiederverwendet werden kann.

Intellectual Ressources können auch zugekauft werden, wie Fotos, Videos und Audioaufnahmen „von der Stange" (Stock-Material) oder als Auftragsarbeit von Externen produziert und lizenziert. Dabei sind die Verwertungsrechte stets zu klären, um rechtliche Probleme zu vermeiden.

Auch Daten gehören zu Intellectual Ressources und sind heute wichtiger denn je. Der britische Mathematiker und Unternehmer Clive Humby ging so weit, Daten als das neue Öl (*Data is the new oil*) zu bezeichnen. Diese Daten können verwendet werden, um bessere Entscheidungen zu treffen, bessere Produkte und besseren Content zu erschaffen. Sie können selbst gesammelt, gemessen und interpretiert oder zugekauft werden.

RESSOURCEN > **HUMAN RESSOURCES**

Egal wie groß das Team für die digitale Marktkommunikation ist, es gibt vier Bereiche, die unbedingt abgedeckt werden müssen:

- Strategie
- Produktion
- Distribution
- Data Management

Der Bereich **Strategie** umfasst sowohl die Basis der Marktkommunikation, wie Definition der Personas und Festlegung der Kanalstrategie, als auch die laufende Planung, wie Jahres- und Monatsplanung von Content und Kampagnen. Zudem werden vom Strategieteam die Rahmenbedingungen (vor allem Ressourcen) festgelegt und geplant.

Das **Produktionsteam** braucht einerseits genaue Vorgaben, um eine einheitliche Marktkommunikation zu gewährleisten, und andererseits kreative Freiheit, um die Qualität des Contents hochzuhalten. Wichtige Rollen sind Grafik, Text (Copywriting) und in vielen Strategien auch Video/Animation und Audio.

Das **Distributionsteam** sorgt für die Verteilung des Contents in den richtigen Kanälen. Dabei kann grob in organische (Content Management) und bezahlte Reichweite (Ad Operations) unterschieden werden.

Um den Erfolg zu messen, müssen Daten gesammelt und ausgewertet werden. Diese Aufgabe übernehmen **Data Engineering** und **Data Analysis**. Die Ergebnisse werden an das Strategieteam übergeben, das darauf basierend Entscheidungen für weitere Schritte treffen kann.

Alle vier Bereiche können bei ausreichend Talent und Fähigkeiten sogar von einer einzelnen Person abgedeckt werden. Um die Human Ressources erfolgreich einzusetzen, empfiehlt es sich, regelmäßig die Stärken und Schwächen zu analysieren. Unzulänglichkeiten können mit externen Anbietern ausgeglichen werden. Das hat auch den Vorteil, einen „frischen" Blick auf die Arbeit zu bekommen.

Die Budget-Frage stellt sich vor allem dann, wenn man externe Ressourcen zukauft. Oft wird dabei jedoch übersehen, dass auch interne Ressourcen (in Form von Gehältern, Hardware-Ankäufen etc.) Geld kosten.

„Einzelkämpfer" können fast ausschließlich ohne finanzielle Ressourcen auskommen. Mit genügend Zeit, Talent und technischen Fähigkeiten kann eine ausreichende Marktkommunikation aufgebaut und betrieben werden. Jeder sollte sich allerdings bewusst sein, dass es ein mühsamer Weg ist, so die richtigen Personas zu erreichen, und bei großen Erfolgen meist auch eine ordentliche Portion Glück eine Rolle spielt. Ob „Glück" eine gute Strategie ist, muss jeder für sich selbst entscheiden.

Die Frage, wo Budget eingesetzt werden soll, lässt sich pauschal so beantworten: Überall dort, wo die vorhandenen Ressourcen nicht ausreichend sind – sei es Know-How, Kreativität, Arbeitszeit, Intellectual Property oder Reichweite.

7.6 DAS UNENDLICHE SPIEL

Am Anfang und am Ende dieses Buches steht die gleiche Frage: Warum? Wenn die digitale Marktkommunikation ein unendliches Spiel ist, in das wir konstant Ressourcen investieren müssen, was erhoffen wir uns daraus zu gewinnen? Nicht aus Sicht des Unternehmens, sondern aus Sicht von dir und mir als Marketer.

Geld? Diese Antwort wäre zu trivial. Zu kurz gegriffen, zu plump und oberflächlich. Natürlich haben wir wirtschaftliche Interessen, sie sorgen für das Fortbestehen des Unternehmens und der Marke, ermöglichen uns das Spielen des Spiels. Als solches sind sie aber eher der Brennstoff als das Ziel.

Macht? Ein durchaus berechtigtes Ziel, auch wenn es auf den ersten Blick wie ein niederer Instinkt wirkt. Wir machen Marktkommunikation, um Menschen dahingehend zu bewegen, der eigenen Marke mehr Vertrauen zu schenken als der Konkurrenz. Dadurch wollen wir uns eine stabile Marktstellung erarbeiten, was nichts anderes als Macht ist.

Liebe? Mag romantisch wirken, aber Zuneigung und Unterstützung sind durchaus Ziele, die in der Marktkommunikation angestrebt werden. Wer ist nicht stolz, wenn er Bewunderung ausgedrückt bekommt, weil er für diese oder jene Marke arbeitet?

Veränderung? Daran möchte ich glauben. Mit den Geschichten, die wir erzählen, möchten wir etwas verändern. Um es mit den Worten von Steve Jobs zu sagen: *„We're here to put a dent in the universe. Otherwise why else even be here?"* (Wir sind hier, um eine Delle im Universum zu hinterlassen. Wozu sollten wir sonst hier sein?)

ÜBER DEM RAUSCHEN

Das war's. Das war das letzte Kapitel. Bist du traurig, dass du jetzt hier bist? Ich schon ein bisschen. Du hast mir jetzt so viel Zeit geschenkt und ich hoffe, du bereust es nicht. Ich habe mir Mühe gegeben, deine Zeit wertvoll zu gestalten. Mit dem Wissen hast du nun alle Bausteine zusammen, die du brauchst, um deine Marke über dem Rauschen festzusetzen. Was du jetzt daraus machst, liegt an dir.

Ich würde mich freuen, wenn du mir zeigst, was du daraus gemacht hast. Suche mich auf LinkedIn oder Twitter – oder welcher Kanal auch immer gerade gut geeignet ist – und schick mir eine Nachricht.

Diese letzten Übungen sind nicht mehr Teil des Workshops. Dokumentiere alles, was im Workshop erarbeitet wurde. Alle Personas, Überlegungen und Ideen. Halte alle Erkenntnisse fest, füge sie zusammen und ziehe Schlüsse daraus. Erstelle ein Strategiedokument. Schicke es an alle Workshop-Teilnehmer und lass dir Feedback geben. Lass sie teilhaben und mitgestalten.

Erstelle Content- und Mediapläne für den alltäglichen Einsatz. Besorge dir Reportings über den Erfolg von Kampagnen. Erschaffe dir ein Cockpit, irgendeine Darstellung der wichtigsten Kennzahlen und Aktivitäten. Damit hast du immer einen Überblick, was gerade wo wie läuft. Im schlimmsten Fall ist es ein Excel-Dokument, das du regelmäßig manuell befüllst. Früher oder später wird dir irgendetwas über dem Rauschen begegnen, das diese Aufgabe komfortabler macht.

Und ganz wichtig:
Überprüfe und aktualisiere von Zeit zu Zeit das Strategiedokument. Lass neue Erkenntnisse und Entwicklungen miteinfließen.

Ich wünsche dir viel Erfolg!

8 EPILOG

Ich schreibe diese Zeilen im März 2021. In ein paar Minuten werde ich das Dokument speichern und an das Lektorat übergeben. Ein unglaubliches Gefühl. Die Entstehung dieses Buches war über ein Jahr Teil meines Lebens.

Ich habe vieles von dem, was ich hierfür recherchiert habe, direkt in meine Arbeit und Workshops einfließen lassen. Ich habe auch viel ausprobiert. Während ich am Kapitel Social Media gearbeitet hatte, habe ich zum Beispiel begonnen, intensiver auf LinkedIn zu agieren. Obwohl ich schon lange registriert war, hatte ich zuvor nur sporadisch Content veröffentlicht.

Diese Aktivität habe ich beibehalten. Dadurch habe ich viele wunderbare Menschen kennengelernt. Ich habe enorm viel gelernt und Motivation daraus gezogen. Schau mal vorbei, und wenn dir gefällt, was ich dort poste, folge mir gerne: *https://www.linkedin.com/in/paullanzerstorfer/*.

Das ist schon interessant, was so ein Projekt mit einem macht.
Ab jetzt bin ich also auch Buchautor. Verrückte Sache!

9 DANKSAGUNG

Diese Danksagungen sind meist eine fade Aufzählung von Menschen, die du als LeserIn nicht kennst. Ich bitte dich, es trotzdem durchzulesen, ich werde mein Bestes tun, es so unterhaltsam wie möglich zu gestalten.

Zuerst möchte ich dem Kollegen vom ersten Persona-Workshop danken, den ich im Prolog erwähnt habe. Ich weiß nicht, ob er sich dessen bewusst ist, aber er hat dafür gesorgt, dass ich mich immer intensiver mit den Themen auseinandergesetzt habe, um für ähnliche Begegnungen (und davon gab es einige) gewappnet zu sein.

Als nächstes danke ich allen Pulpies (aktuelle und vergangene), die mit mir ein Stück des Weges gegangen sind. Das ist mittlerweile doch schon eine beachtliche Anzahl. Von allen habe ich was gelernt und ich hoffe, dass auch ich ihnen etwas auf den Weg mitgeben konnte. Pulpmedia ist mehr als meine Firma, es ist meine zweite Familie. Robert hab ich eh schon das ganze Buch gewidmet, den brauch ich nicht mehr extra zu erwähnen (jetzt hab ich's natürlich doch gemacht).

Ich hab während der Entwicklung dieses Buches immer wieder ein paar Meilensteine davon auf LinkedIn gepostet. Dabei bekam ich viel Unterstützung. Ich möchte ein paar herausheben, die mir geholfen haben, einige Entscheidungen für das Buchprojekt zu treffen, ich nenne sie einfach meine LinkedIn-Crew: Lars Brodersen, Julia Schulze, Karin Novak, Britta Manthée, Imke Sander, Markus Coenen, Dr. Tina Lauer, Jürgen Eisserer, Christoph Maria Michalski, Lisa Keskin (in keiner besonderen Reihenfolge).

Natürlich bin ich auch meinen Testlesern dankbar: Allen voran Judith Theuretzbacher, die als einzige die erste, dreckige Version des Manuskripts gelesen und mir enorm wertvollen Input für die Verbesserung gegeben hat. In weiterer Folge haben Christoph Maria Michalski, Dr. Tina Lauer, David Reisner, Theresa Janda und Nadja Pracher mir mit ihrem Input geholfen, das Buch zu dem zu machen, was es jetzt ist.

Die Covergestaltung und der Buchsatz kommt vom unglaublich talentierten und kreativen Werbeduo (*http://www.werbeduo.at*), Pia Schaumberger und Stephan Trefflinger. Wenn du dir das Cover genau anschaust, siehst du im Hintergrund einen übereinanderliegenden Buchstabensalat (das Rauschen). Dies sind nicht einfach zufällige Wörter. Die beiden haben Texte und Informationen rausgesucht, die für mich viel bedeuten: da ist die Bedeutung der Vornamen meiner Kinder genauso dabei, wie der Songtext eines Foo Fighters Songs, ein Zitat von Gary Vaynerchuck oder der Ausschnitt eines sehr persönlichen Interviews, das ich mal gegeben habe. Das ist doch ziemlich fucking cool, oder?

Für das Autorenfoto hat mich Martina Siebenhandl in Szene gesetzt, meine Fotografin of Choice. Sie hat schon meine Hochzeit fotografiert, die Säuglingsfotos eines meiner Kinder gemacht und die 10-Jahres-Feier von Pulpmedia dokumentiert. Es gab für mich keine Überlegung, wer sonst dafür infrage käme.

Auch ein besonderer Dank gilt Lars Brodersen und dem CRM Verlag. Ich war mir in meinem Entscheidungsprozess schon ziemlich sicher, dass es auf Self-Publishing rauslaufen wird. Doch dann kamen die Gespräche mit Lars. Vom ersten Moment an habe ich mich sehr wohl gefühlt. Ich weiß, dass ich für ihn nicht ein kalkulatorisches Risiko bin, sondern auch ihm viel an dem Buch liegt.

Lars hat mir auch die Lektorin dieses Buches Susen Truffel-Reiff vermittelt. Er hat mir eine ganze Menge Test-Lektorate geschickt, aber schon beim ersten Öffnen des Dokuments wusste ich: „Die ist es". Lars lächelte, als ich ihm meine Auswahl mitteilte, da auch Susen ihr ausdrückliches Interesse an der Zusammenarbeit angedeutet hatte.

Selbstverständlich bin ich meiner Familie dankbar. Ein großer Teil des Buches entstand in den Corona-Lockdowns von 2020 und 2021. Wie jede Familie auf der Welt stellte uns diese Zeit vor kleine und große Herausforderungen. Meine Frau Christina hat sich einmal mehr als Fels in meinem Leben bewiesen. Ich liebe euch und bin euch dankbar, dass ihr mit mir meinen Traum lebt.

Zu guter Letzt bin ich dir, liebe Leserin, lieber Leser, dankbar.
Absolut fantastisch, dass du mir dieses Vertrauen geschenkt hast!

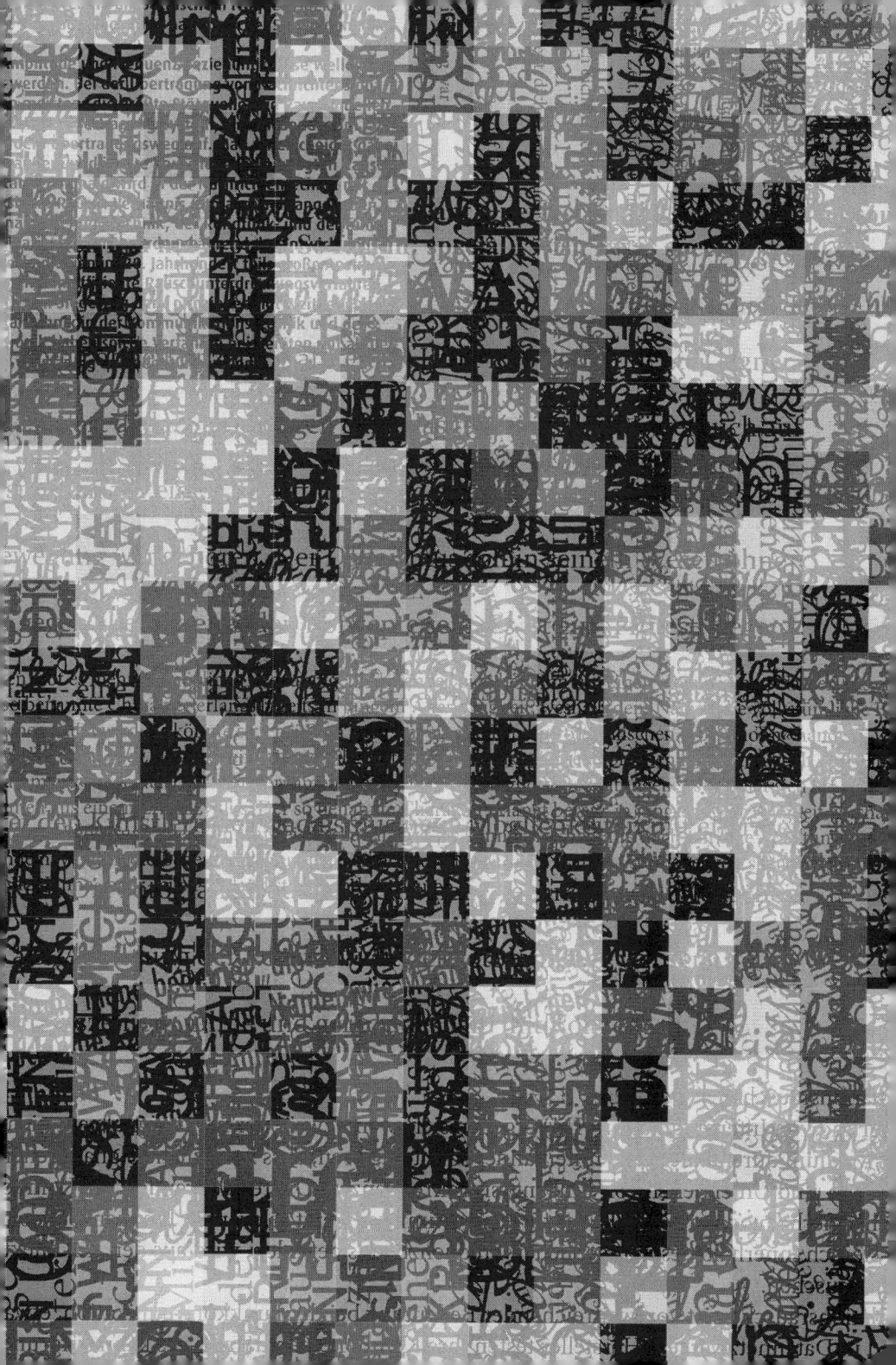

10 LITERATURVERZEICHNIS

[1]	ARD/ZDF-Forschungskommission, „Infografik | ARD/ZDF-Forschungskommission," 08.10.2020 [Online]. Verfügbar: https://www.ard-zdf-onlinestudie.de/ardzdf-onlinestudie/infografik/. [Zugriff am 17.01.2021].
[2]	A. Michaeli, „The Most Downloaded Apps Worldwide in 2020 · ASO Tools and App Analytics by Appfigures," 12.11.2020 [Online]. Verfügbar: https://appfigures.com/resources/insights/most-downloaded-mobile-apps-2020. [Zugriff am 17.01.2021].
[3]	M. McLuhan, Understanding Media: The Extensions of Man, The MIT Press, 1994.
[4]	HubSpot, „The Flywheel Model," HubSpot, [Online]. Verfügbar: https://www.hubspot.com/flywheel?web=1&wdLOR=cD1B75159-EF7F-AB4D-8ADA-B65C-B532804E. [Zugriff am 17.01.2021].
[5]	HubSpot, „INBOUND 2018: HubSpot Co-Founders Brian Halligan & Dharmesh Shah Spotlight - YouTube," 05.09.2018. [Online]. Verfügbar: https://www.youtube.com/watch?v=XHssj4qdAdc. [Zugriff am 17.01.2021].
[6]	Always, „Always #LikeAGirl - YouTube," 26.06.2014 [Online]. Verfügbar: https://www.youtube.com/watch?v=XjJQBjWYDTs. [Zugriff am 17.01.2021].
[7]	Facebook for Business, „Lead Ads: Menschen und Unternehmen mit nur zwei Klicks verbinden | Facebook for Business," Facebook, 12.10.2015 [Online]. Verfügbar: https://www.facebook.com/business/news/Lead-Ads. [Zugriff am 17.01.2021].
[8]	R. Raphael, „Netflix CEO Reed Hastings: Sleep Is Our Competition," 17.06.2017 [Online]. Verfügbar: https://www.fastcompany.com/40491939/netflix-ceo-reed-hastings-sleep-is-our-competition. [Zugriff am 17.01.2021].
[9]	Google Developers, „Google Analytics | Google Developers," Google LLC, [Online]. Verfügbar: https://developers.google.com/analytics. [Zugriff am 22. 01.2021].
[10]	Matomo, „Matomo Analytics - The Google Analytics alternative that protects your data," Matomo, [Online]. Verfügbar: https://matomo.org/. [Zugriff am 22.01.2021].
[11]	L. SolarWinds Worldwide, „Website Performance and Availability Monitoring | Pingdom," SolarWinds Worldwide, LLC, 2021 [Online]. Verfügbar: https://www.pingdom.com/. [Zugriff am 22.01.2021].
[12]	Google LLC, „https://testmysite.withgoogle.com," Google LLC, [Online]. Verfügbar: Compare your mobile site speed. [Zugriff am 22.01.2021].

[13]	SISTRIX GmbH, „SISTRIX Toolbox: das meistgenutzte Tool der SEO-Profis," SISTRIX GmbH, 2021. [Online]. Verfügbar: https://www.sistrix.de/. [Zugriff am 22.01.2021].
[14]	A. Cooper, The Inmates are Running the Asylum, Sams, 1999.
[15]	Gesellschaft für deutsche Sprache, „GfdS | Gesellschaft für deutsche Sprache e. V. in Wiesbaden im Deutschen Bundestag," [Online]. Verfügbar: https:// gfds.de/. [Zugriff am 25.01.2021].
[16]	STATISTIK AUSTRIA, „Statistiken," [Online]. Verfügbar: https://www.statistik. at/. [Zugriff am 25.01.2021].
[17]	Bundesamt für Statistik, „Bundesamt für Statistik | Bundesamt für Statistik," [Online]. Verfügbar: https://www.bfs.admin.ch/. [Zugriff am 25.01.2021].
[18]	D. Adams, The Salmon of Doubt, Harmony Books, 2002.
[19]	Sinus Markt- und Sozialforschung GmbH, „Sinus-Institut," [Online]. Verfügbar: https://www.sinus-institut.de/. [Zugriff am 25.01.2021].
[20]	T. Fishburne, „Creating Personas cartoon | Marketoonist | Tom Fishburne," Marketoonist, 13.12.2020 [Online]. Verfügbar: https://marketoonist. com/2020/12/creating-personas.html. [Zugriff am 26.01.2021].
[21]	F. H. Sauer, Das große Buch der Werte 2019, Intuistik-Verlag, 2019.
[22]	Statista Inc., „• Statista - The Statistics Portal for Market Data, Market Research and Market Studies," [Online]. Verfügbar: https://www.statista.com/. [Zugriff am 26.01.2021].
[23]	G. A. Moore, Crossing the Chasm, HarperCollins Publishers, 1991.
[24]	Bibliographisches Institut GmbH, „Duden | Wie schreibt man „googeln"? | Rechtschreibung," [Online]. Verfügbar: https://www.duden.de/rechtschreibung/googeln. [Zugriff am 27.01.2021].
[25]	Alexa Internet Inc., „Alexa - Top sites," 2021 [Online]. Verfügbar: https://www. alexa.com/topsites. [Zugriff am 27.01.2021].
[26]	S. Galloway, The Four: The Hidden DNA of Amazon, Apple, Facebook, and Google, Portfolio, 2017.
[27]	InternetLiveStats.com, „1 Second - Internet Live Stats," 2021 [Online]. Verfügbar: https://www.internetlivestats.com/one-second/#google-band. [Zugriff am 27.01.2021].

[28]	Statista Inc., „• Search engine market share worldwide	Statista," 2021 [Online]. Verfügbar: https://www.statista.com/statistics/216573/worldwide-market-share-of-search-engines/. [Zugriff am 27.01.2021].
[29]	Pinterest Inc., „Pinterest Predicts 2021	Pinterest Business," 2021 [Online]. Verfügbar: https://business.pinterest.com/en-us/content/pinterest-predicts/. [Zugriff am 27.01.2021].
[30]	Alexa Internet Inc., „Alexa - Top Sites for Countries," 2021 [Online]. Verfügbar: https://www.alexa.com/topsites/countries. [Zugriff am 27.01.2021].
[31]	Z. Bissonnette, The Great Beanie Baby Bubble: Mass Delusion and the Dark Side of Cute, Penguin, 2014.
[32]	K. Byers, „How Many Blogs Are There? (And 141 Other Blogging Stats)," GrowthBadger, 2021 [Online]. Verfügbar: https://growthbadger.com/blog-stats/. [Zugriff am 27.01.2021].
[33]	Tumblr Inc., „About	Tumblr," 2021 [Online]. Verfügbar: https://www.tumblr.com/about. [Zugriff am 27.01.2021].
[34]	Q-Success, „W3Techs - extensive and reliable web technology surveys," 2021 [Online]. Verfügbar: https://w3techs.com/. [Zugriff am 27.01.2021].
[35]	A. Kumar, „Global Online Music Streaming Grew 32% YoY in 2019," Counterpoint Technology Market Research, 03.04.2020 [Online]. Verfügbar: https://www.counterpointresearch.com/global-online-music-streaming-grew-2019/. [Zugriff am 27.01.2021].
[36]	Recording Industry Association of America, „U.S. Sales Database - RIAA," [Online]. Verfügbar: https://www.riaa.com/u-s-sales-database/. [Zugriff am 27.01.2021].
[37]	A. Steele, „Spotify Strikes Podcast Deal With Joe Rogan Worth More Than $100 Million - WSJ," The Wall Street Journal, 19.05.2020 [Online]. Verfügbar: https://www.wsj.com/articles/spotify-strikes-exclusive-podcast-deal-with-joe-rogan-11589913814. [Zugriff am 27.01.2021].
[38]	TuneIn Inc., „TuneIn	Free Internet Radio	Live News, Sports, Music, and Podcasts," 2021 [Online]. Verfügbar: https://tunein.com/. [Zugriff am 29.01.2021].
[39]	Sandvine, „The Global Internet Phenomena Report October 2020," 10.2020 [Online]. Verfügbar: https://www.sandvine.com/global-internet-phenomena-report-2020. [Zugriff am 29.01.2021].
[40]	D. Fincher, Regisseur, House of Cards. [Film]. USA: Netflix, 2013.
[41]	Television Academy, „Nominees / Winners 2020 Emmy Awards	Television Academy," [Online]. Verfügbar: https://www.emmys.com/awards/nominees-winners/2020. [Zugriff am 29.01.2021].

[42]	J. Koblin, „New Coke Was a Debacle. It's Coming Back. Blame 'Stranger Things.' - The New York Times," 21.05.2019 [Online]. Verfügbar: https://www.nytimes.com/2019/05/21/business/media/new-coke-netflix-stranger-things.html. [Zugriff am 29.01.2021].
[43]	K. Cannon, Regisseur, *Girlboss*. [Film]. USA: Netflix, 2017.
[44]	Twitch Emotes, „Twitch Emotes - Bringing a little Kappa to you everyday," [Online]. Verfügbar: https://twitchemotes.com/. [Zugriff am 29.01.2021].
[45]	Kahoot! , „Play Kahoot!," 2021. [Online]. Verfügbar: https://kahoot.it/. [Zugriff am 11.03.2021].
[46]	Sli.do, „Slido - Audience Interaction Made Easy," 2021 [Online]. Verfügbar: https://www.sli.do/. [Zugriff am 11.03.2021].
[47]	Pornhub, „The 2019 Year in Review – Pornhub Insights," 11.12.2019 [Online]. Verfügbar: https://www.pornhub.com/insights/2019-year-in-review. [Zugriff am 29.01.2021].
[48]	SimilarWeb LTD, „Top Websites - Website Ranking by Traffic	SimilarWeb," [Online]. Verfügbar: https://www.similarweb.com/top-websites/. [Zugriff am 29.01.2021].
[49]	THE FEMALE COMPANY, „One Girl One Cup – Das expliziteste Tutorial zur Menstruationstasse von The Female Company," 2021 [Online]. Verfügbar: https://onegirlonecup.de/de. [Zugriff am 11.03.2021].
[50]	C. Messina, „Chris Messina on Twitter: "how do you feel about using # (pound) for groups. As in #barcamp [msg]?" / Twitter," 23.08.2007 [Online]. Verfügbar: https://twitter.com/chrismessina/status/223115412. [Zugriff am 29.01.2021].
[51]	Saferinternet.at, „Jugend Internet Monitor - saferinternet.at," 2021 [Online]. Verfügbar: https://www.saferinternet.at/services/jugend-internet-monitor/. [Zugriff am 29.01.2021].
[52]	P. Watzlawick, J. H. Beavin und D. D. Jackson, Menschliche Kommunikation. Formen, Störungen, Paradoxien., Bern: Huber, 1969.
[53]	Google, „Search Console Help," 2021 [Online]. Verfügbar: https://support.google.com/webmasters. [Zugriff am 30.01.2021].
[54]	SISTRIX GmbH, „SISTRIX Toolbox - SEO Tool by professionals, for professionals," [Online]. Verfügbar: https://www.sistrix.com/. [Zugriff am 30.01.2021].
[55]	Socialbakers, „AI-Powered Social Media & Digital Marketing Solution	Socialbakers," 2021 [Online]. Verfügbar: https://www.socialbakers.com/. [Zugriff am 30.01.2021].

[56]	Google, „YouTube ad sequencing influences ad recall - Think with Google," [Online]. Verfügbar: https://www.thinkwithgoogle.com/feature/youtube-ad-sequencing-and-ad-recall/. [Zugriff am 30.01.2021].
[57]	Hotjar Ltd, „Hotjar: Website Heatmaps & Behavior Analytics Tools," 2021 [Online]. Verfügbar: https://www.hotjar.com/. [Zugriff am 02.02.2021].
[58]	Calendly, „Free Online Appointment Scheduling Software - Calendly," 2021 [Online]. Verfügbar: https://calendly.com/. [Zugriff am 02.02.2021].
[59]	Vidyard, „Vidyard - Online Video Hosting for Business," 2021 [Online]. Verfügbar: https://www.vidyard.com/. [Zugriff am 02.02.2021].
[60]	Wistia, „Video marketing software for business | Wistia," 2021 [Online]. Verfügbar: https://wistia.com/. [Zugriff am 02.02.2021].
[61]	C. Nolan, Regisseur, *The Dark Knight*. [Film]. USA: Warner Bros., 2008.
[62]	D. Kahneman, Thinking, Fast and Slow, Farrar, Straus and Giroux, 2011.
[63]	M. Ende, Die unendliche Geschichte, Thienemann Verlag, 1979.
[64]	R. Gilbert, „The Secret of Monkey Island," Lucasfilm Games, 1990.
[65]	B. Gates und H. Evans, „"Content is King" — Essay by Bill Gates 1996 | by Heath Evans | Medium," 30.01.2017 [Online]. Verfügbar: https://medium.com/@HeathEvans/content-is-king-essay-by-bill-gates-1996-df74552f80d9. [Zugriff am 05 02 2021].
[66]	G. Vaynerchuck, „Having a Media Company Mentality | GaryVaynerchuk.com," 07.07.2017 [Online]. Verfügbar: https://www.garyvaynerchuk.com/media-company-mentality/. [Zugriff am 05.02.2021].
[67]	G. Vaynerchuck, „Content is King, But Context is God | GaryVaynerchuk.com," 01.03.2016 [Online]. Verfügbar: https://www.garyvaynerchuk.com/content-is-king-but-context-is-god/. [Zugriff am 05.02.2021].
[68]	OREO Cookie, „OREO Cookie on Twitter: "Power out? No problem. http://t.co/dnQ7pOgC" / Twitter," 04.02.2013 [Online]. Verfügbar: https://twitter.com/oreo/status/298246571718483968. [Zugriff am 05.02.2021].
[69]	B. Gates, „Bill Gates ALS Ice Bucket Challenge - YouTube," 15.08.2014 [Online]. Verfügbar: https://www.youtube.com/watch?v=XS6ysDFTbLU. [Zugriff am 05.02.2021].
[70]	E. DeGeneres, „Ellen DeGeneres on Twitter: "If only Bradley's arm was longer. Best photo ever. #oscars http://t.co/C9U5NOtGap" / Twitter," 03.03.2014 [Online]. Verfügbar: https://twitter.com/TheEllenShow/status/440322224407314432. [Zugriff am 05.02.2021].

[71]	Blendtec, „Blendtec's Will It Blend? - YouTube," [Online]. Verfügbar: https://www.youtube.com/willitblend. [Zugriff am 05 02 2021].
[72]	BlendTec, „Will It Blend? - iPhone - YouTube," 10.07.2007. [Online]. Verfügbar: https://www.youtube.com/watch?v=qg1ckCkm8YI. [Zugriff am 05.02.2021].
[73]	BuzzFeed Tasty, „Tasty (@buzzfeedtasty) • Instagram photos and videos," [Online]. Verfügbar: https://www.instagram.com/buzzfeedtasty/. [Zugriff am 11.03.2021].
[74]	WWE, „WWE - YouTube," 2021. [Online]. Verfügbar: https://www.youtube.com/c/WWE/. [Zugriff am 11.03.2021].
[75]	M. Twain, *Letter to Anne Macy*, 1903.
[76]	S. Sinek, „Simon Sinek: How great leaders inspire action | TED Talk," TED Conferences LLC, 2009.09.16 [Online]. Verfügbar: https://www.ted.com/talks/simon_sinek_how_great_leaders_inspire_action. [Zugriff am 05.02.2021].
[77]	S. Sinek, Start with Why: How Great Leaders Inspire Everyone to Take Action, Portfolio, 2009.
[78]	J. P. Strelecky, The Big Five for Life, St. Martin's Press, 2008.
[79]	Y. N. Harari, Sapiens: A Brief History of Humankind, Vintage, 2014.
[80]	C. M. Tyng, A. U. Hafeez, M. N. M. Saad und A. S. Malik, „The Influences of Emotion on Learning and Memory," frontiers in Psychology, 24.08.2017 [Online]. Verfügbar: https://doi.org/10.3389/fpsyg.2017.01454. [Zugriff am 05.02.2021].
[81]	C. Smith, Regisseur, *Fyre: The Greatest Party That Never Happened.* [Film]. USA: Library Films, 2019.
[82]	W. M. Marston , B. J. Bonnstetter und R. Bonnstetter, Emotions of Normal People, Creative Media Partners, LLC, 1928.
[83]	C. G. Jung, Archetypen - Urbilder und Wirkkräfte des kollektiven Unbewussten, Patmos Verlag, 2018.
[84]	M. Mark und C. S. Pearson, The Hero and the Outlaw: Building Extraordinary Brands Through, McGraw-Hill Education, 2001.
[85]	L. Wachowski und L. Wachowski, Regisseure, *The Matrix.* [Film]. USA: Warner Bros., 1999.
[86]	G. Lucas, Regisseur, *Star Wars.* [Film]. USA: Lucasfilm, 1977.
[87]	D. Fincher, Regisseur, *Fight Club.* [Film]. USA: Fox 2000 Pictures, 1999.

[88]	D. Hopper, Regisseur, *Easy Rider.* [Film]. USA: Pando Company Inc., 1969.
[89]	P. Jackson, Regisseur, *The Lord of the Rings: The Fellowship of the Ring.* [Film]. Neuseeland, USA: New Line Cinema, 2001.
[90]	J. Lasseter, Regisseur, *Toy Story.* [Film]. USA: Walt Disney Pictures, Pixar Animation Studios, 1995.
[91]	C. Buck und J. Lee, Regisseure, *Frozen.* [Film]. USA: Walt Disney Animation Studios, 2013.
[92]	R. Zemeckis, Regisseur, *Forrest Gump.* [Film]. USA: Paramount Pictures, 1994.
[93]	G. Roddenberry, Regisseur, *Star Trek.* [Film]. USA: Desilu Productions, 1966.
[94]	S. Spielberg, Regisseur, *Indiana Jones and the Raiders of the Lost Ark.* [Film]. USA: Paramount Pictures, 1981.
[95]	J. Favreau, Regisseur, *Iron Man.* [Film]. USA: Paramount Pictures, 2008.
[96]	C. Columbus, Regisseur, *Harry Potter and the Sorcerer's Stone.* [Film]. UK, USA: Warner Bros., 2001.
[97]	F. F. Coppola, Regisseur, *The Godfather.* [Film]. USA: Paramount Pictures, 1972.
[98]	C. Booker, The Seven Basic Plots: Why We Tell Stories, Continuum, 2004.
[99]	G. Orwell, Nineteen Eighty-Four. A novel., Secker & Warburg, 1949.
[100]	T. Gilliam und T. Jones, Regisseure, *Monty Python and the Holy Grail.* [Film]. UK: Python (Monty) Pictures, 1975.
[101]	R. Zemeckis, Regisseur, *Back to the Future.* [Film]. USA: Universal Pictures, 1985.
[102]	J. Coen und E. Coen, Regisseure, *The Big Lebowski.* [Film]. USA: Polygram Filmed Entertainment, 1998.
[103]	D. Aronofsky, Regisseur, *Requiem for a Dream.* [Film]. USA: Artisan Entertainment, 2000.
[104]	H. Ramis, Regisseur, *Groundhog Day.* [Film]. USA: Columbia Pictures, 1993.
[105]	P. Docter und R. Del Carmen, Regisseure, *Inside Out.* [Film]. USA: Pixar Animation Studios, 2015.
[106]	G. Polti, The thirty-six dramatic situations, James Knapp Reeve, 1924.
[107]	L. O'Flahavan, „The Bite, the Snack and the Meal, Communicating Online Article | Inc.com," inc.com, 29.06.2001 [Online]. Verfügbar: https://www.inc.com/articles/2001/06/23143.html. [Zugriff am 10.02.2021].
[108]	G. Vaynerchuck, „The GaryVee Content Model," 24.07.2018 [Online]. Verfügbar: https://www.slideshare.net/vaynerchuk/the-garyvee-content-model-107343659. [Zugriff am 10.02.2021].

[109]	Google LLC, „Schedule Your Content," 10.2015 [Online]. Verfügbar: https://www.thinkwithgoogle.com/marketing-strategies/video/schedule-your-content/. [Zugriff am 10.02.2021].
[110]	M. Lange, „Von Social Media zu Content Marketing: „Wir müssen aufhören, vom Kanal her zu denken!" | Scompler," 04.12.2013 [Online]. Verfügbar: https://scompler.com/von-social-media-zu-content-marketing-wir-muessen-aufhoeren-vom-kanal-her-zu-denken/. [Zugriff am 11.02.2021].
[111]	L. Grossman, „You -- Yes, You -- Are TIME's Person of the Year - TIME," TIME Magazine, 25.12.2006 [Online]. Verfügbar: http://content.time.com/time/magazine/article/0,9171,1570810,00.html. [Zugriff am 12.02.2021].
[112]	Urban Dictionary, „Urban Dictionary," [Online]. Verfügbar: https://www.urbandictionary.com/. [Zugriff am 12.02.2021].
[113]	Starbucks, „Starbucks Invites You to Decorate its Iconic White Cup - Starbucks Stories," 22.04.2014 [Online]. Verfügbar: https://stories.starbucks.com/stories/2014/starbucks-invites-you-to-decorate-its-iconic-white-cup/. [Zugriff am 12.02.2021].
[114]	S. Tzu, The Art of War, 500B.C..
[115]	S. Sinek, The Infinite Game, Portfolio, 2019.
[116]	K. Allocca, „Kevin Allocca: Why videos go viral | TED Talk," 11.2011 [Online]. Verfügbar: https://www.ted.com/talks/kevin_allocca_why_videos_go_viral. [Zugriff am 12.02.2021].
[117]	D. Nguyen, „Dao Nguyen: What makes something go viral? | TED Talk," 10.2017 [Online]. Verfügbar: https://www.ted.com/talks/dao_nguyen_what_makes_something_go_viral. [Zugriff am 12.02.2021].
[118]	Hotjar, „Hotjar: Website Heatmaps & Behavior Analytics Tools," [Online]. Verfügbar: https://www.hotjar.com/. [Zugriff am 12.02.2021].
[119]	Google LLC, „Lösungen zur Tag-Verwaltung für Web- und mobile Anwendungen – Google Tag Manager," [Online]. Verfügbar: https://marketingplatform.google.com/intl/de/about/tag-manager/. [Zugriff am 12.02.2021].
[120]	HubSpot, „HubSpot | Inbound Marketing, Sales, and Service Software," [Online]. Verfügbar: https://www.hubspot.com/. [Zugriff am 12.02.2021].
[121]	D. Temkin, „Google charts a course towards a more privacy-first web," Google LLC, 03.03.2021. [Online]. Verfügbar: https://blog.google/products/ads-commerce/a-more-privacy-first-web/. [Zugriff am 12.03.2021].

11 INDEX

12 ÜBER DEN AUTOR

Paul Lanzerstorfer ist CEO der österreichischen Videomarketing-Agentur Pulpmedia, die er 2005 gemeinsam mit Robert Bogner gegründet hat. Er verantwortet eine Vielzahl nationaler und internationaler Kommunikationsstrategien für Startups, KMUs und Konzerne sowie Kreativkonzepte für mehrfach ausgezeichnete Online-Kampagnen. Pulpmedia startete auch die erfolgreiche Facebook-Seite „Unnützes Wissen", aus der mehrere Bücher mit Bestseller-Status entstanden sind.

Paul ist in Österreich geboren und aufgewachsen, lebte später teilweise in den USA und Neuseeland und ist heute angesehener Speaker und Experte für Content Marketing und Online-Marketing-Strategie.

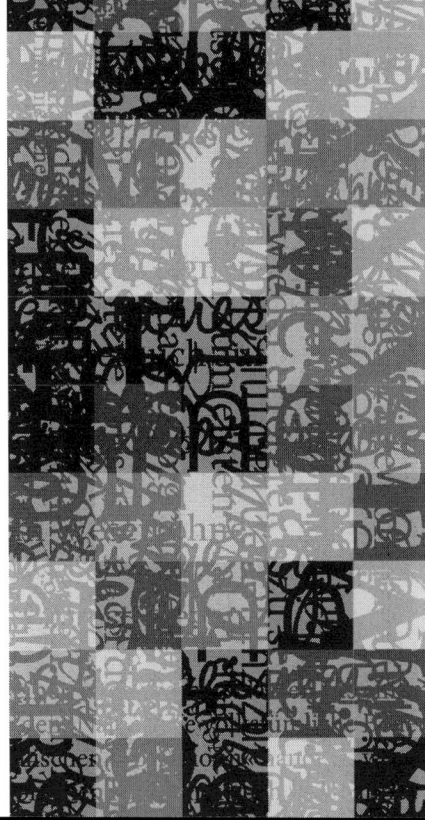

NOTIZEN